U0462614

郭文斌
作品典藏

郭文斌解读
《弟子规》

郭文斌 著

黄河出版传媒集团
宁夏人民出版社

图书在版编目（CIP）数据

郭文斌解读《弟子规》 / 郭文斌著. -- 银川 ：宁夏人民出版社，2025. 6. --（郭文斌作品典藏）.

ISBN 978-7-227-08168-5

Ⅰ. B825

中国国家版本馆 CIP 数据核字第 2025GD2787 号

郭文斌作品典藏

郭文斌解读《弟子规》

郭文斌 著

项目统筹 陈 浪
责任编辑 陈 浪
责任校对 闫金萍
封面设计 徐胜男
责任印制 侯 俊

 黄河出版传媒集团
宁夏人民出版社 出版发行

地　　址　宁夏银川市北京东路 139 号出版大厦（750001）
网　　址　http://www.yrpubm.com
网上书店　http://www.hh-book.com
电子信箱　nxrmcbs@126.com
邮购电话　0951-5052106
经　　销　全国新华书店
印刷装订　雅昌文化（集团）有限公司
印刷委托书号　（宁）2500665

开本　787 mm×1092 mm　1/32
印张　14.25
字数　221 千字
版次　2025 年 6 月第 1 版
印次　2025 年 6 月第 1 次印刷
书号　ISBN 978-7-227-08168-5
定价　78.00 元

版权所有　侵权必究

总　序

郭文斌

非常感谢宁夏人民出版社策划出版这套"典藏本"。

当初和何志明社长商量，这套"典藏本"要和中华书局、山东教育出版社早年给我出版的文集和文集修订本区别开来，重点选择近年出版的、读者"应用度"最高的、对抑郁症疗愈效果最好的、对青少年心理健康帮助最大的。

为此，选择了我的书中最畅销的《寻找安详》《醒来》。这两本书，先后由中华书局、长江文艺出版社出版发行，已经数十次重印。

选择了传统文化作为日课用的。比如"寻找安详小课堂"的班主任张润娟、班委施晓军等同仁，他们把《寻找安详》《醒来》作为早晚课。而班长闫生昌、班委张广主持的全国"寻找安详网络早课"等平台，则是以《郭文斌解读〈弟子规〉》《郭文斌解读〈朱柏庐治家格言〉》为主体读本。

选择了读者反复诵读的，比如宁夏大学的崔金英老师，已经在"喜马拉雅"把《醒来》读了二十多遍，每天读一篇，很少间断。比如北方民族大学的梁馨元同学、河北的杨新华法官，他们在"荔枝"把《寻找安详》读了十几遍，每天读一篇，很少间断。

选择了读者"倒逼"出版的。《郭文斌解读〈弟子规〉》《郭文斌解读〈朱柏庐治家格言〉》《郭文斌说二十四节气》，都是读者根据"学习强国"上传的同名电视节目整理出来的，其中《郭文斌解读〈弟子规〉》先是读者自发印行了内部书，引起反响后，由百花文艺出版社正式出版的。《郭文斌解读〈朱柏庐治家格言〉》也同样。

也许读者会说，《农历》《中国之中》《中国之美》的发行量也很大，被不少学校推荐给师生阅读，被不少家长作为孩子的床头读物，不少篇章被出到考试卷子里，被全国三十个省、自治区、直辖市的"寻找安详小课堂"作为教程。特别是《农历》，因主人公是两个小孩，特别受青少年欢迎。比如，银川十岁的刘一然小朋友，已经在"喜马拉雅"把《农历》读了四十多遍。这几本书却为什么没有收入这套"典藏本"呢？

其实，当初，我们也曾考虑过收入，但后来想，还是突出这套"典藏本"的"快速反应"功能，就是说，《农历》《中国之中》《中国之美》对身处心理困境的读者的帮助是熏陶式的，润物细无声的，不像《寻找安详》《醒来》《郭文斌解读〈弟子规〉》《郭文斌解读〈朱柏庐治家格言〉》见效快。就是说，这套"典藏本"，我们是把它作为"心灵姜汤"来开发的，面对"心灵感冒"，中国人的办法是喝一碗姜汤，出出汗，很快就会好。十三年的全国"寻找安详小课堂"线上线下近百万人次的实践证明，这套"典藏本"，是可以作为"心灵姜汤"来服用的。

需要给自己点赞的是，这次终于下决心把《郭文斌解读〈弟子规〉》《郭文斌解读〈朱柏庐治家格言〉》由口语改为书面语，删去可有可无的字句和段落；对重要知识点，做了增补；对引文和故事，做了核校。总体上更符合语法规范和修辞的准确性。相比口语版，每本书能减少一百页左右，更加匹配小开本。

心里装着读者，修改的过程就充满暖意，感觉每删掉一个字，每精练一个句子，就会节约读者一刹那时间，就非常有成就感。整个过程，充满着感动，那就是老天恢复了我的体力。以前好几次重印，想改，中途都停下了，因为体力不济。因此，与其说是我把这两部书稿改完，还不如说是老天的慈悲。

非常感谢宁夏人民出版社，感谢何志明社长、陈浪老师和他的团队，感谢所有为这套"典藏本"的出版发行付出心血的朋友们。

是为序。

2024 年 10 月 16 日

目　录

第一讲 《弟子规》里有生机

我们都知道，《弟子规》是清朝教育家李毓秀在朱熹《训蒙文》的基础上编撰而成。后来经过贾存仁的修订，在清末成为与《三字经》《百家姓》《千字文》并行的重要的训蒙养正读本，成为家喻户晓、妇孺皆知的教育读本。习近平总书记一直强调，弘扬中华优秀传统文化，弘扬社会主义核心价值观，一定要落细、落小、落实。党的十九大又提出，要增强人民的获得感、幸福感和安全感。

怎样才能够把中华优秀传统文化和社会主义核心价值观落细、落小、落实？怎样才能够提高人民的获得感、幸福感和安全感呢？十多年来，人们用《弟子规》来进行个人幸福指数的提升，进行家道的建设，进行团队的建设，均取得了非常可喜的效果。

近几年我在帮助中央电视台做大型纪录片《记住乡愁》。至今已经播出了一百八十集。在这一百八十集节目里面，我们看到，但凡繁荣昌盛的家族，都有自己的家规家训。我在学习了这些家规和家训之后，发现它的基本精神跟《弟子规》非常一致，而它的完整性和系统性却都没有超过《弟子规》。也就是说，《弟子规》作为一个家训，作为一个家庭建设的规划，它的完整性、系统性、实践性、可操作性，应该说到目前为止，我还没有看到一本比它更完整的、更系统的、更完美的读本。这就让我更加对《弟子规》充满了敬意。

2017年，为了从实践的角度探索《弟子规》的生命力，我们在银川成立了一个"寻找安详小课堂"，用《弟子规》作为教材，进行了四年的课程，结果令人非常欣喜、非常振奋。在这四年的学习实践过程中，有不少的抑郁症患者得到了治愈，有许多即将破碎的家庭重新找回了幸福，有许多问题青年的心理障碍得到了消除，有许多人生态度消极的人变得积极。我在中华书局出版的《寻找安详》和《醒来》这两本书里面，实名收录了十几位同学的分享，包括他们改变命运的过程，他们实现人生获得感、幸福感、安全感的过程，足以证明《弟子规》在这个时代仍然具有强大的生命力。

比如"寻找安祥小课堂"上的学员净莹。一天上课时，她举手说："郭老师，我能不能提一个问题？"我说："你讲。"她说："我能不能拥抱一下你讲台上的那盆水仙花？"我说："可以啊。"没想到她上来抱着这盆花痛哭流涕。然后给大家分享说，十多年来，她居然没有发现大地上有鲜花存在。为什么呢？因为她每天都生活在一种仇恨当中，身心状况可想而知。

因为重度抑郁，学校已经好多年没给她安排课了。学校领导说："你好好活着，就是对我们工作的最大支持。"

在一个学生的婚礼上，我见到了她。那几年，我有一个习惯，包里常常背着几本《寻找安详》，见到有需要的人就送，当时我也送给她一本。没想到过了几天，她就给我打电话，说："郭老师，看完《寻找安详》感觉舒服多了，心情好多了。"我就介绍她到"寻找安详小课堂"去听课，没想到她听进去了，然后每次都参加。就在那一次课程的答疑中，她突然看到了讲台上有一盆水仙花。从那天开始，她一天一个变化，没过多久，她就回到工作岗位上，开始了新的生活。

还有一个例子，也比较典型。在石家庄，有一位女企业家，夫妻关系很紧张，母女关系也很紧张。就在这个时候，因一个特殊的机缘，来到我们这个团队。坚持学习之后，她的身心为之一变。在《醒来》附录的分享文章里她写到一个情景：有一天，他们一家人终于坐在了一起，孩子围绕着爸爸欢声笑语、谈笑风生的时候，她的眼泪就下来了。为什么呢？当年她的先生挣钱，她也挣钱，她原想着挣足够的钱就有了获得感、幸福感、安全感，没想到事与愿违。就在她身心崩溃的时候，我到坝上草原去讲课，她去做义工，到机场接我。在车上，她问了我许多问题，我给她一一做了解答。从此之后，她就一直跟着我听课，我讲到哪里，她就跟到哪里。现在，她的家庭，真的是其乐融融。

我讲这个故事，想说明什么呢？就是说简简单单的一本《弟子规》，我们四年之中用它做教材，居然能够让一个濒临崩溃的家庭走向和谐。不但改善了他们夫妻的关系，也改变了孩子的世界观、人生观、价值观。

还有一个案例。一天，一个男子约太太到朋友家协议离婚。为什么协议离婚呢？因为他的太太很强势，他认为他的肝硬化与此有关。他跟太太说："我还想多活几年，你就成全我吧！"太太说："好，我成全你。"
两个人就相约到朋友家，协议离婚。就在这个时候，朋
友介绍他太太到"寻找安详小课堂"去听课。

半年之后，男子发现，他的太太变了，变温柔了、
变温暖了、变温和了。他的身心也一天天在变化。那年
过年期间有一个五天的学习班，他就约儿子一块儿去"探
幽"。到底是什么样的课程，能够让一位那么刚硬的女
性变得温柔？他听完课之后上台分享，他的太太之所以
能够脱胎换骨，变得温柔贤惠，原来是这套教程使她发
生改变的。说明这套教程是科学的、有生命力的、可操
作的。从此，他也成为我们这个学习团队的一员。

由此可见，通过学习《弟子规》，不但可以让抑郁
症患者康复，还可以让夫妻破镜重圆，让一些有心理障
碍的人走向健康，可见它的强大生命力。这些年我在多
地做志愿者，也看到了许许多多企业，应用《弟子规》
把单位经营得风生水起。

比如说，宁夏有一家博康医院，还有一家兴泰公司，
他们先后全员学习了《弟子规》，取得了非常好的效果。
从这个意义上来讲，在今天，《弟子规》真的是把中华
优秀传统文化落细、落小、落实的一个"智慧系统"。

我们都知道，要想在高速路上顺利地行驶，需要导航。在我看来，《弟子规》就是生命的最好导航。它的精神要义来自《论语·学而》："入则孝，出则弟，谨而信，泛爱众，而亲仁。行有余力，则以学文。"也就是说，它的精神是孔子的智慧，它的精神是《论语》的精神。但是和《论语》相比，它由一百一十三件事情构成，更好操作。这一百一十三件事，事实上是有代表性的，像一个人生导航。我们都知道开车需要导航，卫星在太空翱翔要循着轨道，"和谐号""复兴号"动车之所以能达到传统运输工具速度的好多倍，就在于它有一个轨（"轨"通"规"）。

有人把《弟子规》称作生命第一"规"。从一定意义上来讲，这样称谓并不过分，因为它是古圣先贤通过生命实践得出来的正确的人生路线图。就像在大海上航行，我们的祖先绘制了《更路簿》，按照《更路簿》出航，就能够获得安全。如果没有这个《更路簿》，在茫茫大海上航行，就有可能迷失方向。所以，《弟子规》，它首先能够为生命提供安全感。近年来，随着现代教育的发展，我们对生命效率的强调达到了极致，但对人生安全感的教育却没有跟上，所以，有许多人走到半路就翻船了、翻车了，给家庭、给国家造成巨大的损失。

"君子务本，本立而道生。""知所先后，则近道矣。"我们要想让人们有获得感、幸福感、安全感，首先就要让人们认识生命，看懂人生的图纸。通常，人们买回电器，要先看说明书，而生命肯定也有一个更重要的"说明书"。如果不按照这个"说明书"去操作，是很难正确地使用这个"电器"的。如果不按照导航去行驶，车就很难顺利地到达目的地。《弟子规》正是这样的一个"生命电器"的"说明书"、生命的导航，它是生命健康、幸福、安全的一个"规"。而这个"规"，从一定意义上来讲，就是人的安全性教育。

中国古人的教育，首先对人进行安全性教育，然后才进行效率性教育。现在，我们看到有关部门频频下发文件，对人的安全性教育提出了修复性的建设性意见。2017年秋季，《弟子规》作为正式教材，已经成为一个通用的读本。这就意味着教育部门已经认识到安全性教育要比效率性教育更重要，已经认识到先和后的逻辑关系。要想让人类永久性生存，要想使人们在群体中健康、和谐、幸福地生活，我们就必须建立一个大的轨道。这个轨道，既保障个人安全性又确保集体安全性、人类安全性。从这个意义上来讲，在今天，《弟子规》的学习就显得重要、必要、迫切。

习近平总书记关于中华优秀传统文化，有许多精辟深刻的论述。我个人在二十多年来学习优秀传统文化的过程中越来越认识到，学习优秀传统文化一定要像习近平总书记讲的那样落细、落小、落实。如果不能够落细、落小、落实，即使满腹经纶，也无法真正拥有获得感、幸福感、安全感。为什么呢？操作性不够往往让人无法落地，接不了地气；接不了地气，时间久了就会束之高阁。我们在生活中看到有许多饱学之士，硕士生、博士生，文凭很高但是幸福感很低，你从他们的脸上看不到笑容，你从他们的目光中看不到喜悦。原因出在哪里？他们没有把知识变成生命力。

我曾经出过一本书叫《〈弟子规〉到底说什么》，是中华书局几年前出版的，也比较受大家欢迎。后来，随着多次讲解，我对《弟子规》的认识，一步步深入，最后到了当初想象不到的地步。我发现它具有非常高的实用性，拿来就能用。天天诵读《弟子规》，天天按照《弟子规》去践行，我发现我的获得感提高了，幸福感提高了，安全感提高了。

在此讲《弟子规》，是因为我从我个人的生活实践、我们团队的实践和这些年我参与中央电视台大型纪录片《记住乡愁》等等几个方面得出来的一个结论：在今天，要想高效率弘扬中华优秀传统文化，就必须将其落细、落小、落实。怎么落？应用《弟子规》是再好不过的一个途径。

第二讲 《弟子规》里有营养

上一讲我们对学习《弟子规》的现实意义做了解读，我们说，要想让社会主义核心价值观和中华优秀传统文化落细、落小、落实，有一个非常好的途径，那就是学习和践行《弟子规》。

以中央电视台大型纪录片《记住乡愁》为例，我们看到已经播出的一百八十集节目里面，那些几百年甚至上千年的大家族，都有一个共同的特点，就是他们都有家规家训，这些家规家训在播出之后被广大观众学习和效仿。

《记住乡愁》前一百二十集，拍摄的是一百二十个古村落，再一百二十集，拍摄的是古镇。古村落也好，古镇也好，它最终指向的是人的生命力建设、家族的生命力建设和家族企业的生命力建设，包括它对这个国家生命力的建设的意义。而第三季的收视率比第二季提高了百分之七十，被中宣部领导誉为"弘扬社会主义核心价值观最接地气的精品力作"。这个接地气，在我理解有许多方面，其中一个重要的方面就是，它揭示了中国人"修齐治平"的经验。而这个经验中核心的核心，就是家道的建设、家风的建设，而它的可操作性的载体就是家训。

比如说钱学森的家族，为什么这个家族里面，人的寿命很长、人的建树很高，有国家领导人、有科学家、有国学大师、有大作家？我们看到，这个家族有一套完整的家训，比如说："利在一身勿谋也，利在天下必谋之，利在一世固谋也，利在万世更谋之。"就是说，是这样的家训，让这个家族的每一个生命单元，从小就接受了一套生命安全性的教育、效率性的教育。他们对于生命力建设，有一套完整的、系统的、可操作的导航。从这个意义上来讲，我们可以看到《弟子规》对于国家、对于民族的强大建设性、指导性。由此，我们可以预言，在将来的岁月里，随着人们对它的认识的深入，它会焕发出更加强大的生命力。

这些年"寻找安详小课堂"收获了一个个鲜活的案例，就是收录在《寻找安详》和《醒来》附录里面的那些实名分享的借助《弟子规》改变命运的案例。它们证明，《弟子规》是有生命力的，是这个时代仍然可以好好应用的一本改变命运，提升幸福感、获得感和安全感的读本。

从我个人来讲，通过二十多年传统文化的学习和践行，我越来越觉得，"四书五经"也好，"十三经"也好，最终要转化为我们的生命力，就要知行合一。而要知行合一，我们就要找到一个具有可操作性的生命说明书。在我看来，《弟子规》就是再好不过的生命说明书。因为它很简短，很方便现代人应用。每天清晨诵读一遍，你就会知道这一天应该怎样度过；晚上诵读一遍，你就会检验今天哪些是正确的，哪些是错误的。

要让广大的人民群众接受传统文化，就一定要让这一套文化便于人们应用。

我发现，当你给人们讲治国、平天下的时候，有些人感兴趣，有些人未必感兴趣。但是，当你讲到传家的时候，他就一下子感兴趣了。对于一部分人来讲，你讲传家他仍然兴趣度不高，但是，你讲到个人幸福，他就有了兴趣。即便是你讲到个人幸福，还有一部分人漠然。

怎么办呢？你把幸福再进一步细分，细分到长寿、富贵、康宁、好德、善终，会发现人们有兴趣了。没有谁不希望自己长寿。长到什么程度呢？就没有概念了。按照《尚书》的说法，一个人起码应该活到的年龄是一百二十岁。按照现代细胞学的说法，也应该是一百二十岁。可是你去生活中调研，很少有人想到自己能活一百二十岁。

我们都知道，建一座大厦需要图纸，如果图纸的设计只有十层，没有十二层，这座大厦就只能建到十层。生命大厦也一样，都没有设计到一百二十岁，怎么能活到一百二十岁呢？从这个意义上来讲，立志首先应该是长寿，就是从生命的长度来讲，我们首先要明白自己能活一百二十岁。当我把这个概念讲出来的时候，你会发现台下的观众马上兴奋起来。怎样才能活到一百二十岁呢？这个时候，我们就要把生命力建设再落小，小到更好操作的层面。

小到什么层面呢？这时候我常常会给大家打比方。我说如果我们把长寿看成面条、富贵看成面包、康宁看成点心、好德看成是蛋糕的话，看上去是几样食品，但是仔细一想，它们都是一样东西，什么东西呢？面粉。这样对于生命力建设，就变得更简单了。就是说，我想长寿、我想富贵、我想康宁、我想好德、我想善终，原来要找到它的基本原料面粉就可以了。这个面粉呢，就是生命能量。这时候，我们的获得感也好，幸福感也好，安全感也好，就会变成一件事，就是提高生命能量。

如何提高生命能量呢？就是要找到根本性载体。现代科学已经证明，任何事物都由三要素构成——信息系统、能量系统、物质系统，而能量系统和物质系统是由信息系统决定的，这个信息系统是第一载体。换句话说，能量是由信息作为载体存在的。那么，生命力建设就变成了对于信息系统的把握。信息系统又是由什么构成的呢？很简单，由念头构成。这时候，我们对于获得感、幸福感、安全感的构建，就更为微细地落到了对念头的管理上。

一个人一旦认识到生命力的建设是念头造成的时候，他对于获得幸福和安全，就会向内找，不会向外求了。

为什么呢？一个人的幸福感也好、获得感也好、安全感也好，都是由念头决定的，那么这个人向外的目光就折回来了。而一旦向外的目光折回来，他向内在、向念头、向自我、向本质寻求的时候，这个人的生命成本就降低了，这个人的焦虑感就降低了，这个人的抑郁度就降低了。为啥呢？

一切都由念头决定。动一个安详的念头，生命就是安详的；动一个焦虑的念头，生命就是焦虑的。当一个人把生命认识到这个程度的时候，古人讲的"自在"就产生了。自在的另一面就是"自由"，这才是人生真正的自由境界。

念头才是真正的自由，它不依存于外在条件。关于这一点，我在《醒来》这本书里用大量的篇幅介绍了美国心理学家戴维·霍金斯通过三十年的研究得出的一个结论，就是对生命能级的描述。他认为，人的生命力跟意识亮度有关，意识亮度越高，生命力越强大。

一个人意识的光泽度越高，生命能量就越高。而生命能量，我前面打了比方，就是长寿、富贵、康宁、好德、善终这五福面点的面粉，就是我们获得感、幸福感、安全感的建材，即最基本的原料。他在生命能级里面，用零至一千级做了一个描述，他认为七百至一千级，一般的人够不着，够得着的能级是六百级。当一个人的能级到达六百意味着什么呢？意味着他的获得感、幸福感和安全感将是普通人的一千万倍。

想象一下，一个人的幸福感是普通人的一千万倍，那将是一个怎样的境界？从另一个角度来讲，这样的人大地上几乎不存在。那么，到底有没有这样的人存在呢？按照霍金斯的研究理论，我们一一对照会发现，有极少数人到达过这样的一个级次。霍金斯发现，一个人的生命能量到达六百级的时候，他的基本念头是什么呢？三个字："都一样"。就是说，当一个人的基本心态是"都一样"的时候，这个人的生命能级达到了六百级。我们在地球上找，有没有基本心态到达如此状态的呢？有！比如说孔子，他讲"吾十有五而志于学，三十而立，四十而不惑，五十而知天命，六十而耳顺"，"耳顺"这个境界就是"都一样"。

什么意思呢？别人赞美我，我也快乐；别人批评我，我也很快乐。外在的毁誉已经不能让他焦虑。换句话说，都一样，赞美和批评都一样。孔子六十岁的时候，到达了"都一样"的生命境界，对应的能量级是六百级。陈蔡之困，处境何其艰难，他仍然可以抚琴。子路就受不了了，说，我们都到了这样的境地，您还能这样乐啊？孔子就问子路，那我们应该怎么做呢？子路就问孔子，君子有没有受困的时候？孔子怎么回答的呢？孔子说，君子和普通人的区别是君子受困也不改变他的喜悦。也就是说，条件好我快乐，条件不好我也快乐。这就是《论语》开篇讲的："学而时习之，不亦说乎？有朋自远方来，不亦乐乎？人不知而不愠，不亦君子乎？"

"学而时习之，不亦说乎？"这个"说"指的是一种不需要条件做保障的快乐。在古代，"学"有两层意思：第一是觉悟，第二是效仿。当一个人觉悟了，回到面缸里面了，面包的烦恼就没有了，面条的烦恼就没有了，点心的烦恼就没有了。为什么呢？回到了本质地带，就是觉悟。换句话说，他的生命能级到达了六百级，他的信息系统是"都一样"。到了这个层面，他每天读古圣先贤的经典快乐，不读也快乐；吃山珍海味快乐，吃粗茶淡饭也快乐。就是说，按照这一套"学"的智慧系统去做，就"说"（悦）。

"有朋自远方来，不亦乐乎？"为什么会有朋自远方来呢？因为我快乐。换句话说，当一个人到达了六百级的境界，他坐在那个地方就是在弘扬传统文化。我们都知道，太阳一出来，向日葵齐刷刷地朝向它。为什么会有这样的效果呢？因为太阳是光源，有能量。人也一样。老子也讲过："我无为而民自化，我好静而民自正。"当一个人的能量提高了，朋友就来了。正如手掌升起，五指皆升；手掌下降，五指皆降。

"人不知而不愠，不亦君子乎？"意思是说别人了解我，我快乐；别人不了解我，我也快乐。也就是说，外在条件不会影响到他内心的喜悦，这就是"都一样"。孔子到六十岁的时候，修炼到这样的境界，这样的能级，基本的载体是"都一样"。所以，我们看到孔子，他在任何时候都没有改变他的喜悦。

由此，我们就明白，在那么一个兵荒马乱的年代，为什么有三千弟子跟着他？一个团队，如果核心领导人不快乐，会有凝聚力吗？就像颜回，他最大的理想就是跟着孔夫子。颜回能够"一箪食，一瓢饮，在陋巷，人不堪其忧，回也不改其乐"，为什么呢？因为他按照孔夫子的教导去做，所以能够做到不迁怒、不贰过。

有人问，你为什么要学传统文化？我说，之所以要学传统文化，首先是为了不生气。如果你能够做到任何时候都不生气，好，那就不需要学了；如果你还做不到在任何时候都不生气，那还要学。为什么呢？我们看孔子评价颜回的两个标准：不迁怒，不贰过。所以，要想不生气，我们就要学传统文化。

要让中华优秀传统文化可用，就要把它的宏大体系变成具有可操作性的细节。

第三讲　《弟子规》里有安全

　　从《弟子规》的"总叙"可以看到，《弟子规》是圣人训。也就是说，作为生命说明书、生命导航、生命安全性之"规"的《弟子规》，它的来源是什么呢？是圣人智慧。什么是圣人？圣人是通达了宇宙和生命真相的人。从这样的一个大前提出发，我们就可以得到安全感。

　　我们都知道，知识有真的，有假的，有正的，有邪的。什么样的知识是正的，什么样的知识是邪的？就像有人说我们要弘扬中华优秀传统文化，特别要注意"优秀"。那什么是中华优秀传统文化？我认为，觉悟高的人讲的就是优秀的，思维迷惑的人讲的很难是优秀的，除非他是复讲圣人的言说，除非他是复述经典，就像孔子讲的"述而不作，信而好古"。为什么呢？因为只有到达山顶的人讲的关于山顶的感觉才是正确的。睁开了眼睛的人看到的大象才是全部，否则就是盲人摸象。

在中华书局出版我的第三本随笔集的时候，本来我给它起的名字叫《回归喜悦》，但是编辑看到其中附的一张光盘名字叫"醒来"，他就强烈地建议用"醒来"做书名，用了读者果然很喜欢。更多的时候，人处在一种假醒状态，在这种状态中，就很可能会把生命看错，把世界看错。我们如果不觉悟，不学习圣贤文化，不走进中华优秀传统文化，很可能会活在重重叠叠的梦境中。按照古人的说法，我们活在十一层梦境里面。就像剥洋葱一样，剥掉一层还有一层，一直有十一层梦境包裹着我们。从这个意义上来讲，《弟子规》开篇讲的"弟子规，圣人训"尤为重要。

什么是圣人？我们看圣（聖）的造字，它是"耳"、"口"跟"壬"这样的一个组合。什么意思呢？能够听到宇宙本质的声音，讲的也是宇宙本质的声音，还有担当精神，这就是圣人。这样的人讲的道理，讲的人生真相、宇宙真相，我们才可以相信。

《弟子规》一开始就讲"弟子规，圣人训"，让我们有安全感，这个智慧体系是可以信任的。老子说"信不足焉，有不信焉"，一个人为什么会产生怀疑、疑惑呢？是因为他没有一个大的信仰。而一个人怎样才能有大的信仰呢？《大学》给我们开出来的方法是"格物、致知、诚意、正心、修身、齐家、治国、平天下"。关于格物，有各种各样的解释，在不同的方向不同的层面，我觉得它都对。但是我对格物的理解是，只有把现象世界看破，才能够抵达本质。换句话说，如果不能从现象世界中醒透，不能从梦境中醒透，不能彻底醒来，是很难有智慧的。

我们从《弟子规》总叙的第一句话"弟子规，圣人训"就可以看到编写者对宇宙和人生的认识非常通透。从这句话我们可以看出，《弟子规》充满着敬畏心、感恩心，因为它开篇就用"圣人训"来给我们立下一个大前提，让我们知道《弟子规》所讲的一百一十三个生命方向，生命安全的"规"、幸福的"规"、获得的"规"，它是来自源头活水，来自一个醒透的人对我们描述的生命、世界、宇宙之真相。

怎样才能达到孔子所讲的大喜悦、大自在境界呢？《弟子规》总叙给我们开出来的方法论是"首孝悌"。"孝"很好理解，我们看它的会意，上"老"下"子"。就是说，一个人能够把"老"和"小"变为一个整体，就是孝。孝，在中国传统文化里面可以说是重中之重。古人告诉我们，生命构建的道路有一千条，但第一条一定是孝道。

我们看"教"这个字，由"孝"和"攴"构成，"攴"的原始意义是一个人拿着鞭子，教育和引导人们要孝敬老人。可见，古典教育是从教"孝"开始。"孝"为什么这么重要呢？因为它揭示的是宇宙规律折射到人类伦理上的常识，因为这个宇宙是一个整体。整个宇宙是小星体围绕着大星体在运转；微观世界也是如此，是电子围绕着原子核在运转。这就说明，无论是宏观世界还是微观世界，都是小质量的围绕大质量的、小体积的围绕着大体积的运转。

人间伦理也一样，一定是晚辈围绕着长辈。这样，家庭才能和谐，社会才能和谐，国家才能和谐。换句话说，任何一个团队、任何一个生命单元都要有一个核心。这个核心如果用一棵树来形容，就是根。根深才能叶茂。从这个意义上来讲，"孝"事实上是宇宙常识在人间伦理上的折射。假如说一个人不孝，会有什么样的后果呢？他会走出整体性，那整体性给他提供的能量就断掉了。

可见，"首孝悌"的"孝"是我们获得生命力的第一途径。换句话说，孝是保持生命能量的唯一途径。

假如说一个人不孝的话，会有什么后果？生活中，我们看到，一个人，如果他的孝心关闭了，这个人要么会焦虑，要么会抑郁。帮他把孝心打开之后，他的焦虑、抑郁都会有一定程度的缓解。由此可以证明，孝道是生命最为重要的能量管道。

"悌"是什么意思呢？是对"孝"的延续。如果说爱老人是"孝"，那么"悌"就是对老人的这一份爱的横向发展，就是爱我们的兄弟姐妹。

接下来《弟子规》讲"次谨信"。如果说"孝"和"悌"是对家庭成员爱的一种投射，"孝"是向上的爱，"悌"是平行的爱，那"谨"和"信"就是对自身能量的一种守护。"谨"由"讠"和"堇"构成，"堇（jǐn）"是一种可以修复伤口的草。"讠""堇"组合，意味着我们要时时刻刻保护好生命力。"信"是人讲的话，就是说，作为一个人，他讲的话要达到谨的程度、诚信的程度。

"弟子规，圣人训。首孝悌，次谨信。""孝悌"是从家道的范畴来讲，"谨信"是从修身的角度来讲。接下来呢，把在家养成的爱，在自己身上养成的"谨"和"信"，扩展为"泛爱众"，再扩展就是"亲仁"。"泛爱众"的课程完成之后，就是到达孔子提倡的"仁"

的境界了。从一定意义上来讲，"泛爱众"已经到达了我们上节课讲的"都一样"境界，不但要爱我们的父母、兄妹，爱我们自身、爱邻里、爱朋友，而且要爱一切人，达到"都一样"的境界。直至爱一切生命，爱一切存在。

接下来就是"亲仁"，即亲近仁德之人，让生命保持在一种无条件的爱的境界。一个人只有到达了这个境界之后才可以"学文"，这就是"行有余力，则以学文"。可见，古人生命建设的次第，是先进行德行的培育，再去"学文"。

这样的一个"总叙"，即"弟子规，圣人训。首孝悌，次谨信。泛爱众，而亲仁。有余力，则学文"，我们可以看出古人对人格大厦构建的次第，"孝"和"悌"是根，"谨"和"信"是枝干，到了"泛爱众"和"亲仁"就要开花结果了。然后，把这样一棵生命之树展示给世人，让世人对于生命有一个正确的认识，起到榜样的作用，这叫作"文"。换句话说，用我们的人格去潜移默化地影响其他人，这就是"文"。这是《弟子规》的总叙。

由《弟子规》总叙，我们可以看出来，它里面既有认知方式，又有价值诉求，还有行为模式、学术范式，这就是中华文化的四大板块，都囊括在里面了。

它的认知方式是什么呢？显然，是圣贤认知。它是一种找到本质的简易的认知方式，也就是"十三经"之首《周易》所揭示的认知方式。圣贤认知的最大特点是特别强调整体性，特别强调在整体中去认识生命、认识宇宙。这种整体性，体现在方法论上，就是辩证法。我们的辩证法是非常朴素的阴阳辩证法，也就是用阴和阳来解释宇宙。在以后的课程里面，我们会给大家详细地讲解这些认知方式。

从《弟子规》的总叙中，可以看出什么样的价值诉求呢？"泛爱众，而亲仁"，这是一种整体性的爱，为什么要"首孝悌"？为什么要"次谨信"？目的是"泛爱众""亲仁"。这就像《大学》里面讲的"大学之道，在明明德，在亲民，在止于至善"。如果说"孝悌""谨信"是一种"明明德"的手段，那么它们的目的是什么呢？是要达到至善的境界，就是"泛爱众""亲仁"。由此可见，《弟子规》的价值取向侧重于人伦关系的建构，那就是和谐。

如果我们就世界文化做一个对比，会发现古印度文化特别强调生命的超越性。它对生命的规划一定是指向超越。这从它的人生四阶段可以非常明显地看出来：

二十岁之前叫守真期，二十岁到四十岁叫居家期，四十岁到六十岁叫行脚期，六十岁到八十岁叫弃绝期。就是说从生下来到二十岁，你要在家里面学习成长；从二十岁到四十岁，养老育小；从四十岁到六十岁，必须离开家庭，寻师访道，解决生命的下一站问题；从六十岁到八十岁必须放下家庭，去追求永生问题、真理性问题，也就是超越性问题。

西方文化则以追求物质的最大化为特点。当然，在苏格拉底时代，人们追求心灵的超越跟物质的最大化是统一的。到了柏拉图时代，偏向了对内心的探索。到了柏拉图的学生亚里士多德时代，一下转向了对物质世界的探索，把对物质的占有作为生命的意义。到现在，西方文化的一个特别突出的特点就是让物质利益最大化。而相较于古印度文化和西方文化，中华文化在这两者之间找到了一个平衡点，那就是"中"。

这个"中"，又是一个什么样的状态？它在现实社会有什么重要意义？《弟子规》里面怎样描述这个"中"？怎么抵达这个"中"呢？下一讲我们接着分享。

第四讲　《弟子规》里有幸福

从古印度文化和西方文化的对比，可见古印度侧重解决的是人和神的关系。西方文化侧重解决人和物质的关系，而中国文化侧重解决人和人的关系。从《弟子规》的总叙我们可以看出人伦的最高境界，那就是"泛爱众"。

"行有余力，则以学文。""学文"作为一种方法论，落在哪里呢？落在人间伦理的维护上。从《弟子规》的总叙我们可以看出，它的价值观就是传统伦理所强调的仁的境界。它的价值导向是和谐。深入研究之后你会发现，《弟子规》是人间和谐伦理的说明书。

《弟子规》的行为方式是什么呢？它不同于古印度的行为方式，特别强调对于本质的探求；也不同于西方的行为方式，特别强调法律和制度的重要性。而介于这二者中间，那就是礼乐文化。

《弟子规》的学术范式是什么呢？它先进行心性教育、道德教育，再进行知识教育和技术教育。"行有余力，则以学文。"这个"文"，是心性和道德的实践性展开，是六艺的生活化演义。由此，我们可以对《弟子规》做一个基本描述：它是整体性认识，是易认识；是和谐的价值诉求，强调的是人伦关系；是礼乐的行为模式，是六艺的学术范式。

对总叙有了这样的认识之后，我们就要强调这次分享《弟子规》的方法论，就是我们讲的是《弟子规》的精神，不是讲《弟子规》的一百一十三件事，而是通过一百一十三件事来讲《弟子规》的内核，它的精神性。

也许有人会问，《弟子规》诞生于清代，在今天还适用吗？我的理解是，也许有些条文可能不适合今天社会，但是它的精神永远不过时，比如说孝悌的精神、谨和信的精神、泛爱众的精神、亲仁的精神、学文的精神，它们永远不过时。就《弟子规》的精神性，我们将从七个方面和大家分享。

第一，"入则孝"。我在读《弟子规》的时候，一直在想一个问题，为什么它要从"父母呼，应勿缓"开篇？对应到生命，它的开始又是一种什么样的状态？一天，我看到有人探讨，小孩子刚生下来是先呼一口气，还是先吸一口气呢？有一位智者给出了答案：先呼后吸，有词为证，即为"呼吸"。就是说，我们刚刚来到这个世界上，是先呼了口气。当时，我很疑惑：不吸，哪有气往出呼呢？我看到这位智者回答：这就是生命元气。这一口气呼出来之后，呼吸就开始了，这就是呼吸。

《弟子规》从"父母呼，应勿缓"来讲，有很深的含义。我们可以想一想，如果"父母呼"我们没有反应是一种什么感觉呢？我们跟父母是一个生命整体，当"父母呼"我们没有应的时候，我们跟父母之间类似于呼吸一样的能量交换就中断了。跟父母的能量交换中断意味着什么呢？父母是我们长长的先人链条的第一个环节，父母有他们的父母，父母的父母有他们的父母，一直到第一个父母，那就是我们的第一祖先，那就是生命的源头。而我们跟最近的父母能量交换中断意味着我们跟这样一根长长的先人的能量链条的关系就中断了，受损失的当然是我们自己。

这些年，为了把这个问题讲清楚，我常常会讲两个概念。一个是"永恒账户"，如果对心理学有了解，就会知道每一个人都有一个"永恒账户"，就是潜意识。潜意识，有以下几个基本特点：

第一，自动记录性。就像我在这里讲课，摄像机会一个字、一个动作不落地全部记录。在下一个时间把它播放出来，跟我现在讲的一模一样。

第二，全息性。全息性已经被科学证实，念头一动，脑电波在极短的时间内传遍全宇宙，这是指念头的传播速度非常快。古人讲："若要人不知，除非己莫为。"讲得还不够精准，应该是"若要人不知，除非己莫想"。念头一动，潜意识迅速做出反应。

关于这一点，做过妈妈的人都有体会。你看那个小孩子睡着了，睡得很安静，妈妈在他身边干活儿，他睡得很香甜。妈妈一旦离开，他就哭。妈妈返回来，在他肩膀上拍一拍，说"妈妈在，妈妈在"，他又睡着了，又很安静地进入梦乡。妈妈就很纳闷：哎，这小家伙到底是睡着了还是没睡着呢？说他睡着了吧，他知道我出去了；说他没睡着，他睡得很香甜。怎么解释呢？当我们对心理学有一些研究之后就会发现，睡着是他的意识层关闭了，但是他的潜意识永远不关闭。如果潜意识关闭，谁记录我们的梦境呢？如果潜意识关闭，谁把我们叫醒呢？由此我们知道，潜意识是与宇宙共享的。

当我们知道潜意识是与宇宙共享的时候，敬畏心一下子就生起来了。我们动的每一个念头都与宇宙共享，我们就会想到孔老夫子为什么要讲"诗三百，一言以蔽之，曰：思无邪"。为什么要"思无邪"呢？因为潜意识是与宇宙共享的。由此，我们就理解古人为什么讲"治世之音安以乐"，"乱世之音怨以怒"，"亡国之音哀以思"。为什么呢？声音、色彩等等都是全息的，从中我们可以看到一个国家是安是乱是亡，它是全息的。

第三，永恒性。潜意识的永恒性已经被现代医学和催眠治疗证实。认识到潜意识的永恒性之后，我们就会对生命、宇宙有全新的认识，也会对"孝"有全新的认识。既然潜意识是永恒的，那我们就可以做一个推论：祖先的潜意识也是永恒的。既然祖先的潜意识是永恒的，那我们孝敬老人就具有现实意义。做一个简单的推理，别人打我们的小孩，我们开心还是不开心？当然不开心。别人对我们的小孩疼爱，我们开心不开心呢？当然开心。

而爸爸妈妈是爷爷奶奶的孩子，那我们对爸爸妈妈孝敬，爷爷奶奶高兴还是不高兴？当然高兴。爷爷奶奶又是他们爸爸妈妈的孩子，我们对爷爷奶奶孝敬，他们的爸爸妈妈高兴不高兴？高兴。由此可见，我们孝敬老人，所有的先人都会高兴。他们一高兴就会给我们发红包，我们就会五福临门，就会长寿、富贵、康宁、好德、善终。我们知道，长寿是能量变的，富贵是能量变的，康宁是能量变的，好德是能量变的，善终也是能量变的。而能量来自哪里呢？一部分来自自己的创造，就像我们劳动了一天就会获得一天的工资。还有一部分能量是被给予的。谁给予的呢？祖先对我们的"转移支付"。这就又牵扯到第二个概念——幸福学的概念、成功学的概念、健康学的概念，那就是"能量总库"。

什么是"能量总库"呢？在我理解，每一个人的能量由两部分构成：一部分能量，我把它叫作"基本工资"，这个是老板定的，一到公司老板就定好了，自己没办法改变；另一部分是"岗位津贴"，我们能够把握的能量就是"岗位津贴"。"岗位津贴"意味着什么呢？干一份工作拿一份工资，不干就没有。可见，"基本工资"是"原始能量"，"岗位津贴"是"现存能量"。

"原始能量"由哪些要素构成呢？

第一部分是先人结转的。中华民族特别强调孝亲尊师。为什么要孝亲呢？因为你一孝亲，关于"亲"的这份能量就结转过来了。怀念祖先，其实就是跟祖先的一次能量交换。从已经播出的《记住乡愁》一百八十集中，我们看到那些兴旺发达的大家族都特别重视祭祖，祭祖的一个重要现实意义就是从祖先那里获得能量。这些年，我们帮助了一些焦虑症患者，也用类似的方法，效果很明显。

第二部分是"原始能量"。作为一个民族，它是一个能量单元；作为一个国家，它也是一个能量单元。为什么《了凡四训》讲"忠孝之家，子孙未有不绵远而昌盛者"呢？因为孝是跟亲人进行能量交换，忠是跟国人进行能量交换，越爱国，我们的能量来源就越多，所以，"忠孝之家，子孙未有不绵远而昌盛者"。

由此可知，我们的"基本工资"部分有先人结转的能量，有国家结转的能量，有民族结转的能量。如果我们能够跟整个人类进行能量共振能量交换的话，又会得到整个人类给我们的能量。

那么，"岗位津贴"这一部分能量，怎样才能增多呢？有两个途径，一个是创造。心理学告诉我们，能量来自感激，帮助别人的时候，能量就过来了。奉献的时候，能量就进入我们的"账户"。另一个途径就是节约。节约得越多，"现存能量"部分就越多。《大学》里面讲"生之者众，食之者寡；为之者疾，用之者舒"，就是告诉我们，多多地生产、少少地用，快快地生产、慢慢地用。我们的经济学，是节约的经济学，奉献的经济学。可见，"能量总库"是由"基本工资"和"岗位津贴"两部分构成的。

第五讲　《弟子规》里有能量

　　上一讲我讲了一个概念，那就是"能量总库"，"能量总库"由"基本工资"和"岗位津贴"构成。"基本工资"由祖先、先人结转给我们的能量和我们个人"永恒账户"上面的能量组成。"岗位津贴"有奉献和节约两个来源。所以，我们讲，我们的经济学是"生之者众，食之者寡；为之者疾，用之者舒"，就是说多多地生产、少少地用，快快地生产、慢慢地用，跟西方的"赤字经济"正好相反。我们的经济学，用古人的话说是一种积福的经济学，而不是赤字消费、提前消费、刺激消费。它保证了我们"能量总库"里面的能量永远是一种正的状态，而不是负的状态。通常，人们夸奖一个孩子有出息，常会说那是因为祖上有德。若用"能量总库"来讲，就很好理解了。班里五十位同学，为什么有些同学学得很轻松，常考第一，而有些同学很努力，但考试成绩总是不理想？有许多家长就逼孩子："他能考第一，你为什么不能？"家长如果了解了"能量总库"的概念，就不逼孩子了。因为一个孩子能不能考第一，不单单是他努力的结果。努力是重要，但更重要的是他的"能量总库"里面有没有足够的能量。如果他的"能量总库"里能量非常充沛，他就会学得很轻松，就能轻轻松松考第一。如果他的"能量总库"是赤字的，是欠账的，他再努力也考不过别的孩子。

当家长把这个道理搞清楚之后，他一方面会鼓励孩子好好学习，同时还要替孩子把"能量总库"里面的能量变多。怎么变呢？自己好好地奉献、好好地节约。他的心态就会变得平和，就不会为了孩子的学习而焦虑，去逼孩子。所以，是否懂得"能量总库"这样一个概念，对于正确地教育孩子至为重要。当我们把"能量总库"这个概念普及之后，会有相当多的家长心态变平和。而家长的心态变平和，对孩子的成长非常有益。当家长认识到孩子的学习成绩不单单由孩子的努力决定，还跟自己是否奉献有关，跟自己是否节约有关，他就一下子把消极的、焦虑的情绪调整到积极的和喜悦的状态。而当他知道，要想把"能量总库"的能量变多，首先要从孝敬老人开始，他就会改变教育观。

怎么改变呢？他会一下子认识到，养老本身是育儿。他去孝敬孩子的爷爷奶奶，原来就是在帮孩子的忙，就等于把家族这个能量的活水引过来了。爸爸妈妈一孝敬他们的爸爸妈妈，这个孩子就多了一倍的能量。孩子的爷爷奶奶、姥姥姥爷一高兴又跟他们的先人进行能量交换，孩子就获得了三倍的能量。这些年，我们用这个方法帮助了一些家庭，效果很明显。大家有兴趣可以到《醒来》和《寻找安详》以及《〈弟子规〉到底说什么》里面去看案例。

如此，我们再回过头来看"父母呼，应勿缓"，就会明白它讲的是生命力建设的第一个重要渠道，它强调的是反应力和行动力。一个人的反应速度越快，他的生命力就提升得越快。"父母呼"，我们立即回应，能量马上就接上了，共振马上就发生了；"父母呼"，我们推迟一个时间段，能量就会延迟一个时间段，共振就会延迟一个时间段，生命的效率就降低了。所以，"父母呼，应勿缓"对应在生命力建设上，它强调的是反应力、行动力。一个人的反应力强，行动速度快，他的能量补充速度就快，生命的精确性就高。开水壶打翻了，若能马上意识到，烫伤就免于发生；电闸按错了，若能马上意识到，事故就免于发生；开车失控了，若能马上反应过来，悲剧就免于发生。

可见，要在生活中避免灾难发生，就要从"父母呼，应勿缓"开始训练。从孩子对父母呼唤的反应训练他的应急反应力。这种反应力养成之后，许多因迟钝和延误引起的灾难就会免于发生。长大成人之后，他就能迅速地意识到一些错误的行为方式，就能够迅速地进行矫正。许多人生悲剧，都是因为一些小细节造成的。一个人，如果在养成教育时期，在反应力的培养、行动力的培养上不要缺失，他的人生就会顺畅许多。

"父母呼，应勿缓"也可以视为宇宙秩序在人间伦常上的投射，也是微观层面确保每一个念头准确性的规范。它既是宇宙整体性的对应，也是人的和谐性的保障。因为只有呼而勿缓，父母才是开心的。父母开心意味着什么呢？意味着能量是畅通的。

美国斯坦福大学的某位教授做过一个实验：把一个正在生气的人呼出来的气体液化，注入老鼠体内，老鼠会瞬间倒毙。这意味着什么呢？意味着爸爸妈妈不开心的时候，我们得到的能量交换是负面的。

霍金斯能量级里一百五十级的能量对应的心态就是抱怨和生气。而一百五十级意味着什么呢？负五十级。霍金斯发现，正能量和负能量的分水岭是二百级，目前人类的集体能量平均为二百零七级。当爸爸妈妈生气的时候、抱怨的时候，他们的能量在一百五十级。而能量具有共振性，爸爸妈妈的能量如果在一百五十级的时候，我们的能量马上也会到达一百五十级，因为我们跟父母是一种量子纠缠关系。

所以，如果我们心很静，一定会有体会，当家庭成员很开心的时候，我们也会很开心；当家庭成员不开心的时候，我们也会很难受。什么原因呢？开心是一种能量高的状态；一旦感觉到不开心，马上就要意识到我们的能量降低了。

不开心有很多种原因。一种就是家庭成员传递的负能量。人们常常会有这样的体会，比如说，上大学的同学发现某几天他的情绪很低落，后来跟他的爸爸妈妈一联系，原来爸爸妈妈的情绪也很低落。可见，"父母呼，应勿缓"就能确保我们和父母之间正能量交换。

由此，我们可以做许许多多的延伸。从小"父母呼，应勿缓"，长大后做了官，百姓"呼"他就会"应勿缓"。老百姓有诉求，他马上有反应，他就是好官，百姓的获得感、幸福感、安全感就高。

讲大一点儿，中国梦怎样实现呢？人类命运共同体怎么实现呢？要从"父母呼，应勿缓"开始。因为"父母呼，应勿缓"对于人的养成教育，体现在反应力上。而反应力对应到社会成员身上，就是"爱国、敬业、诚信、友善"；对应到人民公仆身上，就是对老百姓的诉求能在第一时间做出反应；对应到跟宇宙之间的关系上，就是第一时间对宇宙清洁性的诉求、和谐性的诉求、和平性的诉求、绿色性的诉求做出反应。由此，我们就可能成为一个环保主义者，就会成为一个低碳生活的倡导者，就会成为一个大爱的使者。所以，"父母呼，应勿缓"，小到家庭，大到社会、国家、民族、全人类，包括宇宙，它是一个整体性的训练。

接着，《弟子规》讲"父母命，行勿懒"。我们体会它语气上的变化："父母呼，应勿缓；父母命，行勿懒。父母教，须敬听；父母责，须顺承。""父母呼，应勿缓"，我们可以感受到它语气里面的主动性、自觉性。"父母命，行勿懒"，我们可以感受到它语气里面的被动性、强制性。

第二个行为养成单元就带有强制性了。"呼"不应，就命令了。语气上的变化，折射出生命的对应状态。第一，由主动变成被动了。主动性带来生命的和谐状态，被动性则不然。第二，能量由顺畅到停顿。"父母呼"时"应勿缓"，"父母命"时"行勿懒"，从"呼"到"命"，从"缓"到"懒"变化微妙。细心体会，会感受到能量短暂的中断之后马上要求恢复的一种诉求。

接下来，"父母教，须敬听"。对父母命令的事如果还没有很好地做到，父母就要教育了，讲道理了。父母讲道理的时候子女就要"敬听"，一个人在这个时候他就要接受道理的教育。

接下来，"父母责，须顺承"。如果父母教，还不听，那父母就要用惩罚教育了。

我们可以看出来"呼、命、教、责"在教育状态上的程度变化。"责"，显然是底线教育了。

"父母呼，应勿缓；父母命，行勿懒。父母教，须敬听；父母责，须顺承。"我们观察孩子们在读这四句话的时候他们的表情变化，"呼"没有应，就变成"命"；"命"没有反应，就变成"教"；"教"没有反应，就变成"责"。

正如道德是法律的基础，法律是道德的底线，对于一些不接受道德教育的人来讲，就要用法律对他进行惩戒，那就是"责"了。

关于责罚，有许多争议。传统教育里主张一定的体罚教育；现代教育又反对。到底应该怎么对待这件事情呢？在我看来，适度地体罚是必要的，过度地体罚是错误的，走中道最好。有许多家长对孩子的体罚过度了，在孩子的心灵深处留下伤痕。

在"寻找安详小课堂"，我们发现，有许多孩子对父母的仇恨就是由于父母的责罚不当造成的。比如说，有一位山东大学的大三女生来学习，当她听明白要对父母理解，原谅父母当年的教育不当时，我们让她给爸爸妈妈打一个电话，对爸爸妈妈表达自己的谅解，她居然发不出来"妈妈"这两个字，你就可以想象她对母亲的仇恨达到什么程度。

现在有些父母一气之下，要么拳打要么脚踢，会伤着孩子，有的还会打脸，这会让孩子的心灵受到严重伤害。我们也看到有许多家长打孩子屁股，把裤子扒下来打屁股，这都是错误的，伤害自尊的惩戒一定要避免。另外，当孩子有了记忆力、有了自尊心之后，就要尽可能地减少责罚教育。要想进行责罚教育，怎么办呢？"易子而教"。我的孩子交给你，你的孩子交给我。老师打竹板，学生一般情况下不会产生仇恨，即使产生仇恨也是非血缘性的，也就是《孝经》里讲"因亲以教爱，因严以教敬"，古人对于教育是很智慧的。

第六讲　亲爱严敬方成教

　　为什么要"易子而教"呢?《孝经》讲:"因亲以教爱,因严以教敬。""因亲以教爱"由父母承担。古人的这个"爱"怎么产生呢?通过"亲"来产生。父子之间、母子之间、父女之间、母女之间的那种"爱",就是一种亲的状态。这种状态,古人称之为"天伦之乐"。它是一种没有缘由的天然的和谐状态。这种状态里面包含着一种不求回报的大爱。对应在霍金斯的能量级里是五百级。按照霍金斯的说法,当一个人的能量到达五百级的时候,这个人的生命力,是普通人的七十五万倍。

　　这么高的一个能量级,是由哪一个念头作为载体的呢?前面讲过信息系统决定能量系统,能量系统决定物质系统。那么,五百级的能量级,是由哪一个信息系统做载体的呢？答案是"我爱你"。这个"我爱你"是不求回报的大爱，就是"因亲以教爱"的这个"爱"，就是孔老夫子讲的"仁爱"，也就是《弟子规》中所体现的那种人生境界。这个"爱"的特点，是不求回报。

不求回报，怎么理解呢？讲一个细节，大家就清楚了。有没有哪一个母亲给孩子喂奶的时候动过这样的念头呢？一口奶一块钱，两口两块，三口三块。给孩子换一次尿布十块钱，两次二十块。等孩子长大了对孩子说，几十万，给老娘拿来！恐怕没有一位母亲动过这个念头，这样一种生命状态就是不求回报的"爱"的状态。夫妻之间，如果有矛盾日子过不下去，会到民政局去办离婚，到法院去闹离婚。但是我们很少听见，有哪一对父母把孩子领到民政局，或者法院，说，这个孩子我不要了。没有的。为什么呢？因为父母对孩子的爱是不求回报的，这种爱就是仁爱，就是亲爱。它是一种出自人的本能的爱，它是宇宙的本质在人间的投射。

一个人在大街上走着走着，突然天空暗了下来，一看太阳没有了，接着听到一个声音说，请交光租，太阳开始收光租了。没有任何一个人听到这种声音。突然之间大地塌陷，听到一个声音说，请交地租。突然之间空气中断，听到一个声音说，请交气租。宇宙间最宝贵的东西都是免费供应的。所以，老子讲："天地之所以能长且久者，以其不自生，故能长生。"整个天地都是一种不求回报的状态；整个天地，都在演绎一种无私奉献的精神。这种不求回报，折射在人间就是奉献，就是大爱。体现最明显的就是父母对孩子的爱。古人发现了这个规律，就通过"亲"来教这个"爱"。没有哪一个女子学了生孩子再去生孩子。没有哪一个孩子生下来，要先培训吃奶，他是天生就会的。包括饱了要笑，饿了要哭，也是本能就会的。这种本能性投射在人间伦常上，就是最天然的父子之亲、母子之亲、父女之亲、母女之亲。而这种"亲"一旦被伤害，将会影响到一个人一生的幸福。

这种"亲"如果伤了，这个人在今后的人生历程中，是很难找到幸福的。

在古代的家庭教育分工里侧重于妈妈相夫教子。因为女性的温柔度、温存度、把握分寸的程度更加有利于"因亲以教爱"，而爸爸常常是"因严以教敬"。作为一个父亲的角色，他既需要"爱"又需要"敬"。没有"爱"这个人温度不够，没有"敬"这个人的庄严度不够、力量感不够。"爱"侧重于阴性能量，"敬"则侧重于阳性能量。现在我们的孩子更多地由爷爷奶奶带，爷爷奶奶带孩子有什么特点呢？会溺爱孩子。孩子被溺爱久了，这个孩子的"敬"不够，阳刚之气也就不够。这就是我们讲的"因亲以教爱"。

而"因严以教敬"，则强调在孩子小的时候由父母"因亲以教爱"，长大之后由老师以"严"来教"敬"。我们看到古代的教书先生，手里有一个竹板、戒尺，做什么用呢？你不听话老师就责罚，孩子在老师这里获得"敬"的教育。教书先生是通过严格来教"敬"，举手投足要合乎规范。而"敬"的教育如果缺失，我们的能量体系里面就缺少了一半。《记住乡愁》的第一集节目叫《敬畏之心不可无》，从"敬"开启乡愁系列。所以"因亲以教爱"和"因严以教敬"，这是古人教学法里面的两个缺一不可的重要板块。在古代，即使父亲再有学问，他也会把孩子交给另一个人去教，原因就是不能伤着父子之亲。因为这个亲一伤，亲的能量就中断了。我们知道血缘系统的能量，主要来自亲。

这样讲完"因亲以教爱，因严以教敬"，我们回头看，"父母呼，应勿缓；父母命，行勿懒。父母教，须敬听；父母责，须顺承"，事实上这四句话把生命力建设的四个主要的要素讲出来了。第一个是"勿缓"，第二个是"勿懒"，第三个是"敬听"，第四个是"顺承"。如果再简化，就是"快、勤、敬、顺"。就是说，要提高一个人的生命力，第一要"快"，第二要"勤奋"，第三要有"敬畏感"，第四要"顺"。

江河之所以归海，是因为它有"顺"的品质。大海之所以是大海，是因为江河的注入让它成为大海。我们可以想象，一艘船在大海上航行，如果它顺风，就会快，如果它顺流而下，就会快；如果它逆流而上，它逆风而行，就会慢。所以获得感也好，幸福感也好，安全感也好，都是四个要素来提供的，那就是"快、勤、敬""顺"，最后落在"顺"。

"孝"讲到最后就是"顺"，所以古人讲"孝顺孝顺"。因为"孝"，这个人"一帆风顺"；因为"顺"，这个人获得了成功，获得了健康，获得了喜悦。"顺"体现在一个人的"孝"的状态，那就是满足父母身体上的需要、心理上的需要、理想的需要和灵魂的需要。对应在我们今天讲的，"孝"就是养父母的身、养父母的心、养父母的志、养父母的慧。

养父母的身很好理解，我们顺父母的生存必需；养父母的心，我们顺父母的好心情的必需；养父母的志，顺父母的理想诉求，完成父母的理想诉求；养父母的慧，让父母的生命处在一种智慧的境界，处在一种通达的境界、超越的境界。

我们对这四个层面有一个通达的理解之后，就会发现，孝敬有着无限的层次。我们给老人吃和喝是孝敬，我们让父母开心是孝敬，我们实现父母的心愿是孝敬，我们让父母活得明白，也是孝敬。对应在日常生活中，如果说要找一个非常简单的对于孝的理解，这些年我常常用"对等性"讲孝道。怎么样的"对等性"呢？我们身体的需要、心灵的需要、情感的需要、道德的需要、本质的需要，我们能够对等地想到父母，那么孝道就接近于一种完美的状态。

比如说，小宝宝咬了一口苹果，他觉得不好吃吐出来，他的妈妈会马上接过去把它吃掉，并说："哎呀，被小家伙吃过的苹果更加香甜。"没有哪一个父母嫌弃小宝宝吐出来的食物，大部分父母都会捡过来吃掉。但是，要让我们把父母吃过的、咀嚼过的食物再吃掉，很少有人能做到。不要说是父母咀嚼过的、吃过的，即使父母吃剩的饭菜要让我们吃掉，也很少有人能做到，我就很长时间做不到。但是有一天，我的父亲剩了半碗饭，吃不完了，我妈说她要吃，那一天我就想超越一下，我就接过父亲那半碗饭，我说："爸，我正好缺一点儿。"我在吃那半碗饭的过程中就观察我父亲，我从父亲的神态里面、目光里面看到了从前从来没有看到的一种幸福感。

有许许多多的老人从儿女嫌弃的目光中受到了伤害，那种自卑深深伤害了他们。我们对于自己的小孩能宽容，有多少个父母光看着孩子睡在那里就幸福得一塌糊涂，看不够；晚上搂着孩子睡，幸福得一塌糊涂，搂不够。但是又有多少儿女能给老人一个拥抱？在老人晚年需要的时候能够陪伴左右，在老人重病期间能够睡在老人身边呢？这些年我因为意识到孝道的重要性，所以在力所能及的情况下践行着孝道。当我每一次给我的父亲搓澡的时候，往往搓着搓着，会潸然泪下。老人好像有点儿不好意思，我就常常给父亲说，我说："你当年给我们洗过多少次，搂过多少次，抱着我们，我们都没有不好意思的感觉，你现在为什么有不好意思的感觉呢？"

第七讲　孝的延伸就是道

　　上一讲分享了《弟子规》"入则孝"部分的前四句，我说它是生命力建设的四个核心要素，就是生命的"快"、生命的"勤"、生命的"敬"、生命的"顺"。这是宇宙的整体性到个体生命力的一种投射。由这四个要素，我们延伸到孝敬老人要从"对等性"找到孝敬的自觉和良知，更明白地说就是"将心比心"。就是当年我们的爸爸妈妈怎么对待我们，我们现在就怎么对待爸爸妈妈，这样能量就对等了。如果每一个人都能够用当年爸爸妈妈对待我们的那种状态去对待爸爸妈妈，那么这种孝应该是完整的，应该是及格的，应该是能够给我们提供基本的生命力的。

　　有这样的一个对等性，可以对孝的延伸意义做许多阐释。我们跟父母的爱要对等，我们跟祖先的爱也要对等。孝敬父母，养父母之身，养父母之心，养父母之志，养父母之慧，是孝道；养祖先的身，养祖先的心，养祖先的志，养祖先的慧，也是孝道。

我们做这样的《弟子规》解读节目，这是整个摄制组在为中华民族尽孝，这是大孝。为什么呢？这是"为往圣继绝学"。《弟子规》的精神是《论语》的精神，那么，我们解读《弟子规》，推动《弟子规》的传播，让人们走进《弟子规》的智慧体系，就是"为往圣继绝学"，是大孝。

有一个生命个体受益，我们的"能量总库"里面就多了一份能量；有千千万万的人受益，我们就多了千千万万份能量，这一份份能量也会反馈给我们的先人。看看我们的手，当一个指头提起来，五个指头都提起来；当一个指头降下来，五个指头都降下来。如果说中指是我们自己的话，大拇指是祖先，食指是父母，无名指是我们的儿女，小拇指是我们的子孙后代。"身体发肤，受之父母，不敢毁伤，孝之始也。"就是说，一个人的孝道要从哪里做起呢？从爱惜自己做起。一个人孝敬老人的高级境界是什么呢？"立身行道，扬名于后世，以显父母，孝之终也。"这是孝道的高级境界。

从这个意义上来理解，一个人按时作息，保护好自己的身体，就是孝道；一个人保护好自己的品德，就是孝道；一个人爱国就是孝道，精忠报国就是孝道。古人讲"忠孝不能两全"，这是从狭义的"孝"层面讲的；从广义的"孝"来讲，忠就是孝。因为我们都知道，当一个人尽忠的时候，父母得到了一种来自忠的能量滋养，祖先得到了来自忠的能量滋养。我们可以想象，岳飞的父母跟秦桧的父母享受到的幸福感是有着天壤之别的。当一个人尽忠的时候，本身就在尽孝，所以忠孝从来是两全。

另一方面，行孝就是尽忠。为啥呢？当每一个家庭都其乐融融的时候，整个国家就会其乐融融，是不是尽忠呢？反过来，当每一个人都敬业的时候，都爱国的时候，那么国家就安宁，国家安宁，家庭也会得到安宁。这是不是忠孝两全呢？忠孝不能两全，这话是从狭义的"孝"来讲的。

拿这几天录制《弟子规》节目来说，本来我走出来是很艰难的，因为我九十二岁的父亲恰恰这几天身体不太好。我昨天打电话给爱人："老爸怎么样呀？"她说：

"哎呀，老爸这两天很好啊。"我还跟我们制片人开玩笑，我说："你看我出来为大家讲孝道，讲《弟子规》，我老爸也变安宁、变健康了。"所以，我们很现实地在生活中会体会到，当我们真的尽忠的时候，我们的老人就得到了一份来自孝的能量滋养。

由这样的一个对等性，我们还可以对孝道做很多延伸。空气是我们的父母吗？是。阳光是我们的父母吗？是。大地是我们的父母吗？是。那我们环保也是尽孝，爱这个地球也是尽孝，爱这个国家也是尽孝，爱这份职业也是尽孝。所以由"快、勤、敬、顺"这四个《弟子规》"入则孝"开篇讲的生命力构建的要素，我们可以把孝道的外延扩展到无限的层面。

古人讲"以孝治国"，"君子务本，本立而道生"，可谓抓住了根本，因为"孝心"是"敬心"，是"感恩心"，是"爱心"的最朴素的体现、最朴素的载体。这是我们由孝的对等性延伸出来的对孝的外延的一种联想。就是说"爱国是孝道，敬业是孝道，诚信是孝道，友善是孝道"，这个在《弟子规》接下来的篇章里面会有外延性的子系统的阐释。

在"父母呼，应勿缓。父母命，行勿懒。父母教，须敬听。父母责,须顺承"之后,《弟子规》接着讲什么呢?

在人的生命力建设的"快、勤、敬、顺"之后,我们接着往下看:"父母呼,应勿缓;父母命,行勿懒。父母教,须敬听;父母责,须顺承。冬则温,夏则凊,晨则省,昏则定。"为什么在前面四句之后接着讲"冬则温,夏则凊,晨则省,昏则定"呢?如果说前面的四句讲的是人的行动力、执行力、反应力,那么这四句讲的就是人的感受力。冬天到了,我们要想到爸爸妈妈要添冬衣了;夏天到了,我们要知道爸爸妈妈要添夏衣了。这是人的感受力训练,知冷知热能力的训练。我们在生活中看到,但凡那些和谐的家庭,和谐的团队,和谐的国家,这些生命单元里面的成员一定是有知冷知热的能力的。当一个妻子懂得知冷知热,其丈夫对她一定是满意的;当这个丈夫懂得知冷知热,妻子对他也一定是满意的;当一个孩子懂得知冷知热,他的爸爸妈妈对他一定是满意的。

"冬则温,夏则凊。""凊"这个字,有一些读本上把它注音为"jìng",据专家考证应读"qìng",它是"热"的反面。当我们热的时候,马上能联想到父母也热了;冷的时候,马上联想到父母也冷了。这样,我们就会第一时间给父母送上凉爽或温暖。这样的一个生命状态一定会带给亲人获得感、幸福感，当然也有安全感。所以，知冷知热的能力在一个人的反应力之后，作为生命力建设的第二项内容被《弟子规》提出来，说明《弟子规》的作者非常有智慧。

如果没有反应力，没有感受力，一个人很难有行动力。从一定意义上来讲，恻隐之心、同情之心是一个人感受力的体现。我们都知道人的爱、人的慈悲心来自人的恻隐之心和同情心。同情心和恻隐之心决定了一个人的良知的觉醒程度、爱心的培养程度。恻隐心和同情心的训练就在感受力里面。所以，"冬则温，夏则凊"是培养一个人的感受力的。

而"出必告，反必面"，"告"有些读本里把它注音为gù。按照专家的考证，"告"这个字有三个读音，在这里应该是"告知"的意思。就是说离开爸爸妈妈的时候，要打个招呼。"反必面"，回来了要先去看一看父母，打一声招呼再干活儿。"出必告，反必面"成为习惯之后，会对一个人的生命力建设提供什么样的要素呢？提供一种随时的能量连接。当我出门的时候，给父母打一声招呼，这让父母放心，事实上是跟父母进行了一次情感联系；回来的时候向父母打一声招呼，又跟父母产生了一种情感联系。它能保证我们跟父母的能量在一种共振状态。所以"出必告，反必面"，既是我们的反应力训练，也是对我们生命的整体性、一体性的强调。

从大的方面来讲，当一个人在任何时候都能做到"出必告，反必面"，我们可以想象一下：这个人养成习惯之后，他在生命的开始和生命的结束也能够做到"出必告，反必面"，那么这个人的"换乘车"就是清醒、安全、妥善、有序的过程。因为出门是分别的象征，回家是团聚的象征。当出门的时候打一声招呼，回来的时候打一声招呼，我们生命中无数的分段就处在一个连接的状态、整体性的状态、系统性的状态。

说一千道一万，《弟子规》是用来构建我们生命力的。在这里，它特别训练的是我们的连接性，就是随时把我们的子系统和整体进行连接，从整体性来保证我们的生命安全性。"出必告，反必面"，这是一个人养成教育中的重中之重。那么在"冬则温，夏则清。出必告，反必面"之后，《弟子规》又接着讲什么呢？

"居有常，业无变。事虽小，勿擅为，苟擅为，子道亏。"讲到了我们对于生命细节的态度。就是面对细小的物件、事情时，我们应该是什么样的态度。"苟擅为，子道亏"，在这里我们体会一下"擅为"，"擅为"就是粗率、任意、随意。"擅为"给父母构成什么样的能量投射呢？"子道亏"。当我们轻率地对待这些生命细节的时候，伤害的是整体能量。

对应在养成教育上，应该怎么做呢？物虽小，勿私藏，苟私藏，亲心伤。"如果不把一些生命细节处理妥当，直接的后果是伤了父母的心。伤了父母的心，如果从能量的角度来讲，就是把父母的能量降低了。把父母的能量降低了，等于把我们的能量也降低了，因为父母是我们整体性的第一个环节。关于这一点，这些年有一本书非常畅销，就是《零极限》。《零极限》里面讲到的生命原理，拿到这个地方来讲非常有印证性。

在美国的夏威夷岛上有一家精神病医院，里面收治着许多精神病人。这些精神病人的病严重到什么程度呢？医生都不敢去上班。因为精神病人有攻击性，冷不防就会被他们攻击，医生平时都是贴着墙根走，很恐惧，有许多大夫都不去上班了。这时，有一个叫修·蓝的博士接管了这些精神病人，他怎么治疗呢？他与这些精神病人不见面，只是把他们的档案拿过来，对着他们的档案反复地说一句话："对不起，请原谅，谢谢你，我爱你。""对不起，请原谅，谢谢你，我爱你。"没想到，这些精神病人最后全部痊愈出院了。这样一个治疗的人间奇迹被畅销书作家维泰利写成了一本书，叫《零极限》。

当初读到这本书的时候，我感觉很震惊。我说如果他讲的案例是确凿无疑的、真实的，那么它既可以作为教育学的案例，也可以作为医疗学的案例。我们可以想象，医患不见面，仅靠"对不起，请原谅，谢谢你，我爱你"，就能被治愈，那么再严重的问题学生还能教不好吗？精神病人都能在这一段话面前治愈，那么再严重的心理疾病患者还能治不好吗？

第八讲　量子清理好神奇

　　上一讲给大家分享了《零极限》这本书,对应《弟子规》"入则孝"部分的"事虽小,勿擅为。苟擅为,子道亏"这一部分。在《零极限》里,我们看到修·蓝博士对待精神病人,并没有面对面地进行疏导和心理干预,而只是对着档案说"对不起,请原谅,谢谢你,我爱你",最后这些精神病人全部痊愈。

　　这样一个治疗的奇迹、教育的奇迹,对应在《弟子规》"入则孝"部分的"事虽小,勿擅为,苟擅为,子道亏"上,我们会发现,东西方文化在巧妙地印证。事情小,小到什么程度呢?小到我们的起心动念。因为任何行为,都是由念头作为动机的。要想真正地做到"事虽小,勿擅为,苟擅为,子道亏。物虽小,勿私藏,苟私藏,亲心伤",

就必须警惕我们的起心动念。

修·蓝博士的四句话为什么能够对精神病人起到这么大的干预作用呢？因为他认识到一个问题，就是每一个人的潜意识跟有缘分的人是重叠的、交集的、共享的。为什么他不见精神病人，而对他们的档案讲"对不起，请原谅，谢谢你，我爱你"，精神病人就能够痊愈呢？因为他认为，精神病人之所以出现在他的面前，是因为精神病人也跟他有量子纠缠。当他把自身潜意识里面被污染的部分、感染的部分净化了，精神病人也就自然被治愈。

对此，老子的《道德经》已经讲得很清楚了，老子讲："我无为，而民自化；我好静，而民自正；我无事，而民自富；我无欲，而民自朴。"司马光把这四句话概括为"无为自化，清静自正"，他认为这是老子思想的精华。可见在两千多年前，老子已经把乔·维泰利和修·蓝博士写的《零极限》这本书里面描述的治疗学奇迹的原理讲清楚了。

这些年我一直在讲一个观点：在今天，西方科学可能恰恰为我们认识东方智慧提供了方便，提供了科学证据。所以《弟子规》在"入则孝"部分给我们编设"事虽小，勿擅为"，"物虽小，勿私藏"这样一个修养的课程、养成教育的课程，也就显得尤为智慧。

在老子的《道德经》里，我们还看到："天下难事，必作于易；天下大事，必作于细。"从另一个方面论证了小事的重要性，就是说对小事要引起足够的重视。老子反复地强调"无为"的重要性，而"无为"要达到"有为"的效果，就需要我们对小事做到足够的警惕。

老子又说"合抱之木，生于毫末"，"千里之行，始于足下"，强调了细小的事情对于一个人成功的重要性。

由此可见，《弟子规》用"事虽小，勿擅为，苟擅为，子道亏。物虽小，勿私藏，苟私藏，亲心伤"，强调的是生命力建设中细节的重要性。

《零极限》这本书告诉我们，生命的最小单元——每一个念头在我们跟这个宇宙的能量交换过程中非常重要。既然每一个念头对整体来讲，它既可以是建设力，也有可能是破坏力，那么我们就要管理好念头，而要管理好念头，就要跟踪念头。而《弟子规》在这一部分，强调的是"事虽小，勿擅为。苟擅为，子道亏"。就是说，如果擅自地、随意地、粗糙地完成生命中的细节、生活中的细节，我们的"道"就亏了。这个"道"就是老子讲的"道生一，一生二，二生三"的这个"道"。换句话说，它是我们的本质，是我们人格大厦的核心部分。

而"苟私藏"造成的后果是"亲心伤"。从小的细节我们可以看出中国人对于生命单元中细微部分的重视。这一部分在"三百千"（《三字经》《百家姓》《千字文》）里面，在"训蒙养正"读本里面，都特别强调。中国人对孩子的教育在餐桌上进行，在"洒扫应对"中进行，也是这个道理。一家人吃饭，要在孩子端一次碟子、端一次碗、夹一筷子饭中培养孩子的谨慎力；在"洒扫应对"中培养孩子对细节的把控力。这一部分和前面的行动力、反应力、感受力是密切相关的。因为感受力、行动力最后都要落到我们对自己起心动念的跟踪和把握上。这就是我们开篇讲的，要把传统文化的学习落细、落小、落实，落到生命的每一个细节，因为"物虽小，勿私藏，苟私藏，亲心伤"。落到这样的细节，因为"事虽小，勿擅为，苟擅为，子道亏"。

接下来这一部分，在小的细节的把控之后，作者讲道："亲所好，力为具。亲所恶，谨为去。"由细节性的把握，由起心动念的跟踪，讲到亲人所喜欢的，就要去尽力完成；亲人憎恶的、不喜欢的，就应尽可能地规避，落到对亲人情绪的感受和呼应上。

　　"亲所好，力为具；亲所恶，谨为去。"关于这两句话，我给大家分享一个故事。有一次，一所小学请我去讲课，在路上，请我讲课的老师说："郭老师，到我们学校去，你可千万不要讲《弟子规》。我们这个学校是一所国际化的学校，它以西方文化为主，你讲《弟子规》，估计老师和同学们都不喜欢。"我就很紧张，我想我跟小学生讲课，不讲《弟子规》讲什么？就紧张地梳理思路。到底讲什么呢？到了现场，果然，同学们连坐姿都跟普通学校的不一样，显得很西式。我就来了一个灵感，问："小朋友，你们的身份是什么呢？"他们说："是学生啊。"我说："学生学什么呢？"他们说："学知识啊。"我说："对，也不全对。"我说："在我看来，学生就学'生'。这个'生'是我们平常讲的'卫生'的'生'，'生机勃勃'的'生'，'生命'的'生'。"这时，小朋友就感觉有些疑惑了：这个"生"是什么呢？我说："是能够让你长高个儿，让你漂亮，让你有智慧，有好运气的这个'生'。"古人讲"春来草自青"，就是说春天一来草木就复苏。春天就是生命的生机。小学生就应该学这个东西，学能够让我们健康、聪明、漂亮、有好运气的这个"生"。怎么样才能学到这个"生"呢？要想学到这个"生"，就要知道这个"生"在哪里。这个"生"到底在哪里呢？连这个"生"在哪里都不知道，怎么能学到呢？我就问大家："你们知道这个'生'在哪里吗？"小朋友回答不上来。我说："我告诉小朋友，这个'生'就在你妈妈那里。为什么这么讲呢？因为你是你妈妈生的，难道'生'不在她那里吗？她那里没有生机，怎么会把你生下来呢？"这样一讲，小朋友一下子就有了兴趣。

我们在前面的课程里讲过，当一个人在生气的时候，他的生命力降到多少级了呢？按照霍金斯能量级，已经到了一百五十级，也就是负五十级。跟这么低的一个生命磁场进行共振的话，按照霍金斯的说法，我们肯定已经受伤了。因为霍金斯认为，当一个人的生命能量低于二百级的时候，他就要生病了。

既然生气让人如此受伤，我们怎么样才能够让爸爸妈妈不生气呢？很简单，按照《弟子规》的要求去做。爸爸妈妈喜欢的去做，爸爸妈妈不喜欢的不做，爸爸妈妈不就高兴了吗？我发现这些小朋友脸色也变了，神情也变了，情绪也变了，接着我就给他们分享《弟子规》。

这位老师说，你到底还是把《弟子规》讲了。

从家庭成员来讲，"亲所好，力为具；亲所恶，谨为去"。对于父母来讲，他是喜欢他的孩子好好学习呢？还是不好好学习呢？当然是好好学习。他喜欢他的孩子上网呢？还是读书呢？当然是读书。他喜欢他的孩子养成良好的生活习惯，拥有一个良好的生活方式。对应到爷爷奶奶，他们希望我们的爸爸妈妈吵架呢，还是和睦呢？当然是和睦。是期待他们白头偕老呢？还是中途分手呢？当然是白头偕老。有许多外延可以在这里探讨。

　　我个人当年对我的爱人，也是非常挑剔，非常刻薄，也不是没有动过分手的念头。作家往往很容易活在一种幻想的生活里面，幻想着一种红袖添香夜读书的情景。当太太不能给自己提供这些幻想的时候，自己难免就会想入非非。可是，我为什么一直守着糟糠妻过日子，而且还越过越恩爱了呢？我回想了一下，跟我心中藏着一句话有关系，那就是"亲所好，力为具；亲所恶，谨为去"。每当我有非分之想、刻薄之想、暴力之想的时候，我就想到我的父母，想到我的岳父岳母，一想到他们，我就下不了决心。我觉得正是这种"亲所好，力为具；亲所恶，谨为去"的心理，让我度过了那一段最危险的时期。后来走进了传统文化，当我发现夫妻恩爱是可以经营的时候，我们一步一步走向了恩爱。所以，我跟别人开玩笑说，别人是先谈恋爱再结婚，我是先结婚再谈恋爱，现在年过半百，才尝到了夫妻恩爱的感觉。

这些年，我也用我的经历规劝许多准备离婚的夫妇，劝他们不要离婚。我说："不要为别的，仅仅为老人着想，为了孩子着想，也要能不离尽量不离。"刚才讲道，夫妻恩爱是孝敬老人，夫妻恩爱同样是爱护孩子。有过做父母经验的都知道，小孩子晚上的第一需要就是要找妈妈。白天奶奶可以带，爷爷可以带，保姆也可以带，到了晚上，他一定是要找妈妈的。我见过小孩子晚上找妈妈的那个情景：双泪长流，非常凄惨地呼唤着"妈妈，妈妈……"。一次找不到妈妈他就有恐惧感，两次找不到妈妈他就有双倍的恐惧感，当这样的恐惧感积累到一定程度，孩子的安全感就失去了。一个孩子没有了安全感之后，他在以后的人生历程中就一直有种缺爱感觉，就往往容易抑郁、多动、自闭。

第九讲　夫妻原是两门课

上一讲讲到"亲所好，力为具；亲所恶，谨为去"，从这一句话延伸出来，我们在日常生活中应该联想到一些伦理学、道德学、行为学的话题。我们特别强调了夫妻关系在家庭建设、社会建设中的重要性。如果夫妻关系处理好了，既是孝敬老人，也是关爱孩子。有一次，我在一所监狱讲课，给那些未成年服刑人员讲课。当我一走进会场，那些孩子唰地站起来齐唱《世上只有妈妈好》的时候，我再也忍不住泪水，因为好多孩子脸上都挂着泪水。后来，我跟狱警、狱长、政委聊天，才知道这些孩子基本上都来自破碎的家庭。

当每一对夫妇想到，离婚会对孩子造成巨大伤害的时候，就有一种责任感。难道天下的夫妇就想不到这一点吗？是什么原因让离婚率逐年上升？我个人认为，有时代的原因，也有现代人对幸福理解偏差的原因。我们看到大多数离婚的人，他们对幸福的理解是，幸福是由对象提供的。这些年，我就想方设法在一些平台上呼吁建立一种新的幸福观。如果幸福观不改变，离婚率是降不下来的。

怎样改变人的幸福观呢？这些年，我用两句话、五种能量关系来劝准备离婚的夫妻，发现效果很好。先介绍"两句话"，其实是改变两个认知。第一个要改变的认知，就是幸福是能量变的，不是对象给的。人们一旦把幸福是由能量变的这个认知建立起来，就会在提高生命能量上下功夫，而再也不会去频频更换对象。比如说我有一个朋友，他铁了心地要换太太。我跟他讲不要换，换不来幸福。如果说换太太能换来幸福，那些频频换太太的人最终应该得到他想得到的幸福，但是你去听他们讲，他并没有得到他想要的效果。原因在哪里呢？按照"投影说"，我们找的每一位太太，只是我们心灵底片的投射而已。换句话说，换太太相当于换屏幕，而没有换底片。底片不换，你换再多的屏幕还是同样的投影。应该在哪里做文章呢？换底片！提高我们的生命力，幸福指数才能提升。

人的焦虑来自"不一样"这个念头。人们换太太也是来自这个"不一样"的念头，"我要换一个更好的"，但是他忽略了向内求，忽略了向内求，他是永远得不到他要的那个效果的。古人讲："行有不得，反求诸己。"古人寻找幸福的方法是向内寻找幸福。

所以，我就给这个朋友建议不要离婚。我说："你每天早晨起来，就对着太太做心理暗示。怎么做心理暗示呢？你说：'西施，西施，西施。'整天都这个念头，时间长了，你太太就会成为天下最美的人，这样你就不想换了。"

有没有实际意义呢？有。心理学上有一个著名的案例，比如说"请吃北京烤鸭"——好香啊，口水就流下来了。如果换一个念头，说"请吃鸭的尸体"——一下子不想吃了；不但不想吃，还有恶心的感觉。同样的一个存在，念头换了，概念换了，感受就换了。事实上，幸福就这么简单。心理学告诉我们，心理暗示是重要的能量。这个实验对我们日常生活有什么启示意义呢？就是任何时候都要给对象投以正面的念头。时间长了，抱怨就没有了；抱怨没有了，对对方的挑剔、成见就会降低。

我们可以想象，离婚的人，相当一部分是互相赌气，为的是争一口气。但是每事当前，都能想到对方的优点，我们就会像初恋那样度过每一天。许多人离婚，事实上是咽不下一口气，就是赌气。当我们把赌气的心态换成多看对方的优点，离婚率就会大大降低。

第二个需要改变的认知是，做丈夫和做妻子是各自的功课。不能因为丈夫不去"上课"，我也就不去"上课"。有的孩子，当我让他无条件孝敬老人的时候，他就说："他当年都不理我、不管我，我为什么要孝敬他？！"我说："错了，小朋友，爸爸妈妈当年对你不好，那是他们的慈道这一课不及格；如果你现在不去孝敬老人，你的孝道就不及格。而'慈道'和'孝道'是两门功课，人生中需要完成的许多功课中的两门。我们不能因为爸爸妈妈不完成他们的功课，就跟着一起不完成我们的功课，要把两门功课分开来对待。"同样，做丈夫和妻子也是两门功课。

当认识到这一点的时候，不管对方对我们好不好，不管对方对我们爱不爱，我们都要爱对方，爱到不求回报。为什么呢？当我把对方爱到不求回报的程度时，我的生命能量达到五百级。而如果你不爱我，你抱怨我，那你的能量在一百五十级，跟我有什么关系啊？我的能量到五百级，在下一个生命周期坐宇宙飞船。你的能量在一百五十级，下一个生命周期坐拖拉机。这是两门功课。把这个道理搞清楚之后，我们再也不会计较对方对我们不好而去报复他。计较对方当年对我不好，我现在就对他不好，这实际上是一种自我损伤。

《记住乡愁》第二季有一集节目讲述了一位女士的故事。她丈夫当年出轨，没想到在一次外出途中遇到车祸一命呜呼了。这位女士不但没有幸灾乐祸，还凑钱给前夫办了一场体面的葬礼，还替他还清了十一万块钱的外债，而她只是一个并不富裕的农民。记者问她："你怎么做到这一点的？他都抛弃了你，你还能这样对待他？"她怎么讲呢？她说："他抛弃我，那是他的事情。而我现在这样做，是在尽一个前妻的责任！"这让我很震撼。这位女士很早就明白一个道理，做丈夫和做妻子是两门功课。她要借机把做妻子的这一门功课做及格。如果这一课不及格，下一个生命周期还要补课，损失的是自己。

我们看到，古人是把生命当作众多课程中的一门课程去完成的，是在"敦伦尽分"，完成自己的本分，这就是《大学》里面讲的"为人君，止于仁；为人臣，止于敬；为人子，止于孝；为人父，止于慈；与国人交，止于信"。就是作为父亲要把"慈道"完成，作为儿女要把"孝道"完成，作为国君要把"仁道"完成，作为大臣要把"敬道"完成，作为朋友要把"诚信道"完成。就是说，一个人在每一个角色上都要做到百分之百，那么这个人的人格就圆满。这也是《大学》里面讲的"大学之道，在明明德，在亲民，在止于至善"。

一个人怎么样才能够"明德""亲民""止于至善"呢？妻子是我们的"民"、丈夫是我们的"民"、父母是我们的"民"、孩子是我们的"民"、同事是我们的"民"、百姓是我们的"民"。所有的人都是我们的"亲民"对象，只有"亲"了每一个"民"，我们才能"止于至善"。只有"止于至善"，我们才能够"明明德"。这就是我们为什么讲不要计较对方对我们好不好，而要对对方好到百分之百。修·蓝博士之所以能够彻底治愈那些精神病患者，是因为他认识到这些精神病人是他的"旧记忆"。如果这些"旧记忆"不清理，他也没办法"止于至善"。所以，修·蓝博士的一生都是在不求回报地爱一切"亲民"对象。

由此可知，"全心全意为人民服务"，其实是健康学、成功学、幸福学。只有"全心全意为人民服务"，我们的幸福感才能达到百分之百。如果我们心中保留着对一个人的仇恨，那就不叫"止于至善"。只要还有一个仇恨的短板，我们生命的水桶就装不满水，我们就不可能"明明德"。所以，一个人要想彻底地觉悟、彻底地醒透，就要对每一个对象投入百分之百的爱和奉献，哪怕是对仇人。这一点在《弟子规》的其他内容，如"报怨短，报恩长"这一部分，也有强调。后面，我们从报怨和报恩的角度再讲。

要处理好夫妻关系，还要处理好五种能量关系。

第一，能量要归位。丈夫是"阳性能量"，妻子是"阴性能量"。从自然属性来看，我们要放大丈夫的担当感、妻子的温存感，也就是丈夫的阳刚之气、妻子的贤惠之德，只有将这些充分放大，夫妻关系才能够和睦。

第二，能量要互补。在今天，有相当多的夫妻关系不好，是因为大家都在消解能量，而没有进行能量互补。比如说妈妈出差了，爸爸逮住机会就给孩子讲："宝贝啊，幸亏你有一个好爸爸。如果没有爸爸，你早饿死了，你妈妈当年根本不管你。"爸爸出差了，妈妈逮住机会给孩子也如是讲一番。最后孩子就会得出一个结论：都不是好东西。就造成了孩子对爸爸妈妈都没有信心，甚至对人有恐惧感。现在有许多年轻人不愿意结婚。什么原因呢？因为爸爸妈妈互相"挖墙脚"。由此可知，爸爸在讲妈妈坏话的时候，妈妈在讲爸爸坏话的时候，整个家庭能量降低到一百五十级以下，受伤的首先是老人和孩子。《中庸》讲，"君子之道，造端乎夫妇。及其至也，察乎天地"，从此可见夫妻关系和睦的重要性。

第三，能量要净化。想处理好夫妻关系，能量要净化。怎样净化呢？既然五百级的能量对应的念头是"我爱你"，那我们就要把"我爱你"这个念头融入一切生活细节里，我们会发现幸福感大大提高。比如说，做饭的时候，很多妻子总是抱怨："这饭怎么天天是我做？男人怎么不做？"做饭的过程成了埋怨的过程。从现在开始，我们把念头转过来，切土豆丝时，把"我爱你"融入进去，默念"我爱你""我爱你""我爱你"！洗衣服的时候，默念"我爱你""我爱你""我爱你"！拖地的时候，默念"我爱你""我爱你""我爱你"！我们会感觉到幸福感有了巨大的提高。

带着"我爱你"的念头，特别是不求回报的"我爱你"的念头，在劳作的时候我们的能量在五百级。当我们把这个道理弄明白之后，吃饭也带着"我爱你"的念头，走路也带着"我爱你"的念头，睡觉也带着"我爱你"的念头，甚至上卫生间都带着"我爱你"的念头，我们会发现一下子进入了人生的天堂。

既然"我爱你"有如此巨大的能量，我们就想办法把它变成意识激光。成为意识激光的时候，它就成为我们生命力的重要部分。

第十讲　万能钥匙"我错了"

上一讲，我们由"亲所好，力为具；亲所恶，谨为去"延伸到夫妻关系和谐，就是孝敬老人，也关乎我们的孩子。怎么样才能处理好夫妻关系呢？讲了两个概念：第一个概念是，幸福是能量变的，不是对象给的；第二个概念是，做丈夫和做妻子是两门功课。不能因为对方不去"上课"，我就不去"上课"。就是谁奉献谁获益，跟对方没关系。我的能量提高了，我的下一个生命周期就会有一个更美的旅行；我的能量降低了，我下一个生命周期的旅行风景就会大打折扣。

还讲了五种能量关系。这一讲我们继续通过五种能量关系，结合"我错了"这一念头，来讲讲夫妻相处之道。

第一，能量归位。阳性能量归阳性能量，阴性能量归阴性能量。阳性能量放大阳性能量，阴性能量放大阴性能量，夫妻"一阴一阳之谓道"，夫妻关系就更加和谐。

第二，能量要互补，不能消解。怎么互补呢？在孩子面前赞美对方，在老人面前赞美对方，在尽可能多的场合说对方的好话。因为在动赞美念头的这一刻，就在跟对方共振，就在进行家庭整体能量的提高。当然，这也是对孩子的关爱，对老人的孝敬。

第三，能量要净化。怎么净化呢？不求回报的"我爱你"给我们带来的生命能量是五百级，是普通人七十五万倍的幸福感！我们就一定要把"我爱你"变成意识激光。当一个简波上万次重复的时候，它就变成意识激光了。比如太阳光，它照在我们身上，平常是没感觉的，但是当它被聚焦打过来，就会把我们灼伤。

普通光打在物件上，物件没有反应，当变成激光时可以把钢板穿透。由此可知，一个人的意识变成激光之后的巨大力量，当然，用不好就成为破坏力。而"我爱你"这样的一个念头，给我们带来的是能量上的提升，是建设力。"我恨你"这个念头，带给我们的是负能量，是破坏力。"我爱你"是生机，"我恨你"是杀机。

我们在日常生活中做任何事情都应该把"我爱你"

这个念头融入进去，哪怕接一个电话，哪怕走每一步路，哪怕喝每一口水，吃每一口饭，都要把"我爱你"融入。这样时间长了之后呢，它就会变成意识激光。一旦这个念头变成意识激光，我们的能量就会很稳定地保持在五百级，而我们的能量很稳定地保持在五百级，体现在我们的孩子身上，他会孝敬老人，会好好学习，有好的道德品质。如果一个孩子不孝顺老人，是因为他的能量不够；一个孩子厌学，是因为他的能量不够；一个孩子品质恶劣，是因为他的能量不够。

在一个论坛上，我把这个原理讲了之后，一位女士第二天就来给我反馈，她说："郭老师，不灵啊。"我说："怎么不灵啊？"她说："你猜呀，我一进门就来了一下子。人家怎么说呢？"我问："人家怎么说呀？"人家说："神经病。"我就说："你要找原因，你给另一半泡了一杯'我爱你'的茶。人家一喝'噗'吐出来了。咋回事呢？'神经病'的味道。水没错，茶也没错。问题出在哪里呢？问题出在我们用的这个茶杯还是'神经病'的味道。应该怎么办呢？要先把茶杯洗干净，再给他泡一杯'我爱你'的茶。"

怎样才能把这个茶杯洗干净呢？霍金斯发现有一个

三百五十级能量级对应的念头，是专门打扫生命容器的，就是"我错了"。就是说，"我错了"这个念头，它承载的能量是三百五十级。三百五十级意味着什么呢？霍金斯没有做换算，但是他换算过三百级。他发现三百级等于二百级的九万倍。我们可以推算，三百五十级它的能量至少有二百级的十万倍。

《周易》八八六十四卦，六十三卦都有吉有凶，只有一卦全吉。哪一卦？谦卦。谦卦体现在日常生活中，最明显的、最具体的是一个人在日常生活中能常说"我错了"。认错，就证明有反省精神。当一个人能认错的时候，他的能量就在三百五十级，这就是谦德。被称为天下第一善书的《了凡四训》里，最后一章"谦德之效"里边讲的"惟谦受福"就是这个道理。谦德能给我们带来福气。按照我们这一轮讲《弟子规》的基本方法论能量视角来讲，只有谦德能给我们带来能量。

老子讲："江海所以能为百谷王者，以其善下之，故能为百谷王。"什么意思呢？大海为什么是大海呢？因为它有谦德，它比小溪有谦德。百川为什么归海呢？因为大海胸怀广阔，有谦德。老子赞美水，"水善利万物而不争"，不争就是谦德。事实上，我们可以将人的一切美德都归结为谦德。比如说孝敬老人、关怀兄妹、"谨而信""泛爱众"，都是谦德。敬畏心、感恩心、爱心、慈悲心、恻隐之心、同情心，都是谦德。而谦德最具体的表现，就是一个人能净化能量。用什么净化呢？说："我错了！"所以，我们训练意识激光的时候，要先用"我错了"打扫心灵容器，再往里装"我爱你"的能量。

"我错了"在处理夫妻关系的时候尤为有效。我就有体会，原来因为一个事情跟我太太争，冷战一周，缓解一周，十来天就过去了。现在，一个"我错了"，这十来天的工夫就省下了。有许许多多的夫妻之所以关系发生了裂变，之所以最后走上了法庭，有一个重要的原因，就是大家都在说"你错了"。我的体会是，当我们能够随时把"我错了"这三个字说出口的时候，夫妻关系基本上就能维持在一个和谐的状态。当然，在生活中能常说"我错了"，是需要训练的。

能量要净化，我们要做到两点：一要常赞美对方，二要常看对方的优点。因为如果看不到对方的优点，是不可能赞美对方的，而赞美对方会直接改变家庭磁场。有人说，都老夫老妻了，还赞美什么呢？

赞美的大前提是要常看对方的长处，看对方的优点。

对老人也要赞美，对孩子也要赞美。特别是夫妻之间，要看对方的优点，看对方的长处，看对方的努力。前几年我没有这个智慧，和太太一吵架就看对方的缺点，一个缺点两个缺点三个缺点，没法儿活了。现在，把方向改变一下，一不愉快，赶快去想对方的优点，一个优点两个优点三个优点，马上就不生气了。当常常看对方优点的时候，你会发现恩爱的感觉就出来了。比如说我太太，现在我出来，家里边一位耄耋老人、一个幼子，就全留给她了，但她特别支持我出来做公益。为什么呢？因为她理解这份事业，因为我学了传统文化之后，做了公益之后，能说"我错了"，能看到她的优点了，脾气改变了，不再像当年那样刻薄了。这样，相互理解就产生了，久而久之，因为共同的价值观、共同的追求，恩爱就产生了，这一点在当今社会尤为重要。

第四个能量关系，是能量一定要同频。怎么做能量才能同频呢？夫妻一定要有相同的世界观、人生观、价值观。这些年我一直动员夫妻共同学习传统文化，我发现一旦夫妻共同学习了传统文化，家庭就更稳固了。"寻找安详小课堂"鼓励全家学习，夫妻共同学习，带着孩子学习，带着老人学习。好处就是让大家产生共振、产生共鸣。

比如说"寻找安详小课堂"的班主任，有一次，我看到他眼泪汪汪地看着儿子在台上分享。为什么呢？因为他拿出了大量的资金，扶持"寻找安详小课堂"，一直渴望儿子能够跟他一起学，可是一直未能如愿。后来一个特殊的因缘，我就动员他儿子来参加分享的时候，他父亲流下了眼泪。一种共同的价值追求，让他父亲感动。一家人共同学习，作为一个父亲，看着自己的儿子来学习他所推崇的传统文化，他的喜悦可想而知。那一天，那位小伙子的分享感动了在场的每一个人。

如果一家人不学传统文化，没有共同的价值观，很可能亲人就变成仇人。我们知道，爱得越深恨得越深。但是，一旦亲友关系变成道友关系，这种亲爱就会变成永恒。随着成见消失，拥有同一个频率，关系就会变得亲密。

第五个能量关系，就是能量的积累。夫妻之间就像种庄稼一样，要进行能量积累。能量积累到一定的程度，那种恩爱感足以让夫妻携手走完一生。所谓的"执子之手，与子偕老"才有可能，所谓的"百年好合"才有可能。

第十一讲　几人懂得亲之痛

　　这些年我讲家庭伦理的时候发现，夫妻关系成了重中之重，由此我们就更能够理解《中庸》讲的"君子之道，造端乎夫妇，及其至也，察乎天地"。什么意思呢？当我们把夫妻关系搞懂了，理解透了，做到家了，宇宙的秘密我们都了解和理解了。了解了宇宙的秘密，也就意味着我们从十一层的梦境里面醒透了，也就意味着我们能够"明明德"，能够"亲民"，能够"止于至善"；也就意味着我们能达到孔子讲的"学而时习之，不亦说乎"的那个"说"，"有朋自远方来，不亦乐乎"的那个"乐"，以及"人不知而不愠，不亦君子乎"的那个"君子"的境界。

　　这是以夫妻关系为例，由此我们也可以延伸至父子关系、母子关系，延伸至兄弟姊妹关系，延伸至同事关系，延伸至人跟一切生命共同体的关系。原理上是一样的。我们讲《弟子规》，重在讲《弟子规》的精神，而要讲《弟子规》的精神，就要有一种举一反三的能力。在"亲所好，力为具，亲所恶，谨为去"之后，《弟子规》讲什么呢？讲"身有伤，贻亲忧；德有伤，贻亲羞"。事实上是"亲所好""亲所恶"众多外延里面的一个外延，特别拿出来讲，就是强调身的伤和德的伤带给父母的伤害。

孔子讲"父母唯其疾之忧"，"身体发肤，受之父母，不敢毁伤"，是讲我们的身体是父母给的，我们不敢毁伤。因为我们的身体受伤了，父母的身心也就受伤了。为什么呢？我们的身体跟父母的身体是全息的对应关系。我们的身体有痛感，父母就会有感应。

这一点，曾参的童年故事给我们做了证明。有一天，曾参上山打柴，突然感觉心口疼，他的第一反应是母亲出事了。跑回家一看，母亲没出事，而是来客人了。那个年代没有手机，母亲为了不让客人久等，让曾参快点儿回来，就咬了一下手指头，曾参就感到心一阵疼痛。由此可见我们的身体和父母的身体是有"通感"的。

现在，有许许多多的青少年没有意识到这一点，在身上"雕龙画凤"。有一次，我看到一个孩子的胳膊和腿上满是划痕。问他咋回事儿，他说上课打瞌睡，用这种方式来提神。其实我一边在听他讲，一边想，也许是真的，也许另有原因。不管是哪一种原因，这样的做法一定给父母带来了极大的痛感。我们也看到有许多孩子上网，一熬就一个通宵，甚至有孩子带着便携冰箱进网吧，穿着尿不湿打游戏，饿了就从冰箱里取一个面包吃，拿一瓶水喝。这样做的结果可想而知，对身体伤害是多么的大。

古人为了爱惜自己的身体，是怎么做的呢？《黄帝内经》里面讲"食饮有节，起居有常，不妄作劳"。由此可以联想到古人为什么要"食饮有节"，为什么要"起居有常"，为什么要"不妄作劳"？因为古人受的教育是"身有伤"的教育。"身有伤，贻亲忧"，他们不愿意让父母担惊受怕，所以他们的作息很有规律，他们不会暴食暴饮，他们不会为了妄想去杀鸡取卵，对生命进行破坏性的透支使用。身体受伤了，给父母带来的痛苦尚且如此之重；那么道德受损了，对父母的伤害就更大了。

我们可以想象像秦桧这样的人，带给他们的祖先和后代的伤害。秦家在出了秦桧之后，多少年都发达不起来，有许多秦家人都改成了别的姓。在多少年之后有一位叫秦大士的考上了状元，朝中有人就弹劾他，说这位秦大士是秦桧的后代，不能当这个状元。皇帝就调查，查来查去发现秦大士不是秦桧的后代，是秦桧哥哥的后代。秦桧哥哥当年在秦桧陷害岳飞这个事件中，保持了客观态度，没有参与其中。因此得以保持他的状元身份。后来呢，他到了岳飞的坟前写下了一首诗，其中有一句："人从宋后羞名桧，我到坟前愧姓秦。"由秦大士的这首诗我们可以非常形象地理解《弟子规》里面所讲的"身有伤，贻亲忧；德有伤，贻亲羞"。

前面的课程里已经讲到人的潜意识是永恒的。既然每个人的潜意识是永恒的，我们就可以联想到祖先的潜意识也一定是永恒的。而既然祖先的潜意识是永恒的，那么他的子孙后代精忠报国，祖先就享受荣耀；如果子孙作奸犯科，背叛国家，祖先就会蒙羞。

我们在纪录片《记住乡愁》里看到，一些大家族的祠堂里面悬挂了那么多皇帝的封赏。它的意义是什么呢？让他的祖先得到荣耀，让他的子孙在祠堂里体会到一种光荣感，所以它是一种天然的教育。我们看到许多大家族的家训里面规定，一个人一旦犯法，第一不能进祠堂，第二不能上家谱。这对于个人来讲就是一个天然的约束、天然的教育。在古人的节日里，比如说过大年，一家人要在祠堂里面过，就是一种天然的教育。

我为什么用十二年的时间写长篇小说《农历》，写五月和六月两个孩子从中国的十五个传统节日里面穿过？我有一个心愿，那就是打量我们古代生活中的教育，比如说私塾家学、书院乡学、贡院国学、寺院道学和社戏这五个方面的教育。过大年的时候，一家人待在祠堂里面追溯祖德，给后生们颁奖，共同阅读经典，瞻仰祖先遗容，阅读家谱，对于后生将是无形的激励。当他看到他的祖先为国家立功、精忠报国、建功立业、造福桑梓的时候，心中就会自然而然地激发出来一种爱国热情，激发出来一种公益精神，激发出来一种奉献精神，激发出来一种杀身成仁、舍生取义的情结。像辛弃疾、林则徐这些人为什么能够做到"苟利国家生死以，岂因祸福避趋之"？是因为他们从小接受的是一种忠义的教育。

我在《农历》里面写道，我们小时候过年，一村人到庙堂里面去，看到关帝庙的对联"志在春秋功在汉，心同日月义同天"，就问父亲什么意思，父亲就给我们讲关公的故事。当时的情景深深地烙印在我们的心田里。我们的人格里面就有了一份对忠义的追怀和自觉追求。

《记住乡愁》在拍到古田镇的时候，看到六千红军屯在古田镇，我们就会想，为什么不是别的镇而是古田镇呢？我们考察发现，一千多年前古田镇就具有优良的传统。

当我把中国的传统节日整体做了一个审视之后，我就决定写《农历》这部长篇小说。我带着主人公五月和六月从中国的十五个传统节日里面走过，发现祠堂、家谱、书院、义学这一切都对五月和六月的成长是一个天然的教育，它们是天然的哲学课、美学课。

这样一种教育和《弟子规》里面讲的"身有伤，贻亲忧；德有伤，贻亲羞"非常吻合。比如说我写五月和六月过中秋节，五月和六月摘梨子，把梨子摘下来给村里人分赠的时候，五月和六月还有些不情愿，但是当他们把这些梨分赠出去，得到乡亲们回馈的东西比他们分赠出去的东西更多的时候，他们就有一种喜悦感，这时候爸爸妈妈就表扬他们。五月和六月这样的行动，给他们的爸爸妈妈带来的就是一种喜悦。

"德有伤，贻亲羞。"当道德感获得提升的时候，对于亲人来讲就是一种荣耀。整部《农历》，五月和六月成长的过程，事实上就是爸爸妈妈的喜悦增多的过程。

五月和六月爱的力量一步一步地提高过程，也是爸爸妈妈喜悦感提高的过程。这是由"身有伤，贻亲忧；德有伤，贻亲羞"讲到的古典教育对我们的启示。在今天，尤其需要对这两句话更加充分细致地理解。

可以肯定的是，如果每一个官员都是参照这两句话为人民服务，贪腐的概率会大大下降；每一个公务员带着这两句话去上班，他们的敬业程度就会大大提高。如果一个人怀揣着"身有伤，贻亲忧；德有伤，贻亲羞"这句话踏上人生旅程，他就轻易不敢犯错，轻易不敢铤而走险，既不会占国家便宜，也不会做伤害自己的事情。这跟前面讲的"事虽小，勿擅为，苟擅为，子道亏"，"物虽小，勿私藏，苟私藏，亲心伤"有一个非常完美的呼应。由"身有伤，贻亲忧"到"德有伤，贻亲羞"我们也可以看出，古人对生命的认识，它是由身体层面到道德层面，身体层面重要，道德层面更重要。

由此我们就可以理解为什么古往今来有那么多的仁人志士能够做到杀身成仁、舍生取义。我们看到孔子的弟子子路，在牺牲的最后一刻，还能够很从容地把帽子扶端正，非常从容、非常安详地告别这个世界。子路死了，是为了保卫国家而死，为了平叛而死，他死得光荣，死得有质量，他荣耀了他的祖先，也荣耀了他的后人。这样的死，死得其所。

在中国五千年的文明史里面，为什么有那么多人血洒疆场，有那么多人精忠报国？因为他们受到的是一种荣耀祖先的教育、荣耀子孙后代的教育。他们把生命放在一个长长的家族链条、民族链条里面，放在一个整体里面。通过整体性审视的人生，一定是谨慎的人生，一定是如履薄冰、如临深渊的人生，一定是善护自己念头的人生。

第十二讲　健康其实很简单

　　这一讲我们从可操作性层面探讨如何才能够让身不受伤。要说健康，离不开我们祖先留下来的《黄帝内经》。一个人怎样才能健康呢？《黄帝内经》告诉我们有三个重要的因素，那就是"食饮有节""起居有常""不妄作劳"。

　　"食饮有节"，简单讲，就是吃得刚刚好，喝得刚刚好，不冷不热，不多不少，不黏不稠，不要吃过量。从营养的搭配上来讲，应该以五谷为主，五谷杂粮是最有营养的。用今天全息论的观点来讲，种子里面包含与宇宙对等的全息能量。一粒种子埋进土壤，它会长成一棵参天大树，可见种子里面的信息系统、能量系统是多么的充分。再打个比方，把一片菜叶埋到土里它长不出一棵菜，把一块羊肉埋到土里长不出来一只羊，由此可见，种子的信息系统、能量系统更全面。

考古学家从古墓中挖出来一些种子，种进土壤还能够发芽生长，说明种子它不但有生命力，还有保鲜力。可见，多吃种子，对于补充生命能量是大有好处的。小米为什么这么养人？在农村许多孕妇生孩子没有奶水的时候，喝了小米粥就能下奶，因为小米是种子。我们发现小米能够在非常干旱的地方生长，说明它的生命力非常旺盛。而且小米是单子叶植物，非常容易被肠胃吸收。

其实一切米都很养人，古人讲的五谷就是最养人的。但现代人却搞反了。几道菜吃完最后上主食，还是小得不能再小的一碗面。事实上相当多的人到那时已经吃不下了。有人开玩笑说，现代人个个面有菜色。什么原因？在进食的比例上出了问题。古人早就发现了谷物最有营养，认为营养比例应该是五谷七分，菜果肉三分。今天相反的进食比例让现代人落下各种疾病。

我们都知道，"三高病"是吃出来的，许许多多的消化系统疾病是吃出来的。所以有人常开玩笑说，在当今社会没有饿病的，大多是撑病的，就是饮食没有节制造成的。我们在生活中观察，喝完小米粥的碗，拿水冲一下，碗就干净了；但是装过油腻食物的碗，需要用清洁剂才能洗干净。我们的血管、肠胃事实上跟碗一样，当油垢堆积到一定程度，时间久了，免不了就会生病。道家的食谱里面，大多数菜是蒸的煮的，很少用炒的方式烹饪，由此我们可以联想到老子讲的"五味令人口爽"，现代人可能过于贪恋对味觉的满足，忽略了肠胃的感受。

《弟子规》讲"冬则温，夏则凊；晨则省，昏则定"，实际上对应在身体上也是一样的，就是说肠胃的感受我们也要体会一下。我们常常为了满足舌头的欲望而不顾肠胃的感受，肠胃已经叫苦连天了，但舌头还在撺掇"吃吧，吃吧，吃吧"，到最后，许许多多的消化系统疾病就出现了。古人讲的"早好、午饱、晚少"这样的进食规则，现在许多人做不到，往往是早饭不吃，午饭不吃，晚上再进食。而晚上，五脏六腑到休息的时候了，如果吃得太撑，五脏六腑要消化食物，势必会影响睡眠质量。

在地球人口不断增长的情况下，怎样才能让子孙后代有饭吃呢？答案是"食饮有节"。如果每个人都能把过度的饮食节约下来，地球上相当多的一部分人将免于饥饿。所以，无论是出于自我保护、自身健康的考虑，还是为了他人的利益，我们都要做到"食饮有节"。

我在《〈弟子规〉到底说什么》这本书里面讲道，人们一顿饭不吃是容易做到的，吃得很撑也是常常发生的，最难做到的是吃到中途把筷子停下来。这些年我有一个体会，吃饭吃得差不多了，赶快离开饭桌，赶快刷牙；如果不刷牙，就总想吃，结果就吃多了。牙一刷，就感觉心里清净了。我们都知道，如果习气在，很难控制进食；牙一刷，在口腔里面的习气没有了，就容易做到对饮食的控制。这就是"食饮有节"。

2003年，我因为患慢性肠炎和慢性胃炎，把自己的饮食结构彻底做了改变。十几年下来有一个特别明显的感受：精力比以前充沛了。当年吃高碳水化合物食物的时候，往往会昏昏欲睡。现在大家都看得到，一天讲八九个小时的课，精力还不错。我个人认为，吃得刚刚好是最好的，吃得太多往往容易昏沉。后来我问了一些养生专家，他们讲："你吃多了，整个血液都到胃部去消化食物，脑供血就不足，所以人就有一种昏昏欲睡的感觉。"事实上，我们多吃的那一部分食物恰恰给生命力造成了巨大的浪费。

这就是说，吃得刚好是最好的。我在《〈弟子规〉到底说什么》这本书里面把它总结为"一半原则"，就是吃一半刚好。

从一定意义上来讲，让肠胃处在一定的饥饿状态，恰恰是保持健康的一个很好的方法。我个人为了治疗慢性肠炎、慢性胃炎，也尝试着进行过三天时间的辟谷。我发现只要方法得当，这三天你会体会到一种非常轻松、轻盈的感觉。睡一会儿觉，会一天精力充沛。用这种方法，三天或者两天或者一天，让肠胃得以休息，得以修复，也是"食饮有节"的一个有效方法。

"起居有常"，就是按照自然规律生活。有句话叫"药补不如食补，食补不如天补"，而天补的一个重要内容就是按照天时去作息。

通俗地讲就是"跟着太阳生活"，太阳"起床"我们起床，太阳"睡觉"我们睡觉。如果一个人能够按照大自然的节律生活，基本上会保持在阴阳平衡的状态，当阴阳平衡的时候，人一般不会得病。按照古人的说法，一个人生病就是阴阳失调了。

怎样才能让阴阳保持和谐？就是太阳"起床"我起床，太阳"睡觉"我睡觉。中医讲，晚上十一点到次日凌晨一点是子时，胆经值班，是身体进行阴阳交接的关键时刻；一点至三点，肝经值班，肝脏要解毒造血。这个时候按照古人的说法，睡两个小时可能相当于我们平常睡七到八个小时。相对于一天来讲，晚上九点钟是冬至，要把能量藏起来了。你看农民在冬天要把地打糖，让它进入藏的状态，为来年春天的播种做准备。早晨三点钟，就相当于一年中的立春，该起床了。古代的皇帝，不少就是早晨三点起床的。

这样讲，大家会说，九点钟睡觉，孩子作业做不完啊。我说可以调整为早晨起来做作业。时间一调整，对我们的健康大有益处。这就是人们常说的"起居有常"。

许多长寿老人介绍长寿秘密的时候，其中有一条就是作息非常规律，该睡觉的时候睡觉，该起床的时候起床，他一定是让身体处在一种条件反射的状态，从小养成习惯，比如早晨七点是大肠经当令的时候，就应该大便，上厕所。养成习惯了，一到七点就上卫生间，成条件反射之后，身体里垃圾的清理效率就比一般人高得多，肠胃里面的毒素就少得多。当身体记忆形成之后，各器官会自动运作，我们的生命能量就会耗损得少。这就是"起居有常"。

当然也有人说："我的工作性质要求上夜班怎么办？"这是对于一般人来讲的，对于特殊的职业来讲另当别论。

养生专家也好，长寿的老人也好，还讲了长寿的另一个更重要的秘密，那就是爱能使人长寿。如果晚上我们加班是为人民服务，我们仍然可以获得能量的补给。我们在前面讲过，感激本身就是能量。睡眠是为了补充能量，从别人那里能获得感激也是能量。生活中我们发现，上夜班的大夫、媒体人、老师，往往也有很多长寿的。什么原因呢？他们的工作本身很有能量。

"起居有常"，是我们补充能量、维持能量、守护能量的一个方面。我当年也是熬夜，作家不熬夜就不像作家。因为熬夜会让身体大受其损，这些年我就慢慢地调整，如果没有特别着急的活儿，晚上九、十点就准备休息了，早晨会起得早一些。

第三个让身体保持健康的要素是"不妄作劳"。什么意思呢？就是说在生活和工作中，我们对"精气神"的使用要刚刚好。妄心是最消耗能量的。妄心简单地说就是私心杂念。有公益心的人长寿，有爱心的人长寿，慈善家长寿，志愿者长寿，其原因就是他们用公心。

私心太重的人，他的五福就受到影响。为什么？私心产生杂念，杂念最耗损能量。在《寻找安详》一书中，我用大量的篇幅介绍过保持能量的生命状态那就是现场感。就是说一个人在现场感当中，他的能量保持是最好的。关于现场感，打一个比方，面粉是待在面缸里的，面缸是静止的，它是一种能量不动的状态。用《中庸》里面的话来讲，就是"喜怒哀乐之未发，谓之中"的"中"的状态。

平时，我常常用跟踪呼吸的方法带大家体会现场感。在这半分钟里让大家只是跟踪呼吸看能不能做到不起杂念、不走神？然后问两个问题，大家就知道什么是现场感。对于生命来讲，找到现场感可以说是第一重要的。为什么？我在《寻找安详》里面写道，找不到现场感，我们就找不到幸福感、找不到存在感、找不到崇高感、找不到力量感等等。现场感是生命的基础。

在这半分钟里，很少有人做到不起杂念。我就以起杂念的朋友为例问大家两个问题：第一个问题，既然大家刚才起杂念了，请问是哪一个"我"起的杂念？大家说就是这个"我"，难道还有另一个"我"吗？第二个问题，既然大家刚才起杂念了，请问又是哪一个"我"发现起杂念的"我"的？大家一下子就明白，原来在我们的生命中有两个"我"。当找到这两个"我"，我就借助它给大家解读一种生命状态——"现场感"。

第十三讲　活在现场春光现

要想让我们的生命能量处于一种稳定的状态，就要活在"现场感"里。那么，怎么样的一种状态是"现场感"呢？我让大家用三十秒跟踪我们最基本的生命体征"呼吸"。我们发现，在这三十秒内，我们很难做到专注，很难做到不走神、不起杂念。随之，我会提两个问题：既然大家起杂念了，那么是哪一个"我"起的杂念呢？又是哪一个"我"发现这个起杂念的"我"的呢？我们就会突然发现，原来我们的生命至少可以分出两个"我"，一个是起杂念的"我"，另一个是发现这个起杂念的"我"的"我"。换句话说，一个是客体，一个是主体。找到这个"发现者"有多重要？我讲一个真实的事情。夫妻两个吵架，妻子说："你有本事就动手！"丈夫说："你以为我不敢？"妻子说："那你动呀。"丈夫的菜刀就过去了，悲剧发生了。我们想一下，菜刀在过去的时候，是起杂念的"我"在作主，还是发现杂念的"我"作主呢？显然是前者。"发现者"缺席，悲剧就发生了。

我们在生活中常常有这样的体会，有时都离开家已经好远了，还要回去再试一下门锁好了没有。为什么会发生这种情况？因为我们不在现场，换句话说，我们在锁门的那一刻，不知道自己在锁门。这种"不知道"的状态，对应在能量上，就是一种耗散的状态。

大家注意，刚才我用了一个词叫"走神"。"走神"是什么走掉了呢？是最高级的一种生命能量走掉了。古人认为"精""气""神"是能量的三种状态，"精足不思欲，气足不思食，神足不思眠"。"神"是最高级的一种能量状态。"神"走掉了，相当于能量走掉了。"精"足的时候，这个人是没有欲望的。一个人贪心很重，欲望很重，说明这个人"精"已经严重不足了。因为"精"不足，能量不够，他的内在就有一种空虚感，就要让他向外去抓取东西，这就是贪心。"精"不足，这个人贪心就更加旺盛。现在有许多大夫误导患者，本来这个患者已经严重的"精"不足了，他还要给他开一些药，让他强行"打火"。就是说这辆车已经没油了，又没电了，还让他强行打火。

"气足不思食"，当一个人的"气"很足的时候，这个人吃适量的饭就够了，他不会吃得太多。当一个人特别能吃的时候，就要知道，"气"已经不足了，因为食物要提供生命力作用于我们的生命，必须"气"化。一个人"中气"很足，"元气"很足的时候，他只需要很少的食物转化出能量。而"神"呢？是最高级的生命状态。"走神"就是能量走掉了。最耗费一个人能量的不是体力。你有没有发现干一天活儿也不觉得累，就像我现在这样讲课，我讲一天也不觉得累，但是如果起了私心杂念，一会儿就累得一塌糊涂。大家一定有这样的体会，当你面临选择的时候，你是最累的。这事到底怎么做？是求人还是不求人？是送礼还是不送礼？是托关系还是不托关系？一会儿你就累得一塌糊涂，杂念是最耗费能量的。

现代科学发现，一个人在用脑的时候，需要的血液量比使用体力的时候还要多。由此我们可以知道，要想养生就要少"走神"。少"走神"，就要活在一种现场感里。现场感是一种什么样的状态？就是做任何事情，你要知道你在做某件事情，吃饭你要知道你在吃饭，睡觉你要知道你在睡觉，走路你要知道你在走路，就像我现在讲课，我要知道我在讲课。

现场感就是你做任何事情，你是知道自己在做这个事情。换句话说，你的主体是在场的。当主体在场的时候，就是说，你的"神"没有离开你的生活或工作现场。所以我们为什么让大家体会，微微地闭上眼睛，用三十秒的时间跟踪呼吸，吸到不能再吸再呼，呼到不能再呼再吸，就是让大家借助呼吸找到那个"发现者"，借助走神找到那个发现走神的"发现者"。

大家是否有这样的体会，当你特别累的时候，你静静地躺下，跟踪上五六分钟或者十来分钟呼吸，精力就恢复过来，比你吃一顿喝一顿补充能量还要快？现代科学证明，人的能量补充，往往是在阴性能量当值的时候。比如说，孩子长身体是在睡着之后长的，植物拔节是在晚上。在农村，晚上会听到麦子拔节的声音，"嘎巴，嘎巴"，它一定是在晚上。为什么在晚上长个儿、晚上拔节？因为阴性能量当值。

由这个话题，我们就对"不妄作劳"有了全新的认识。怎样才算"不妄作劳"呢？就是不动杂念！大家会说：不动杂念，我怎么生活？动有用的念，不动无用的念。一个人怎么样才能够让杂念尽可能地少下来呢？《弟子规》通篇就是教这个的。《弟子规》教我们从爱老人开始，然后爱兄弟姐妹，最后要"泛爱众"。当一个人的心中装着所有人的时候，为所有人的幸福着想的时候，不为自己着想的时候，这个人的杂念就少了。古人早把这个奥秘看透了，"私心杂念"，即私心产生杂念，我们的妄心对应的就是私心，私心是为自己着想的心，为自己着想的时候杂念就多了。而杂念一多，能量就走掉了；能量走掉了，吃亏的是我们自己。

由此我们就明白老子为什么讲"甚爱必大费，多藏必厚亡"。为什么"多藏必厚亡"呢？因为财富是天地的，如果我们把天地的财富藏在自己家里，相当于把属于我们的一份"精气神"物化。当一个人明白这个道理之后，他会自动地、自觉地把一些藏品捐献出去，或者拍卖去做公益。为什么呢？当我们把这个藏品捐献了、拍卖了的时候，也就把相应的能量激活了。虽然这件藏品没有了，但是它能让我们长寿、富贵、康宁、好德、善终。

当一个人明白这个道理的时候，就会慢慢理解大同社会的理想："大道之行也，天下为公。选贤与能，讲信修睦，故人不独其亲，不独子其子，使老有所终，壮有所用，幼有所长，矜寡孤独废疾者，皆有所养。"这是一种大同情景。财富的囤积，事实上是把我们能量总库里的能量物化，积压在那里。

有一次在烟台讲课，我把这个观点讲了之后，有位南京的企业家回到南京就搞拍卖会，把她的藏品、首饰、衣服拍卖了一百八十多万，将钱款捐给了一所学校。第二次我们见面，穿着一身运动服的她对我说："郭老师，你说得太对了，捐出去、拍卖出去太轻松了。你知道我以前活得多累吗？每天打开衣柜，急得哭鼻子，衣服太多了，不知道穿哪一件。现在就一身运动服，很轻松，很简单。"

许许多多的人，其实为物所累。记得央视有一次拍摄了一位华侨，这个人收藏的中国文物有多少呢？多到他的姑姑为了守护这些文物，一生都没有出嫁。后来姑姑把这些文物转交给他的时候，他突然觉悟了，他要把这些文物捐给广东的一家博物馆。捐完之后，从镜头里能看到他那种轻松感，他说："我真的解放了，现在穷得什么都没有了，连车都没有了，但我很快乐。"

老子讲的"甚爱必大费，多藏必厚亡"是非常有道理的。它让我们明白一个真相：如果我们积压的财富太多，就会把我们的生命力压在里面，把我们的长寿、富贵、康宁、善终都压在里面了。

懂得了这个道理之后，我虽然财富不多，但也尝试着把它变成活性能量。这些年，仅中华书局出版的书，我捐到全国各地公益平台的已经有一百四十多万本。捐完之后，确实感觉很轻松，并且有一种成就感。作为一个作家，自己的书能够到达全国各地，这种感觉很美好，这比把稿费存在存折上感觉好得多。但我的体会是，刚开始做时，有些不舍，但是做着做着，就会由被动变为主动。

"功成而弗居"，这是从生命力角度讲的。就是说当我们真的明白什么是宝贝之后，我们就会取舍了。什么是生命的宝贝呢？精气神。

怎样才能守住我们的宝呢？无私奉献就可守住。把"自我"去掉，把杂念去掉，就能守住了。把低频的能量、积存的能量捐出去做公益，它们会变成高频的能量存在我们的永恒账户里。这些能量，我们能带入下一个生命周期，可以变成我们的五福、变成我们的运气，带给我们吉祥如意。

现在，有许许多多的人因为身体不好而让老人担心。当每一个人都能够做到"食饮有节，起居有常，不妄作劳"，健康水平就会提高，家庭的幸福感就会提高，实现中国梦的力量就会增强。如果我们每一个人都病恹恹的，怎么实现中国梦呢？

实现中国梦，往细里讲要从做到身不受伤、德不受伤开始。如何让我们健康？这些年在参与拍摄纪录片《记住乡愁》的时候，我发现那些长寿村的老人，他们的长寿秘诀，有两条具有普遍性：第一，心特别清静，不与人争；第二，生活特别有规律，粗茶淡饭，饮食非常简单。这些都值得我们借鉴。

怎样才能让我们的德不受伤呢？《弟子规》从开篇讲到现在，都在讨论这个问题。特别是"物虽小，勿私藏，苟私藏，亲心伤"。一个孩子如果从小养成了私藏物品的习惯，若将来他掌握了重要权力，一定会占国家的便宜。占国家的便宜意味着什么？不需要我多讲了。

"物虽小，勿私藏"，当人意识到这一点的时候，就不会接受别人的红包了，不会接受别人的贿赂了。有一次我到老家西吉县教育局去讲课，前后讲了三次课，每次有一千人听课，我捐出三千多册书，如果按码洋计算那也有五六万块钱。教育局要给我钱，我不要，因为我动的是捐书的念头，如果收了钱，那就违背了我的初衷。

"物虽小，勿私藏，苟私藏，亲心伤。"这句话在《弟子规》里面，它跟"身有伤，贻亲忧；德有伤，贻亲羞"在一定意义上是一个呼应的关系，所以，一个孩子从小就要养成良好的习惯，不私藏东西。

第十四讲　有乐无倦皆方便

上一讲我们留下了一个话题：如何才能做到身不受伤、德不受伤，让我们的父母安心？那就要把身体保护好，让它健康；把道德保护好，让它健康。从三个方面给大家分享了如何让身体保持在健康状态，那就是"食饮有节，起居有常，不妄作劳"。特别给大家汇报了要活在一种现场感的状态，而现场感的状态给生命的最大支撑、贡献，就是它能够让我们不走神，让能量处在一种饱满的状态。怎样才能不走神呢？不起私心杂念，常存利他之想，常存全心全意为人民服务的思想。

我的侄孙郭盛阳，在他的养成教育里面，基本上做到了《弟子规》里面所讲的"物虽小，勿私藏"，"事虽小，勿擅为"。他到我家来看我父亲，我父亲给他一些糖果呀、饮料啊,他是先看他爸爸,他爸爸说:"好,你拿着吧。"他就会拿着。过春节的时候,我给他一个红包,他也不接,他就看他爸爸,他爸爸说:"好,你小爷给你,你就拿着吧。"他才拿着。在他的身上,看不到贪心。这种养成教育,让我们很满意。他的爷爷病了,他站在爷爷身边,给爷爷喂粥、按摩;他的爸爸胃不好,爸爸出门的时候,他给爸爸把药准备好,他说:"爸爸早点回来,少赚点钱,只要身体好就行。"他从五岁半的时候就开始读《寻找安详》《醒来》和《农历》。他最早读的是《醒来》,满篇都是注音。到了《寻找安详》这本书呢,注音就少一些了。现在他正在读《农历》,也快读完了,基本上就不需要注音了。现在,全国有许多听众在收听他读的《寻找安详》《醒来》和《农历》。

这一次《记住乡愁》摄制组到我的老家宁夏固原市西吉县将台堡拍片子,把他作为其中的一个人物拍进了节目当中。央视的编导都特别喜欢他,喜欢他落落大方、彬彬有礼、不卑不亢。这样的一个孩子,他的养成教育是从哪里着手进行的呢?就是"事虽小,勿擅为,苟擅为,子道亏。物虽小,勿私藏,苟私藏,亲心伤"。当然他能做到这一点,首先是做到了"父母呼,应勿缓;父母命,行勿懒。父母教，须敬听；父母责，须顺承"。

　　生活中，有这样的孩子，给了我们很大的信心。因为他最初识字，就是从读带注音的《弟子规》开始的。这给我们很大的信心，也给今天许多家长很大的信心。我把他介绍给一些学校，他的爸爸现在也到一些学校去分享他的事。为了让这位父亲对这个孩子承担起更大、更全面的责任，我就让他把生意放下，好好陪读，每周写一篇孩子的成长日记，很感人。我看了几篇，都快掉眼泪了。其中有一篇讲，有一次孩子感冒了，回家以后，他不摘口罩，爸爸妈妈问："你回家了，你不摘口罩干吗？"他说："我摘下口罩，就会把空气污染，空气污染了，你们就会感冒的。"他生病时还为别人着想。他每天读我的书的时候，他爸爸会发来视频。我看到他把书放在桌子上，先给书鞠一躬才开始读。他树立了这样的榜样，给我们家族、周边起了很好的示范作用。

　　现在我家三岁多一点儿的小家伙每天早晨就模仿他，说："听众朋友，大家好，现在我给大家朗读由著名作家郭文斌创作的长篇小说《农历》。"我建议每个家庭都建立一个学习群，每天早晨让孩子们读一段，我把它叫"能量朗读"。有一段时间，我们选的就是《弟子规》。

读了一段时间，把它换成《了凡四训》里面的一些片段，比如"即命当荣显，常作落寞想；即时当顺利，常作拂逆想；即眼前足食，常作贫窭想；即人相爱敬，常作恐惧想；即家世望重，常作卑下想；即学问颇优，常作浅陋想"。再比如说《了凡四训》里面的"有益于人，是善；有益于己，是恶。有益于人，则殴人、詈人皆善也；有益于己，则敬人、礼人皆恶也。是故人之行善，利人者公，公则为真；利己者私，私则为假"。每天早上让孩子读这些片段，读着读着，你会发现三岁也好、五岁也好、七岁也好，孩子都能读下来了。有一个孩子的养成教育完成了，其他的孩子就可以效仿。这也是让一个家族在"身有伤，贻亲忧；德有伤，贻亲羞"上引起警觉的一个方面。如何让每一个孩子都能够身心健康、道德完美？需要树立典型。而要树立典型，就要从孩子的养成教育着手，养成教育又要从细节入手。

我一开始就讲，一定要让传统文化落细、落小、落实，只有落细、落小、落实，才能将其变成生命力。像郭盛阳的成长过程，我们就很满意。《弟子规》在他身上产生了效果。他上幼儿园时的许多行为让他爸爸很纠结。为什么呢？给他的文具，早晨拿出去，晚上回来就没有了。

全送人了。他爸爸说，这样下去他怎么办呢？后来他觉得拿不定主意的时候就问我，我说："好事儿呀，给他，让他送。这样送下去，不就是在培养他无私的品格吗？"果然，这个孩子一入学，语文和数学都考一百分，学习不用爸爸妈妈操心。为啥呢？因为他懂得"身有伤，贻亲忧；德有伤，贻亲羞"。

在他的心灵世界已经看不到私心杂念。他见人就鞠躬，告别的时候就行礼，很自然，你看不出来做作，已然成为一种自然的行为。

这是我给大家汇报的"事虽小，勿擅为，苟擅为，子道亏。物虽小，勿私藏，苟私藏，亲心伤"，在一个人的身心建设中的重要性，就是说"身有伤，贻亲忧；德有伤，贻亲羞"这句话，要让它"落地"。要让亲人不忧不羞，就要从"物虽小，勿私藏"，"事虽小，勿擅为"方面来进行养成教育。那么，孩子从小养成这些习惯，长大后一事当前、一物当前，就不会起贪小便宜的念头，不起占便宜的念头，当然也就不会做贪赃枉法之事。

《记住乡愁》曾拍过被朱元璋封为"江南第一家"的郑氏家族。这个家族在宋、元、明时期有一百七十三人为官，却没有一位贪赃枉法。它是怎么做到的呢？和祖上留下的不得私置田产、私积货财的家训有关。《郑氏规范》中规定："子孙倘有私置田业、私积货泉（钱币），事迹显然彰著，众得言之家长，家长率众告于祠堂，击鼓声罪而榜于壁。更邀其所与亲朋，告语之。所私即便拘纳公堂。有不服者，告官以不孝论。其有立心无私、积劳于家者，优礼遇之，更于劝惩簿上明记其绩，以示于后。"郑氏家族从南宋至明十五世合食共居，历时三百三十四年。我们可以想象，如果每一个人都私藏财物还能做到吗？做不到。鼎盛时期，三千多人的大家族，在一个锅里吃饭，如果每一个人都私藏财物，能做到吗？做不到。《郑氏规范》凡一百六十八条，后来被宋濂带到南京，直接成为明朝典章制度的雏形。把一个家规修改之后就可作为国家制度，可见其家道、家风、家训完善到什么程度。看那些家训，跟后来问世的《弟子规》一脉相承，精神非常吻合，但就可操作性而言，还是《弟子规》更完善。因为《弟子规》来自《论语》，又经过朱熹、李毓秀、贾存仁一代又一代的完善，由此我们对《弟子规》更加有信心。

这是给各位汇报的"身有伤，贻亲忧；德有伤，贻亲羞"。给大家特别强调要从"事虽小，勿擅为，苟擅为，子道亏。物虽小，勿私藏，苟私藏，亲心伤"这两句做功夫。当今社会，为什么出现了诚信危机？有一个重要的原因，就是养成教育在"物虽小，勿私藏"这一块没有完成。有人从小养成了一种占便宜的习惯，诚信危机就发生了。所以，这一句至为重要。

"身有伤，贻亲忧；德有伤，贻亲羞。"在个人层面，它是我们保持生命力的一个重要途径；在家道建设方面，它是让一个家族几百年甚至上千年保持生命力的一个途径。上升到国家，上升到民族，上升到人类，它也是我们不可或缺的和谐力、建设力、生命力的保证。

关于"身有伤，贻亲忧；德有伤，贻亲羞"，我在《寻找安详》《醒来》《〈弟子规〉到底说什么》这几本书里面还有许许多多的案例，由于时间关系，在这里就不再赘述，大家有兴趣可以去看。

接下来，我给大家汇报"身有伤，贻亲忧；德有伤，贻亲羞"后面的内容，那就是"亲爱我，孝何难？亲憎我，孝方贤"。

"亲爱我，孝何难"，就是说亲人对我们特别好，尽孝道就容易；亲人对我们不够好，我们对亲人还能做到百分之百地去爱，那就不容易了。这句话具有承上启下的作用，它要求我们把对老人的爱转向对老人的爱的质量。怎么做质量最高呢？当然是"亲憎我"的时候我还能爱老人，那就质量更高。按照古人的说法，这叫作"以德报怨"。就是说亲人对我们不好，我们还对他好。

怎么理解以德报怨呢？我讲一个《记住乡愁》里面的案例。四川有个德胜村，两个小伙子发生了口角，其中一个不小心把另一个小伙子的一只眼睛给打瞎了，肇事者逃逸。这个受伤的人叫祁永兵，没想到他不但没有仇恨，反倒帮肇事者的妈妈去种庄稼，让逃逸在外的小伙子很惭愧，也很感动，在外面好好做人，拼命地赚钱，后来回到村里，一边回报祁家，一边为村里修桥补路，做补偿。《记住乡愁》拍下了两家人和好的感人画面。

后来，《记住乡愁》晚会把祁永兵请到了演播室，我见到了他，他带着他父亲，他们是第一次来北京。我就问他："你是怎么做到这一点的呢？人家把你的眼睛都打瞎了，你当时也正是谈婚论嫁找媳妇的时候，你不恨他吗？"他说："如果我恨他，他不快乐，我也不快乐；我现在不恨他了，他快乐，我也快乐。"他的回答让我很震惊。他接着讲："他又不是故意把我眼睛打瞎的。"

我就在想，如果有人把我的眼睛打瞎了，我能不能做到像他这么淡定？能不能做到像他这样"以德报怨"？能不能做到不但不恨，还帮人家的妈妈去种庄稼？出于感动，我就把钱包掏出来，把钱包里的钱全给了他，我说："你就带着老父亲转一转天安门吧。"没想到他根本不要。他说："郭老师，如果你愿意，把你的书给我签一本两本。"我就给了他一本《寻找安详》、一本《农历》。虽然他是一个普通的农民，却让我仰望。他的内心是那么强大，是那么淡定，虽然他的一只眼睛瞎了，但是没有影响他内心的那一份美丽。

党的十九大提出要建设富强、民主、文明、和谐、美丽的中国。怎么样才能美丽呢？我的理解是，每一个人的心灵都像祁永兵这样美丽了，整个中华大地才能美丽。在那一刻，我觉得他的内心无比美丽，他的一只眼睛确实瞎了，但是一点儿都没影响他在我心中的那种美好形象。这就是"以德报怨"。

对应家庭生活，舜给我们做出了光辉的典范。当年，舜的父母和弟弟设计了许多圈套，准备置他于死地，让他修粮仓，把火从下面点着；让他去掘井，把土从上面填下去，而舜靠他的智慧奇迹般活了下来。舜展现给我们的是：父母越陷害，弟弟越陷害，他越爱他们，越孝敬他们。舜为我们做出了一个榜样，那就是"亲爱我，孝何难？亲憎我，孝方贤"，所以孔子十分赞赏舜。《中庸》引用了孔子的赞叹："舜其大孝也与！德为圣人，尊为天子，富有四海之内。宗庙飨之，子孙保之。"

《中庸》接着讲："故大德必得其位，必得其禄，必得其名，必得其寿。"舜为什么那么厉害呢？因为他明白一个事实真相。前面我们讲过《零极限》，大舜虽然当时没读过《零极限》，但他一定懂得一个道理，那就是他的生命中之所以出现了陷害他的父母和弟弟，一定是他的旧记忆里面有这一幕。如果用冤冤相报的方式予以回应，只能是悲情重演。在下面的生命周期，仍然有冤冤相报在等待他。他的处理方式是一次性解决。怎么解决呢？欢喜接受，受了受了，一受就了。《零极限》里面有一句重要的话，那就是："一个人要为他生命中发生的一切负百分之百的责任。"

第十五讲　孝心也是试金石

前面我们讲道，舜的父亲和弟弟要加害于舜，甚至要置其于死地的时候，舜却不起报复之念，反而更加孝敬老人，更加爱他的弟弟。他是怎么做到这一点的？他一定看透了生命的真相。按照《零极限》里面的说法，舜一定知道，要想让陷害的悲剧、加害的悲剧、嫉妒的悲剧不重演，在现在这个生命周期就要把问题解决掉，换句话说，要把"底片"换掉，否则，在下一个生命周期还会有类似的悲剧在等着他。怎样才能把"底片"换掉呢？把它"受"掉。古人讲，受了受了，一受就了，不受不了，就是这个道理。

在民间有一个传说中的人物——大肚弥勒。有一个偈子说："有人骂老拙，老拙只说好。有人打老拙，老拙自睡倒。涕唾在面上，随它自干了。我也省力气，他也无烦恼。"接着他讲："人弱心不弱，人贫道不贫。"他给了我们重要的心理暗示。当我们遇到诬陷、遇到嫉妒、遇到仇恨，应该怎么办呢？要像弥勒佛一样把它装进大肚子里。许多寺院，一进去就是天王殿，接着会看到大肚弥勒佛，其实它是古代建筑的一种心理暗示。什么意思呢？当我们进了这个门，就要向它学习。学它的什么呢？立定脚跟做人，大着肚皮容物。常言说的"宰相肚里能撑船"，也是这个道理。

《弟子规》在这里做了一个逻辑上的转折，从"身有伤，贻亲忧；德有伤，贻亲羞"转折到"亲爱我，孝何难？亲憎我，孝方贤"。如果人们能够领会这一句话的意图，离婚率就不会那么高。不管太太对我好不好，我对太太百分之百地好，不管先生对我好不好，我对先生百分之百地好，这个家庭的稳定性就提高了，和谐度就提高了。老人能得到安养，孩子会有一个健康的成长环境。现在为什么离婚率这么高呢？因为"亲爱我"的时候我就爱他，"亲憎我"的时候我就不爱他了，而且又把加倍的憎恨还给对方，把加倍的仇恨还给对方。我们就会一直处在一种恶性循环中，了无出期。

现在看一看，国家提出来的外交政策，实际上是这样一种古老逻辑的现代化。对于国际争端，我们应该用理解的、包容的、和平的、共享的理念去解决，而不能用报复的、战争的方式去解决，用报复和战争永远赢不来和平。为什么呢？我今天打击你，已经埋下了一个明天你打击我的种子，这个恶性循环将永无出期。今天我把他的祖辈消灭了，意味着将来他的子孙来报仇。

中华民族五千多年来始终保持的一种姿态，那就是和平，就是求同存异，就是和平共享，这是由我们的大同理念所奠定的。在这样的一个逻辑下，我们审视中国文化。开篇我们讲道，中国文化是整体性文化，既然是整体性文化，只要有一个分子受伤了，整体就受伤了，有一个分子被污染了，整体就被污染了。这些年在传统文化战线有好多朋友在用酵素，喝水的时候，在四十五摄氏度的水里兑进去一定的酵素，确实对健康有作用。我曾做过实验，马桶上面有污垢，在上面滴上一点点酵素，就很容易净化。就是说你给一个整体的水里滴进去一滴酵素，整个水体都被酵素化了。

古人早就认识到了这一点，孔子晚年给他的高徒曾参讲"吾道一以贯之"。我这一辈子讲了个什么呢？就讲了一个字："一"。"一"是什么意思呢？"一"就是整体性，"一"就是全息性，"一"就是系统性，"一"就是辩证法，"一"意味着不是"二"，如果是"二"就有斗争有矛盾。"一"是上升到整体性去看待问题。因为是整体，所以我要爱别人，因为是整体，所以我不但要"亲仁"，不但要"入则孝，出则悌，谨而信"，还要"泛爱众"，还要"亲仁"，因为我们是一个整体。

前面讲过，从心理学角度来讲，我们的潜意识是与宇宙共享的。我们联想一下，每一个人呼出来的气，能做到让对方不吸进肺里吗？做不到。真是同呼吸共命运。就连呼吸我们都隔不断，更无法做到你是你的我是我的。我们在房间放一些水果，为什么马上会闻到水果味呢？因为这个宇宙是一个整体，我们无法做到水果味不进入我们的鼻孔。按照音流说的说法，宇宙就是一个语音流，它是一个整体，无法切割。我们说的抽刀断水水更流，就是这个意思。

认识到这一点，我们就会对来自我们生命中的仇恨、怨怼泰然处之。就是"恩欲报，怨欲忘，报怨短，报恩长"。在这里，它是专门就孝敬老人讲的，就是"亲爱我，孝何难？亲憎我，孝方贤"。老人对我们不好，我们对老人好，方能显出我们的境界。

在"亲爱我，孝何难？亲憎我，孝方贤"之后，《弟子规》接下来进一步讲道："亲有过，谏使更，怡吾色，柔吾声。"什么意思呢？亲人有错误，一定要进行规劝，帮助他改过。这些年，有些人说《弟子规》是强权逻辑，是长辈对晚辈的一种强权之规，其实不然。"亲有过"，作为晚辈，要进行规劝，要让他们改过。方法论是什么呢？"怡吾色，柔吾声"，就是说，给父母提意见的时候，在方式方法上一定要注意，要和声细语。比如说我常常劝我的父亲放下对别人的一些成见，改变一下他的世界观、宇宙观、生命观。平时讲不进去，我就摸索，什么时候讲他能听进去。给他洗澡的时候，当我给他搓澡，触摸他身体的时候，我就发现他听进去了。之前只要一讲他就断然拒绝。给他洗脚的时候去讲，他是一种接受的姿态。方法很重要，"亲有过，谏使更"。

由"亲有过，谏使更"，也可以做许多延伸。亲有过，要"进谏"；领导有过，要不要"进谏"呢？要"进谏"！朋友有过，要不要"进谏"呢？要"进谏"！它是以此为代表讲进谏的意义。"进谏"就是帮助人改过。我们是整体，他的能量提高了，我们的能量对应地也提高了。

否则，他作为一个短板，把我们的能量就流失掉了。所以，帮人改过是善中之善。

"亲有过，谏使更，怡吾色，柔吾声。"方法论是柔声细语，要妥当。接下来讲道："谏不入，悦复谏，号泣随，挞无怨。"就是说，这一次给他"进谏"了，他没有接受，就再找机会。如果他坚决不改，哪怕哭着喊着，受他的鞭打，也要"进谏"，就是非要他改过。比如说父母要离婚，比如说父母有酗酒的恶习等等，作为子女就要"进谏"。

我的理解，"进谏"有多个方面，一方面是语言上的"进谏"，一方面是行为上的"进谏"。比如说当年，当我看到儿子把我父亲吃剩的半碗饭吃掉之后，我就很惭愧。为什么呢？因为之前我一直没有吃过父亲的剩饭。儿子也没有指责我，他就是用这样一个行动让我生起惭愧心，这事实上是一种"进谏"。那天之后，我就下决心超越自己。

有一次，儿子向我和太太申请，他说："爸，能不能给我打五千块钱过来？"原来，他的一个同学家的房子在一次暴雨中塌了，要盖房子，他想借给五千块钱。我说："这好啊，同意！"我就让我爱人打了五千块钱过去。过了一段时间，他给我打电话说："爸爸，我骗你们了。"他说给同学打过去了一万块钱。我说："你怎么那么多钱呢？"儿子说向我们要钱的时候他身上还有五千块。这五千块是哪里来的呢？上大学时亲戚朋友给他的，他就私藏了，没有告诉我们。

当时我的心情很复杂，后来我突然意识到，我要给儿子点赞。你想，他把五千块私房钱，全拿出来捐给他的同学，相当于他把所有钱财拿出来了。说实话，我平常捐款也只是拿出自己的一部分存款，没有做到别人需要多少，我会倾囊相助。儿子的行为，是不是一种"进谏"呢？是！有一年我在北京干活儿，马上要放假了，儿子也快放寒假了，我就让他买机票跟我一块儿飞回银川。他拒绝了我。他说："老爸，等我挣工资了，再坐飞机。你还是自己坐飞机回去吧，我坐火车硬座就行。"当时我就很惭愧，这也是"进谏"。

儿子上大学的时候，把他奶奶接到北京旅游了一次。每每翻看到他带着奶奶在天安门广场、在他们学校拍的照片，我就很惭愧。因为我以前一直想着要带父母出去旅游一次，但总觉得有更重要的事情。一直想带父母坐一次飞机，最终却没有实现这个心愿。想带父母到海南看一次大海，也一直没有实现。现在母亲已经去世，父亲已经坐不了飞机，这个愿望就永远成为遗憾。每每想起来就锥心地难过、后悔。正如古人讲的"树欲静而风不止，子欲养而亲不待"。这一愿望是永远完不成了。好在儿子在上大学的时候带我的母亲去了一趟北京城，虽然只是坐火车去的，但毕竟是去了。这算不算"进谏"呢？算。

现在我的一个侄子在天津工作，我就动员我的哥哥嫂子，也动员我侄子，让他赶快把他爸爸妈妈接到天津去看看，不要留下遗憾。这就是"亲有过，谏使更，怡吾色，柔吾声"。当你看不破钱财的时候，它让你看破；当你放不下的时候，它让你放下；当你尽孝不及的时候，它让你及时。

我现在还有一个新的体会，我三岁多的小儿子，每天无意间说的每一句话，有时候也是给我的一种"进谏"。有一天，我要出门的时候，他把一句歌词改编了一下，有一句歌词叫"爸爸爸爸，如果你爱我，你就抱抱我吧"。他改成了"爸爸爸爸，如果你爱我，你就不要去出差吧"。我就很纠结。但他突然之间让我对生命有了一种新的理解和认识，有一些不重要的活动，我就婉谢了，尽可能多陪着他。当然像帮中央电视台做《记住乡愁》，讲传统文化课这种有意义的事情我还是会去做。但是一些无谓的事情就不去了，比如到某个地方采个风，写篇文章这一类的，我一般就拒绝了。

有一天，我跟我太太因为一件事情闹不愉快了。三岁多的小孩子，就对着他妈妈说："妈妈，你不要说他了嘛。"我太太一下子就缄口了。但在那一刻，我突然意识到我错了，虽然他在说妈妈，我也是这场冲突的挑起者之一。从那以后我就尽可能地不在他面前和我爱人起口角，这也是"进谏"。自从有了这个小生命之后，我一下子发现了一个问题。什么样的问题呢？一个人之所以对外面的世界想入非非，那是因为我们没有把心放在亲人身上。现在的我就体会到，当你的心中被一个小宝贝占满的时候，你已经分不了心去想入非非了，这也是一种"进谏"的方式。

"亲有过，谏使更。"我现在的理解是，最好的"进谏"就是把榜样做出来，口头说虽然有作用，但是效果有限。要想真正地对别人进行"进谏"，达到规劝的效果，首先自己要先做出来。

第十六讲　榜样之力最无穷

　　接着给大家分享《弟子规》"入则孝"部分的"亲有过，谏使更，怡吾色，柔吾声"。上一讲，讲到给父母"进谏"有口头"进谏"，也有以身作则的"进谏"。我拿自己做例子讲一件事。有一次，我参加了一个大学生的夏令营，因为其间还要给《记住乡愁》看台本，所以白天的游学我就不打算去了，晚上再给他们上课。所以吃早点的时候，我就比营员去得晚。一到餐厅我就傻眼了：好多饭菜吃了一半就剩下了。怎么办呢？穿着游学的文化衫，代表着传统文化的游学队伍，总不能让这些饭菜被倒掉吧。我就把剩下的饭菜集中过来消灭。闷头吃啊！那一天吃到什么程度呢？中饭晚饭都没吃，还撑得不行，睡不着觉。我算了一下，可能七八份豆浆、五六份粥、好多煎饼、好多油条、好多咸菜。晚上上课，坐在那里都感觉很撑。

正要准备上课的时候，有一个辅导员讲话了，说："今天早晨剩饭的同学请站出来。"没想到真的就站出来好几个同学。辅导员又说："给郭老师鞠躬。"真的鞠躬了。然后这位老师就"抖包袱"。原来，早晨，这位老师回来取伞，看到我正在闷头"打扫战场"。既然这位辅导员把包袱抖出来了，晚上，我就以《一粒米就是一个世界》为题讲了一堂关于节约的课。就从一粒米是一个世界讲起，就是说一粒米来到我们的生命中，相当于一个故人、一个亲人，也是一个一次性的缘分，它来是给我们做贡献的。如果把它倒掉、浪费掉，我们对这一粒米来讲就是一个永远的欠账；对它来讲，它的生命也完不成升华，因为作为大米来讲，它就是为人类奉献的。

我接着讲，在生活中应该惜福，应该节约。如果每一个人能节约一粒米，这世界上许多生命就不会挣扎在饥饿线上，等等。就从与一粒米的缘分讲起，讲了一堂课。

之后给他们讲如何谈恋爱。以一位女作者跟我的一次交流为主题，给他们讲。我说，有一个女作者，她有一段时间来找我，说她遇到了生命中的一大难题，很纠结。咋回事呢？有两个小伙子都来追求她，每天给她送玫瑰花，她拿不定主意该选择哪一个，很纠结。她问我："我该怎么办？"我说："很好办！你去考察这两位谁最孝敬老人，你就嫁给他。"为什么呢？一个人如果对给了他生命的老人，养育了他生命的老人都不爱，要说爱你一生，这是假的。过了一段时间，女作者又来找我，说："郭老师，这两位都特别地孝敬老人，你还有什么好办法吗？"我说："那你去到学校里去考察，谁最尊敬老师，你就嫁给他。"为什么呢？一个人连启发他智慧的老师都不尊敬，他也不会尊敬你的。不尊敬你，日子怎么过呢？

过了一段时间，女作者又来找我。她说："郭老师，这两位都特别地尊敬老师，你还有什么好办法吗？"我说："有，你让他单独请你一顿，看谁最后把盘子打扫得最干净，你就嫁给他。"为什么呢？一个人能够珍惜一粒米，他一定会珍惜你的初心，就轻易不会和你分手。如果他能轻易把一碟子饭菜倒掉，他就能够轻易把你换掉。倒掉饭菜的心跟换掉太太的心是一个心。

过了一段时间，女作者又来找我，说："这两位把盘子都打扫得很干净。怎么办呢？"我说："那你去考察他的爸爸妈妈谁最孝敬老人，谁最尊敬老师，谁最节约粮食。如果他的爸爸妈妈都做得很好，那你去考察他的爷爷奶奶。"为什么呢？古人认为有什么样的家风，就培养出来什么样的孩子。

第二天早晨，我有意去看这一堂课有没有效果。到餐厅一看，我非常感动，碗碟里的食物被吃得干干净净，没有一个人剩饭，没有一个人剩一粒米。我就给他们的领队刘老师说："你看，孩子好教育嘛，一堂课他们就能做到'光盘行动'。"刘老师说了一句话："不是一堂课，是两堂课。更重要的是你昨天的那堂课，如果你没有'光盘'行动的那一课，你讲得再多他们未必听啊。"这就是说，我们要"进谏"，我们要帮助人们改过，说教重要，讲理重要，做出榜样来更重要。

我们讲，学《弟子规》要学《弟子规》的精神。《弟子规》讲："亲有过，谏使更，怡吾色，柔吾声。谏不入，悦复谏，号泣随，挞无怨。"怎么样的"谏"才算"悦复谏"呢？我个人理解最好的"谏"就是自己做出来，用榜样去感染对方。

有一名同学决心跟着我学传统文化，就是因为一个细节让他感动了。哪一个细节呢？有一次在食堂，他把一个包子咬了一口，放在那儿，然后用餐巾纸一盖，准备倒掉。我看见，拿过来吃掉了。这个同学一下子就被感动了，从此之后，他就一直跟着我学传统文化，没掉队。后来，在一次总结分享会上，他讲了这个细节。你看，就这么一个动作，让他对传统文化有了认可，有了好感。

这些年，我在全国做志愿者，看到志愿者吃大家的剩饭，喝大家的剩水，跪在厕所里打扫马桶……常常被感动。我才知道在中华大地上，还有这么一批人在以这种方式弘扬传统文化。在他们的感染下，我便一发而不可收。从2012年开始，我便在大型传统文化公益论坛上讲课，在一种感动中度过了几年。后来进入纪录片《记住乡愁》节目组，课就讲得少了。有那么一两年，可以说是下了飞机上论坛，下了论坛上飞机，就是被这种精神力量支撑。这种让人感动的行为，在我看来也是"亲有过，谏使更"，而且是无声的"谏"，更有力。

在这些大论坛上，听众坐着听讲，义工要站一天。有掌声起来，他们要鞠躬。一天可能要鞠几百个躬，怎么不让人感动？一般的会场开完会，遍地垃圾，狼藉一片，可是这个会场始终洁净如初。谁来维护？这些义工啊！就是这些义工的这种感染力，让许许多多的学员对传统文化产生了兴趣，有了好感。

我一直讲，学《弟子规》，要学它的精神。"亲有过，谏使更，怡吾色，柔吾声。""怡吾色，柔吾声"是方法论，就是找到最妥当的方法。最妥当的方法是什么呢？是"其身正，不令而行"。"其身正"，进谏才有效果。

我给"寻找安详小课堂"定了一个规矩，"第一，不能收一分钱学费；第二，不能接受学员的贵重礼品"。我们四年来也经受过检查，但是没出问题。为什么呢？我们没收过钱。有许多类似的平台出问题，有两个方面的原因，一是敛财，二是猎色。我给班委讲，如果把这两个问题把握住，就能够健康发展。

为了解决这两个问题，我建议尽可能地让学员全家人来参加学习。全家人参加学习，夫妻一起来参加学习，这些问题就不会发生了。坚持纯公益，管吃管住，提供材料，赠书，不收一分钱学费。这是不是一种"谏"呢？也是。通过这种规劝，让许许多多的学员出于感动，口耳相传，接受传统文化的教育，接受《弟子规》的教育，走进学习、践行《弟子规》的行列。

比如我跟我岳父两家，现在有将近一半的人在学习传统文化。我的一个侄女和一个妻侄女前一段时间被两所幼儿园招聘为员工，这两件事情对两家影响很大。因为这两个孩子都是坚持学习《弟子规》的，当时两家有人讽刺她们，也有人嘲笑她们，说不务正业。现在当幼儿园录取了她们，她们当了老师和保育员的时候，大家对她们的看法一下子变了。

这些年，我一直鼓励她们做出来，不要争论。对于其他人的一些看法，我们要理解，因为他们没有走进来，不知道这里面的风景多美好，我们可以先做出来。

还有一个例子，我孩子他大舅，原来每次见我，总是跟我讨论死了之后是用火葬还是水葬这些问题，活得很悲观，因为他糖尿病很严重。但最近一段时间，他跟我的妻嫂在"寻找安详小课堂"，站在那里跟大家一起诵读《弟子规》，七十多岁的人，很精神。有一天他提了一包水果来感谢我们，说原来他们老两口爱吵架，现在不吵了，一有时间就看我的光盘。我太太开玩笑说："几年前就把光盘给你了，书给你了，你们不看。"他说："几年前就没看，不知道看，没兴趣看。这些年为什么看呢？看到身边的人一个个受益了。"由此，我们就会得出许多让我们振奋的结论，就是说要想规劝别人，首先要自己先做，自己快乐了，别人看到，就会产生感染力。这就是孔子讲的："学而时习之，不亦说乎？有朋自远方来，不亦乐乎？"

为什么"有朋自远方来"呢？因为他看到你这里有宝藏，他看到你快乐，他看到你喜悦，他也想获得这一份喜悦，于是就来获取这一份宝藏。这样的规劝才是最有生命力的。由此我们可以联想到，有人说西方有民主，东方没民主。其实讲这话的人是不了解我们的历史的。中华民族五千年历史，其实就是这一句话的历史，就是"亲有过，谏使更"的历史。初唐时，作为谏议大夫的魏徵进谏到不要命的程度，皇帝好多次都想杀他，但是舍不得啊！魏徵去世之后，李世民发出感叹："夫以铜为镜，可以正衣冠；以古为镜，可以知兴替；以人为镜，可以明得失。"现在魏徵去世，我拿谁来做镜子啊？古制皇帝言行都要史官跟踪记录，皇帝身边总是跟着两个史官，一个记录他的言，一个记录他的行。要把皇帝的言行写进历史，你说这不是民主吗？

如果世界上所有的政权都能够接受进谏，那么这个世界就是和谐的、安宁的、和平的。

为什么有许许多多的人听不进去这种"进谏"呢？因为他没受过传统美德的教育。因此，我们不要小看《弟子规》，它是一个人的思维方式的训练，它是一个人对生命的姿态、对世界的姿态、对这个宇宙的姿态的一种训练。

为什么《周易》八八六十四卦中，六十三卦有吉有凶，只有谦卦全吉呢？因为中国人知道"惟谦受福，骄横致祸"。我们看，霍金斯的能量级，负能量的第一个台阶就是骄傲。

第十七讲　规劝之中藏智慧

上一讲给大家分享了《弟子规》"入则孝"部分的"亲有过，谏使更，怡吾色，柔吾声。谏不入，悦复谏，号泣随，挞无怨"，就是说我们不但要有进谏的动机、规劝的动机，还要有正确的方法、妥善的方法，才能收到最圆满的效果。有以"言"进谏，也有以"身"进谏。就这个话题我想再多讲几句话。孔子讲："可与言而不与之言，失人；不可与言而与之言，失言。知者不失人亦不失言。"就是该说的时候，该规劝的时候，没有规劝，就把人"失掉"了。而不该规劝的时候进行规劝，就会把缘分做成"夹生"的。这些年，在《弟子规》的推广过程中，也发现这个问题，有些人明明缘分不成熟，但我们强行规劝，结果让他对《弟子规》产生心理逆反。有一段时间，我就犯了这样的错误，印了许多《弟子规》，见人就送，见人就讲。效果好不好呢？现在看来未必好，有点强人所难。

意识到这个问题之后，我就学会观察缘分，观察火候。总结出几点，在什么时候规劝呢？一般情况下，对方没有需求，规劝效果往往不好。这些年，当大家口耳相传《寻找安详》《醒来》《〈弟子规〉到底说什么》这些书能对焦虑症和抑郁症有一定的疗愈效果的时候，就有许多人主动来找我。这个时候在他的孩子、他的家属经受焦虑症和抑郁症的折磨，并且很可能有危险发生的时候，我们就要不惜一切代价百分之百地跟进，这样效果就很好。比如说有抑郁症的孩子，你帮他把抑郁症缓解了，把他带出抑郁，这一家人就会走进课堂，就会读你的书。

在一些公众场合，我也就有经验了，不像以前见到人就宣讲要学《弟子规》，《弟子规》能让我们有获得感、幸福感、安全感等等。我现在不像当年那样执着，学会了等待，学会了沉默，学会了等待时机。他现在正饱着，你给他强塞馒头，岂不是惹他生气吗？他没有感受到疾病的痛苦，你给他药，他会吃吗？

我是从2006年开始学讲孔子，一路走来，现在我就对火候把握有一点经验。就是说一个人的需求感、渴望感没有生成的时候，不要强行地推进。就像孔子讲的"生而知之者，上也；学而知之者，次也；困而学之，又其次也；困而不学，民斯为下矣"。要用好"困而学之"。当然，也有一些人是主动学习的，这种人不需要多说，自然会接受对《弟子规》的学习，对传统文化的学习。对于那些"生而知之"的人来讲，就更不需要规劝了。我在这里想讲的是在《弟子规》的推进过程中，要注意走"中道"，就是火候要把握好，就是在合适的时候、合适的场合，把合适的精神营养送给对方，这就是最好的。

由此，我总结出来传统文化的弘扬，在今天一定要用"利润思维"。今天的人们，更多的是"利润思维"。学《弟子规》对我有什么好处？怎么做？最好的方法是把"榜样"展示给他看。比如五天的课，在第五天结课的时候，我们会邀请一些学员家属来听学员的分享，当他们看到学员的变化，就会对课堂产生兴趣。当然不邀请他们也会看到，当他们看到学员回家发火的频率降低了，抱怨的频率降低了，作息时间改变了，他也会由此对课堂产生兴趣。所以，最好的规劝就是把"榜样"做出来。

当年，"寻找安详小课堂"的主持人如在女士看了

《寻找安详》就要跟进学习。那时我对传统文化还没有像现在这么重视，以写作为兴奋点，也怕麻烦。当她一而再再而三地要求的时候，我就说："你能做到四条，我可以给你一些时间辅导。哪四条呢？让你的先生说你是天下最好的太太，让你的孩子说你是天下最好的妈妈，让你的妈妈说你是天下最好的女儿，让你的领导说你是天下最好的员工。"做到这四条，我就给你这种可能性。

没想到，她真的做到了。这位如在女士，她现在已经讲了七轮《弟子规》，她的第一轮《弟子规》是被她儿子邀请到课堂上去讲的。当时她儿子上高三。我们可以想象一下，如果妈妈没有改变，儿子能把她请到课堂去讲《弟子规》吗？她之所以能让孩子对《弟子规》产生兴趣，并且介绍到班里去讲，是因为她首先改变了。在《寻找安详》这本书的附录里面有她的一个实名分享，题目叫《安详给了我第二次生命》，就是说她真的改变了，然后影响了她的家庭，影响了她的同事，影响了周边的朋友，跟着她学习《弟子规》的同事就有六七位。我就对她讲："你本事比我大，让你的同事能跟着你学习，像铁杆粉丝一样，四五年不离不弃。"

"亲有过，谏使更，怡吾色，柔吾声。谏不入，悦复谏，号泣随，挞无怨。"这几句向我们透露了一个信息：弘扬传统文化，宣讲《弟子规》，让更多的人受益，不可能一蹴而就，要做好心理准备。什么样的心理准备呢？

"号泣随，挞无怨。"我 2008 年推广《弟子规》的时候，做到什么程度呢？让银川市的中小学、一部分大学和幼儿园参与了第二届中国银川音乐诗歌节的诵读活动，三四千学生在人民广场齐诵《弟子规》，市委领导都参加，全国的许多媒体作为头条进行报道，可以说是轰轰烈烈，场面非常壮观。有人肯定，也有人泼冷水，这个时候该怎么办？如果你心灰意冷了、退缩了，就没有今天坐在这里讲《弟子规》的郭文斌，好在咬紧牙关扛过来了。不管人们怎么议论，不管在事业上、生活上、工作上，包括个人进步上，受到多大的损失，我还是坚持下来了。

2013 年，在全国宣传思想工作会议上，习近平总书记首次用"四个讲清楚"对中华优秀传统文化做了肯定，我才舒了一口气，优秀传统文化的"春天"来了，我可以大张旗鼓地宣传优秀传统文化了。不像当年，那真是在争议中、挫折中、各种议论中度过。由此，我想到《弟子规》里面一句话："居有常，业无变。"就是对你认定的一件事情一定要做到底，这样我们才能有收获。按照《超凡者》一书讲的，一件事情只有你投入其中的时间超过一万小时，才能产生效果。用中国人的概念讲就是十年才能磨一剑。从2006年至今，我推进《弟子规》的阅读和践行，已经十二个年头。在这个过程中，确实顶着很大的精神压力，但是现在让我欣喜的是这十年辛劳没有白费，没有白付出。在今天，我深切地感觉到这是我们这个民族最急需最接地气的精神食粮。

现在，很多学校想把《弟子规》引入课堂，但是没有很好的老师去讲解，幸亏我们有这样一个团队，可以派人到各个学校去对老师进行培训。我们在救急，从一定意义上讲就是在爱国，在报国。

接下来《弟子规》讲什么？"亲有疾，药先尝。昼夜侍，不离床。"讲完了规劝、进谏，讲到了在亲人有疾病的时候，我们应该采取什么姿态呢？这一点汉文帝给我们做出了榜样。

汉文帝的母后病重，他衣不解带、目不交睫，自己尝完药的温度之后才让母后喝。由此，掀起了一股孝风。"孝文帝"，以"孝"字打头，以"孝"和"文"作为核心意向。

这一句话事实上跟前面的"冬则温，夏则清。晨则省，昏则定"是呼应的。"冬温""夏清""晨省""昏定"讲的是感受力培养。它进一步让我们体会到，父母的身心疾患带给父母身心上的伤害，要尽可能地给父母提供温暖，提供妥帖的服务。

"昼夜侍，不离床。"对照我们的现实生活，现在的子孙辈能做到这一点的已经不多了；能在父母病了之后，"昼夜侍，不离床"的已经很少很少了。当然这跟现在的医疗条件改善有关系，在古代社会必须由自己的子女"昼夜侍"，而且要熬药，要做到知冷知热，药烫不烫、苦不苦。我们在《二十四孝》里面也看到，庾黔娄甚至尝父亲的粪便来推测父亲的病情，这都成了传奇式的人物。

《弟子规》"孝"这一部分，为什么在规劝之后要讲"亲有疾，药先尝，昼夜侍，不离床"呢？这是作为孝道的一个非常实在的状态。当年，我在山东卫视看到大连的大孝子王希海伺候他父亲的故事。王希海父亲是植物人，王希海为了伺候父亲，居然一直没有结婚。他父亲去世之后，医院的专家说王希海的护理方法可以给护士讲课。为什么呢？一个卧床二十六年的人，居然没有褥疮。王希海怎么做到这一点呢？每半小时给父亲翻一下身。可以想象王希海连续的睡眠最长也就半个小时，二十六年他能坚持下来，这是多么不容易！因为他父亲是植物人，痰咳不出来，王希海就想了一个办法，用一个吸管一口一口地把他父亲喉咙里的痰吸出来，连他母亲都说她做不到，王希海做到了。

孝心是生命力建设的最好途径。在《弟子规》"入则孝"部分的后面，它把父母在生病之后子女的做法，做了一个示范。

第十八讲　爱的根本是孝道

　　上一讲给大家分享了"亲有过，谏使更，怡吾色，柔吾声"，接着分享了"亲有疾，药先尝，昼夜侍，不离床"，讲了"规劝"和"在父母身体不安的情况下尽孝"的特殊意义。

　　接下来《弟子规》讲什么呢？"丧三年，常悲咽，居处变，酒肉绝。丧尽礼，祭尽诚，事死者，如事生。"亲人去世之后应该怎么做？"丧三年，常悲咽，居处变，酒肉绝。"这很好理解，就是说在父母去世之后的三年里，不能吃肉，不能喝酒，要常常在一种怀念的状态之中。也许有些人很教条地说："'常悲咽'，还不把人哭伤了？"它在这里是借悲咽来表达，它代表一种心态，是对父母的怀念。

为什么对父母要守孝三年呢？按照孔子的说法，因为我们在父母的怀抱里待了三年，我们才能彻底地走路，独立生活。前面讲过，"孝敬老人"如果能做到对等性，这个"孝"基本上就及格了。就是说如果我们爱老人能爱到老人当年爱我们的状态，就对等了。

　　这三年要常常怀念老人，回想他带给我们的恩惠，也是对等性原理的应用。在怀念期间，要更加提高我们的生命能量来祝福老人。前面讲过："当我提高了，老人也提高了；当我降落了，老人也降落了；当我的生命力提高了，老人的生命力也提高了；当我的生命力降低了，老人的生命力也降低了。"换句话说，我们对老人的最好怀念就是好好做人、好好做事，把生命力提高，把生命能量提高，把我们这个家族命运共同体、家族能量总库的短板补上，让老人得到我们转移支付给他的一份能量，这是对老人最好的怀念、最好的祝福。

　　怎么样才算是真正的怀念呢？化悲痛为力量。这三年，是一个特殊的时空点，老人需要我们的一份祝福作为"路费"，这就是古人讲的怀念的现实意义。按照中国民间的传统，亲人去世以后，要进行三年祭。三年祭之前，要做七七四十九天的祭奠，每七天要举办一个怀念仪式。为什么每七天举行一个怀念仪式？因为中国人讲七日来复。

我们特别强调"七"在生命成长、流转过程中的特殊意义。因为古人发现，小孩子在妈妈的子宫里，七天一个身体，七天一个样。古人认为人在去世之后，也是七天一个特殊的需求，需要亲人用怀念的方式给他祝福，给他帮助。这是古人对生命的认识。在民间，有许多家庭，在这七七四十九天里，不间断地对亲人举行一些祝福仪式。七个"七"之后，还要过一百天，还有一年的怀念仪式、两年的怀念仪式、三年的怀念仪式。三年之内，有"孝"的家庭不能贴红对联。正月十五不能做灯盏，必须由亲朋好友、街坊邻居给他们赠送。总之，用一切方式提醒家人，在这三年当中要怀着"慎终追远"的心情来纪念祖先、纪念去世的亲人。

前面讲过，每个人都有一个永恒账户，那就是潜意识；潜意识有四个特点，即自动记录性、自动播放性、全息性和永恒性。既然潜意识是永恒的，那已故亲人的潜意识还在不在呢？当然在。既然在，我们的怀念就有实实在在的意义，我们的祝福就有实实在在的意义。从这个意义上来讲，"丧三年，常悲咽，居处变，酒肉绝"

就有现实意义。

当然，不同的民族有不同的习惯，不同的人用不同的方式和方法来怀念去世的亲人。比如说庄子，夫人去世之后，他还敲着盆在那儿唱歌，没有"常悲咽"。对不对呢？从庄子的生命层面来讲，没错，因为庄子知道生命是永恒的。

庄子讲了一个寓言。有一个女孩子要嫁到一个王室做妃子去，出嫁之前哭得很伤心。嫁过去之后吃好的，喝好的，享尊荣，就对当初自己的哭哭啼啼觉得好笑。这么好的事情，当初为什么还要哭呢？在庄子看来，也许下一站路程有可能比现在更加愉悦，有更加美好的风景在等着我们。

这算不算是一种祝福呢？是另一种祝福。我们从霍金斯的能量级可以看出来，喜悦给别人的能量共振在五百级左右，很高，相当于不求回报的大爱。从庄子的角度鼓盆而歌，是另一种特殊的祝福。我们能不能效仿庄子呢？恐怕不行。为什么呢？因为人们的集体无意识是老人、亲人去世之后，我们要怀着一种悲伤的心情来度过三年。就是这三年我们不能娱乐，不能大吃大喝，不能欢天喜地，要处在一种怀念的状态。这种怀念的状态，古人讲最好的方式就是化悲痛为力量。换句话说，这三年我们要做足够多的好事来把产生的能量转移支付给亲人，让他们获得一份能量上的支持，这就是古人的理解。

为什么古人要求在亲人去世后守孝三年呢？还是守中道。他没有要求六年，也没有要求一年、两年。三年，刚刚好，就是《中庸》讲的"喜怒哀乐之未发，谓之中；发而皆中节，谓之和"。换句话说，悲伤，悲伤得刚刚好；快乐，快乐得刚刚好；恐惧，恐惧得刚刚好。

恐惧在一定意义上是对生命的保护，但是要恰当。如果过度，会伤着我们的身体。喜、怒、哀、惧、悲、思、惊都会伤着我们。中医讲，喜过度会伤心，怒过度会伤肝，恐过度会伤肾，思过度会伤脾，忧过度会伤肺。《中庸》讲，"喜怒哀乐之未发，谓之中；发而皆中节，谓之和"。就是说，一个人，他的身体处于"和"的状态，就不会生病。怎样才是一种"和"的状态呢？就是喜怒哀乐要刚刚好，不能过度，要刚刚好。这是从《弟子规》"丧三年，常悲咽，居处变，酒肉绝"中我们解读出来的精神，就是以恰当的心态来对待这一份怀念，对待亲人的去世。不能因忧伤、悲伤伤了身体，也不能在亲人刚刚去世之后就欢天喜地，因为这是人类的集体无意识所限定的。

接下来《弟子规》讲："事死者，如事生。"这句话就把"入则孝"推向了一个哲学高度，古人认为生与死是平等的。有一个成语叫"出生入死"。我们的祖先早就认识到，人从生下的那一天，其实就是向着死亡前进。就是说，人每活一天，就向死亡走近一天。这是一种"齐生死"的哲学，就是生和死是一样的。当我们把生死平等对待之后，当然会延伸出来"事死者，如事生"。既然它是平等的，那么对待去世的亲人，就要像他活着一样来对待他。当一个人认为离去的只是亲人的肉体，他的潜意识永远存在于这个宇宙，悲伤就降低了。当我们以"事死者，如事生"的姿态来面对逝去亲人的时候，事实上逝去的亲人也会得到一份喜悦和安慰。

《记住乡愁》在宁夏拍了一期南长滩的节目。在南长滩有一个姓拓的人家，我们去采访的时候，发现那个村子家家户户都经过新农村改造了。姓拓的这家主人是一位退休的老校长，他们家也改造了。但是我到他家里一看，他们家的陈设、家具没变，还是老家具，跟这个房子就不协调。我发现，在这些老家具的上面有一个鹤发童颜的老人像。我就问这位校长："这是你什么人啊？"他说是他妈妈。我就知道啥原因了。接着我问了一句话：

"别人家的房子改造了，家具也换了，你的这些家具怎么不换呢？"这位校长说了一段话，让我们特别感动。他说："换房要响应国家号召。我们也愿意住新的，孩子们也愿意换成新的，但是这些家具我可以不换，我可以作主。这些家具我不但没有换，而且摆放的方式、位置，跟原来一模一样。为什么呢？我妈妈当年活着的时候，就这么摆的，现在仍然这么摆，我就感觉妈妈还在这个屋子里面。"

你看，他的这种心境，其实就是"事死者，如事生"，感觉妈妈还在他身边，还在这个屋子里，并没有离开。从更深的意义上来说，就是孔子讲的"祭如在"。祭神的时候就要感觉神在，祭祖先的时候要感觉祖先在，这样的祭才算是真诚的祭。"事死者，如事生"，不管是怀念也好，祭礼也好，就像他在现场一样对待。这样的话，我们心中就会得到敬畏和感恩带来的一份能量共振。

在这里，《弟子规》把"入则孝"的孝道推向了中华民族的信仰，那就是"事死者，如事生"。到此，《弟子规》"入则孝"部分，就分享完了。

做一个简短的回顾。《弟子规》从"父母呼"开始讲起，这是人的行动力的培养、执行力的培养、反应力的培养，一直讲到"事死者，如事生"，有一个逻辑上的递进过程。它从一个人的反应力，一直讲到感受力，讲到道德力，讲到对念头的跟踪力，再讲到"事死者，如事生"的规劝力，讲到对生命的认识，最后到齐生死，孝道价值体系就完成了。就是说，孝敬老人的最高境界，到最后要达到一种"事死者，如事生"的状态，这样，就完成了古人特别强调的"慎终追远"大课。所谓"不忘初心，方得始终"是也。由此，和《孝经》讲的"孝悌之至，通于神明，光于四海，无所不通"呼应。就是说，一个人孝敬老人，孝敬到极致的时候，这个人会有什么样的生命境界呢？他会得到宇宙能量对他的补给，就是《清静经》讲的"人能常清静，天地悉皆归"。也就是说，一个人孝敬老人，孝敬到极致，可以觉悟，可以回到"面缸"里面去，可以实现《大学》讲的"明明德，亲民，止于至善"。我们看到历史上有许多觉悟的人，有许多实现了本质性超越的人、获得了本质力的人，都是走孝道这一条路的。

我认为要给中华优秀传统文化找两个关键词的话，一个是"孝"，孝敬老人；一个就是"敬"，尊敬师长。孝亲尊师的传统形成了，教育的辩证法也就形成了。为什么呢？亲人教孩子尊敬老师，老师教孩子孝敬老人，《弟子规》的第一条轨道就建立起来了。师道尊严建立起来之后，才能真正地让孝道的尊严建立起来；孝道的尊严建立起来，才能够真正地让师道尊严建立起来。"孝""敬"是我们培养孩子感恩心、敬畏心、爱心，建设他人格大厦基础的基础。

到此，"入则孝"部分就讲完了。在下面的课程里，我会接着给大家分享由"孝"这样一个大根大本延伸出来的"悌道""谨和信""泛爱众""亲仁""余力学文"的部分。

第十九讲　兄弟友爱亦是孝

　　从这一讲开始，我给大家分享《弟子规》的第二部分"出则悌"。前面给大家分享了《弟子规》的第一部分"入则孝"。我们对《弟子规》"入则孝"的内涵、外延和它的精神做了一个解读。由此我们得出对于父母的恩情就像《诗经·小雅·蓼莪》里面讲的"欲报之德，昊天罔极"，就是没办法报答。《蓼莪》讲："父兮生我，母兮鞠我。拊我畜我，长我育我，顾我复我，出入腹我。欲报之德，昊天罔极！"就是说父母把我们生下来，并抚养长大。《诗经》讲得很详细、很生动。在生命之初，父母每天抱着我们出出进进，我们就是这样长大的。这么一份恩情我们想报答，是不可能的，所以《诗经》用了一句"欲报之德，昊天罔极"来感叹。既然是这么大的一份恩情，我们就要用健康的成长、优良的品德、有成的事业来报答，不辜负这一份恩情。

《弟子规》接下来在"出则悌"这一部分就要教我们把这一份恩情延续放大。《说文》讲，孝是善事父母，悌是善事兄弟。我们从它的造字可以看出来，一个"忄"旁边有一个"弟"，就是说我们的心中要有弟弟，要有兄妹。"出则悌"部分开篇讲："兄道友，弟道恭。兄弟睦，孝在中。"可见，悌道是孝道的延伸。如果说孝道是我们向上的爱的话，那么悌道就是我们平行方向上的爱，作为爱的坐标轴来讲，它是横坐标。

"兄道友，弟道恭。"兄道，它强调爱护自己的弟妹；弟道强调尊敬自己的兄长和姐姐。这是天下父母最期待的、最盼望的。父母害怕兄弟之间起矛盾，兄弟纷争、兄弟之间"硝烟弥漫"，是父母最伤心的。关于"兄道友，弟道恭"，我在《〈弟子规〉到底说什么》这一本书里面写得比较多。我讲到了我们家，我的父母是怎样去践行"兄道友，弟道恭，兄弟睦，孝在中"的。

我奶奶去世的时候给我父亲留下一句话："善待你的哥哥嫂嫂。"这一句话就成了我们家的"宪法"，我的父亲和母亲就是带着这句话开始他们长长的人生旅途的。伯父伯母没有生养，我奶奶讲这句话，一方面是因为这个原因，另一方面是伯父比较老实、比较弱小，虽然他是伯父，但是他个头小、性子软，需要帮助。一辈子他们兄弟和妯娌没有分家。我在《永远的堡子》这篇散文里写道，一个堡子里住着兄弟、妯娌一家人。在我们姐弟的心中分不清哪一个亲、哪一个远，不知道哪一个是亲父亲，哪一个是远父亲。我们当地把父亲叫"大"，把伯父叫"爹"，把母亲叫"妈"，把伯母叫"娘"，以此来区分。在我的回忆中，我们的成长得到了两份爱：两份父爱，两份母爱。每当父亲惩罚我的时候，伯父伯母就担任了保护神的角色，所以，我觉着伯父和伯母跟我更亲。

我父母把我奶奶临终留下的一句话，作为他们长长的人生旅程中的一个最高的法则，小心翼翼地守护着这一句话。就算再困难，日子再难过，我的父母都没有动过分家的念头。现在回想起来，这里面最伟大、最不容易的就是我母亲。我父亲再有宏愿，再有遵守奶奶遗嘱的理想，如果我母亲不配合，他也无法遵守这个遗愿。所以，关键性人物是我母亲。

我母亲对待我的伯母比女儿对妈妈、儿媳妇对婆婆还恭敬。在我的印象中，母亲是家里起床最早的，等伯母起床，母亲已经把家里一切该干的农活儿都干完了，比如说挑水、扫院、掏炕灰。然后母亲就要请示伯母今天做啥饭，伯母高兴了就会说做啥做啥；不高兴了就说你做你的嘛，一直问什么？但是下一顿母亲仍然要请示。在母亲心目中，伯母就是她的生命导航，她做任何一件事情都要请示伯母。为什么这么做呢？为了让伯母高兴。这样的一种请示，后来就成了习惯。讲一个母亲帮我们带孩子时的细节：我太太是小学老师，有一天上课，教室的后门"咯吱"一声开了，我妈从后门探进头去。我太太就问："妈，你有什么事吗？"我妈迟疑了一会儿说："这土豆是切成条呢还是切成块呢？"惹得同学们哈哈大笑。

　　大家从这个细节就能看到，我的母亲是一个什么样的人。就连土豆切成条还是切成块，也要请示一下儿媳妇。这是怎么形成的呢？一辈子请示我伯母习惯了，她已经作不了自己的主了，做任何事情她都要问，原来是问伯母，现在就问我爱人。

　　后来的日子，我接母亲跟我们一起生活，母亲就更无我。

正是母亲的无我维持了这个家庭，让父亲和伯父、母亲和伯母和和气气过了一辈子。所以，在宁夏固原市西吉县将台堡一带，人们一提到粮食湾，说起粮食湾里的堡子一家，都会竖起大拇指。我当年在将台中学上学，每当人们夸奖父母的时候，我也感受到了一份荣耀。

母亲和父亲对于我们兄妹要求非常严格。我们兄妹有好吃的、好喝的，一定要先给伯父、伯母。记得有一次我们到将台乡上去，看到有新盖的养老院。哎呀！很气派，很漂亮。我回来就对父母说："哎呀！这么好的养老院，如果让伯父伯母去，那该多好。"没想到就这一句话，让我遭到了母亲的一顿暴打。母亲一边打我一边对我说："叫你再说这样不孝的话，叫你再说这样不敬的话！"我的母亲对伯父伯母非常恭敬，但是对我们要求非常严格。伯父伯母如果吃饭的时候不动筷子，假如我们先动了筷子，会受到严厉的责罚。母亲在落实我奶奶的临终遗愿中，起到了最重要的作用。

伯母去世的时候，有一个艰难的弥留过程，一口气咽不掉，走了又回来，走了又回来。这时候就有人提醒，她是不是在等郭文斌妈妈呢？那时我母亲正在厨房忙碌，因为有许多亲戚来看望，她得准备吃的。这时候母亲就洗了手走到伯母的床头，抓住伯母的手，伯母像是要跟她说什么话，没说出来，就把气咽了。我一直在想象，在那一刻，伯母到底想给她的弟媳说一些什么呢？可能想说的太多了。

在我的记忆中，有一个画面尤为深刻。在一个阳光暖融融的堡子里，伯母坐在凳子上，母亲给她梳头。伯母是三寸金莲，母亲每过一段时间，就要给伯母洗脚。那个裹脚布很长，味很不好闻。每当母亲洗脚的时候，我们都会躲得远远的，但是我没有看到母亲有一点点的嫌弃，拿着剪刀在那里洗呀剪呀。

伯母去世之后，照顾伯父的起居就落在了母亲身上。母亲真是做到了"冬则温，夏则清，晨则省，昏则定"。每年冬天早早地给伯父缝棉袄、缝棉裤，让伯父穿得暖暖和和；每一顿饭照样请示我伯父想吃什么。到夏天的时候，给伯父做单衣。我一直在想，奶奶可能也不会想到，她留下的这一句话在我母亲一生中意味着什么。从母亲身上，我看到，无我最积福，母亲的晚年特别幸福。我爱人对待母亲，就像母亲对待我伯母一样。我常常讲我岳母都没有享受到我爱人的那一份孝敬，但是我母亲享受到了，我母亲跟我爱人的关系亲过母女。

有一次过大年的时候，我们一家人照了一张全家福。我搂着父亲，我爱人搂着母亲。照片洗出来之后，我觉着很尴尬，为什么呢？我跟父亲看上去像陌生人，而我爱人跟我母亲亲如母女。那一种亲，让人觉得，她们的心跟心是没有任何障碍的。我母亲用她一生的奉献换来了她晚年的幸福。晚年我们接她到银川住，跟我们度过了她生命中最后一段旅程。每每回想起来，都感到很安慰。

最后给大家讲一个伦常难题，一个放到全国、放到历史上可能都不多见的伦常难题。我伯父伯母去世之后，按照民间的习惯，一个重要的环节要"出门告"。出乎人们意料的是，在儿子的那一栏里面，我父亲居然把我和我哥哥全写上去了。好多人提醒说这不行，要么你就过继一个人，要么你就以侄子的身份。否则的话，他们到了那一世要争儿女的，过不安宁的。没想到我母亲说了一句话："活着的时候都没争，死了还争什么。"在我们家的历史上就留下了一个可能在任何一家都无法理解和接受的一件事实，就是在我的父母心目中，这个家是不可能的，儿女们也是大家的。在我们兄妹的概念中也是如此，没有觉着哪一个是伯父，哪一个是父亲，都一样亲，都一样近。从"兄道友，弟道恭，兄弟睦，孝在中"这个意义上来讲，我的父母可谓榜样，可谓典范。

现在我的姊妹们也继承了这种家风。印象中没有分过谁是谁家，对于财富也好，感情也好，都延续了父辈的传统。这也让老人感到安慰。

这是自己亲身经历的故事，是我想讲的"兄弟睦，孝在中"的意义的体现。我想奶奶在天之灵一定会感觉到安慰。因为她看到她的临终遗言在父亲和母亲那里得到了彻底的执行。后面，这两句话还要展开阐述。

第二十讲　悌道展开是宇宙

上一讲给大家分享了我的父母如何尽悌道的故事。其中有一个关键性的人物，就是我的母亲。在她去世之后，我给她写了一副对联，其中用四个字概括了她的一生，就是"无我""恒顺"。她活在一种什么样的状态里呢？"无我"的境界。"恒顺"就是不以自我为中心，一切都为了满足别人的要求。所以但凡到我们家来的人，都特别喜欢我母亲，特别喜欢跟她聊天。为啥呢？她坐在哪里，就把安详和灿烂带到哪里。有一段时间，我儿子对他奶奶的欣赏到了什么程度呢？一筷子饭夹起来，举在半空中，看着奶奶。如果说用面若桃花来形容一个八十岁的老太太，大家可能不相信。但大家可以到我的博客、微信公众号上去看我母亲的照片，真的很好看。

当一个人活到无我境界，八十岁也像少女一样。看着特别舒服，谁都愿意往她面前凑，谁都愿意跟她亲近。真的，我儿子就爱搂着她脖子。也就是说，一个人真的把孝悌做到极致，进入"无我""恒顺"境界的时候，那种美丽是无法形容的。我母亲去世之后，殓棺的时候脸上还带着笑容。

这样的一种人生状态让我坚信，前面课程里面讲的，一个人到了不求回报地爱别人的时候，他的生命力可以得到极大的提升。母亲在她生命的终点站都那么安详、潇洒，没有一点儿焦虑，没有恐惧。当一个人活到无我境界的时候，你会看到庄子描述的生死一如的境界、齐生死的境界。母亲去世之后，我没有悲伤。为啥呢？因为她临终一站路走得很安然、洒脱。这样一种善终，让我更加坚信古人讲的"五福"确实是能量变的，确实要在平常的生活中不求回报地去爱别人。

我父亲现在九十二岁，就没有我母亲那样受人欢迎。为啥呢？他做不到"无我""恒顺"，他要求较多。我常常去给老年人讲养老，我说养老首先要养谦德。养谦德是什么意思呢？就是说不能有脾气，不能有太多的个人要求。儿媳妇做什么就吃什么，给什么就穿什么，尽可能地适应环境，不要拿抱怨来惩罚自己。当然，做儿女的首先要尽全力孝敬老人，但是我侧重于对老人讲，我说一个人要活得像我母亲那样，什么饭都吃得欢天喜地，什么话都听得欢天喜地，什么活儿都干得欢天喜地。换句话说，在任何时候都让自己活在喜悦里。

我母亲的这种美德，如今在我爱人身上得到了继承。比如说当年我在县城工作的时候，单位分了一间几十平米的小房子，就是那种单人宿舍。就那么小的一间宿舍，我爱人带着我的妹妹、我的侄女在县城上学。可以说，加上给我们带孩子的我母亲和我儿子，一共六口，坐都坐满了。但是我爱人一点儿抱怨都没有，就这样把我的侄女从小学带出来，把我的妹妹从中学带出来。到银川之后，几个侄子住在我们家，就连结婚之后的大侄子两口子也住在我们家。我爱人就像对待自己的孩子一样对待他们。这种家风从老人那里传到了我们这一代，在这一点上我爱人做得很好的。

父亲不愿意戴假牙，饭就要做得非常软。我爱人就每天给他擀面片，擀得真的很薄。因为我父亲喜欢吃牛奶蜂蜜泡馒头，有时候我给爱人说："你忙了，你就给他泡一个馒头就行了。"她说老人嘛，还能吃多少天呢。

三顿饭就都给我父亲做，做得很尽心，让我很感动。我母亲去世之后，这一年多的时间，我看到爱人接过了母亲肩上的重担，尽心尽力地侍奉父亲，让父亲很感动。

有时候，我给父亲洗脚的时候，父亲的眼泪就下来了。平常我给他洗澡的时候，我爱人就像我母亲一样给我父亲找衣服。可以想象父亲他内心是很温暖的。在我爱人的这种感染下，我的哥哥嫂嫂、妹妹妹夫、侄子、外甥，都特别孝敬我父亲，别人看着也很羡慕。现在村子里的老人都相继去世了，超过九十岁的就剩下我父亲一个人。我对他说："你可是宝贝呀，要好好活着。"

由此我们看到了孝悌精神在一个家庭的重要性，在养老中的重要性，在教育中的重要性，这就是"兄道友，弟道恭，兄弟睦，孝在中"。

接下来《弟子规》讲道："财物轻，怨何生？言语忍，忿自泯。"兄道、悌道要从哪里做起呢？古人非常英明，他们知道兄弟阋墙、兄弟纠纷、兄弟矛盾大多数由财物引起。所以《弟子规》首先讲"财物轻，怨何生？言语忍，忿自泯"。抓住了两个关键点：一个是轻财，另一个是慎语。一个是对财物，要把它看轻；另一个是言语，要把它管好，不说伤和气的话，不说生分的话。

关于财物，我的父亲和伯父就不用多说了，一辈子没分家，哪里有财物纠纷呢？父亲把好吃的好穿的都让给伯父伯母。到了我们兄弟这儿，也没有分家的概念，有财富大家共享。我们真的感觉到，能把财物看轻，兄弟姐妹关系自然就会改善。但生活中也有许多兄弟姐妹争财物争得不可开交，有许多家庭，老人刚过世，尸骨未寒，子女就开始争财产了。

我跟我哥这么多年就吵过一次架，就为他儿子的教育问题。我让他儿子学传统文化，他不同意，我们就吵了一架。那是当年，现在他很认同了。其他再没有红过脸，没有动过粗。就是说，言语上一定要互相尊重。做弟弟的要尊重兄嫂，就像我父母尊重我伯父伯母一样。"兄道友，弟道恭。"当一个人真的视兄如父的时候，自然言语上就能够做到妥当，做到"言语忍，忿自泯"。

由兄弟关系的处理，我们可以联想到许多方面。因为在古人看来，孝道是事长、事老，悌道是同辈之间的爱。我们可以把它延展到一个单位、一个团队、一个国家，甚至全人类。对于我们国家来讲，五十六个民族就是兄弟姐妹，大家要做到"兄道友，弟道恭"就要互相尊重，把财物看轻，因为"言语忍，忿自泯"。

习近平总书记提出来共建"一带一路"，构建人类命运共同体，让全球共享中国人的发展红利，这也是悌道精神的延展。在中国古人的心目中，世界上的一切生命都是兄弟姐妹。动物也好，植物也好，矿物也好，都要用悌道精神去对待。就是在横的方面，我们要用悌道精神去对待一切。比如说，这样一张桌子，我们在使用它的时候，可以把它看成是兄弟姐妹，这样感觉就不一样了。对它说一声："你辛苦了！"你会发现这张桌子就会被人格化。你再坐在这里，会发现它有温度。这就是一种诗意的存在。

中国人讲的悌道精神，可以延伸到无限的层面。在"财物轻，怨何生？言语忍，忿自泯"之后，《弟子规》又讲"或饮食，或坐走，长者先，幼者后"。它讲到了一个先后次序的问题，就是说我们在吃饭的时候，或者在行走的时候，我们要有一个次第。你看悌道的这个"悌"，它本身就包含次第在里面，就是强调"长者先，幼者后"，这一点无比重要。

我们去观察宇宙，它也是一个悌道。我们观察整个大自然，它也是一个悌道性的运转，就是长幼有序。如果长幼无序，这个宇宙就乱了；如果长幼无序，大自然就乱掉了。是一个大的悌道在做着维系，而人间就更不用说。现在有些西方自由主义学者鼓吹平等，认为长幼有序是不对的，其实他们不了解真相，真正地把宇宙原理搞清楚，我们就会知道长幼有序恰恰是平等。因为每一个人都是从幼变成长的，今天的幼就是将来的长。大自然把一切都平衡好了，对应在人间伦理，就是长幼有序。

"或饮食，或坐走，长者先，幼者后。"中国古人在洒扫应对的养成教育中，在《常礼举要》中，特别强调这一点。比如说，一家人坐在一起吃饭，爷爷奶奶没动筷子，做儿女做孙子的是不能动筷子的。但是现实正好相反，爷爷奶奶先给孙子夹菜，爸爸妈妈先给儿子夹菜，这个孩子从小会养成一个心理定式，任何时候他都会动一个念头"我先"。而任何时候动一个念头"我先"，往往会给这个孩子带来人生灾难。就是说他在任何时候都想拿第一，时间长了，整个团队就会厌弃他。如果任何时候他都动的是别人最先的念头，这个孩子走进任何团队都会受到大家欢迎。这才是真正的成功学。

"或饮食，或坐走，长者先，幼者后。"到大街上去观察一下，有多少年轻人在长者经过的时候能让路呢？到商场去看看有几个人有耐心让长者先进门呢？这样的社会风气是怎么形成的呢？养成教育缺课了。古人的养成教育，在幼儿阶段就完成了。现在的教育就面临着许多难题：饭菜上来了，孩子的本性是自己先吃。父母就要提醒孩子应该爷爷奶奶先吃，要先动一个让长辈先吃的念，就是培养他一事当前先想到别人的习惯。时间久了，每到饭前他就会叫爷爷奶奶吃饭。

在悌道部分，《弟子规》特别强调次序感，就是"长者先，幼者后"。当一个孩子从小养成这个习惯，他走向社会后就能恪守"长者先，幼者后"，就能在单位做到尊老爱幼，做到"长者先，幼者后"；他做了官之后，制定政策的时候，就能首先想到尊老。我们在前面也讲过，一个民族当它有尊老风气的时候，这个民族的整体生命力就提高了。

接下来《弟子规》讲"长呼人，即代叫，人不在，己即到"。就是说长者在呼唤人的时候，叫人的时候，我们要腿勤一点儿，先替长者去叫。如果人不在，要赶快来向长者回复。我们可喜地看到，学习《弟子规》的团队，孩子们确实能够做到"长呼人，即代叫，人不在，己即到。称尊长，勿呼名，对尊长，勿见能"。

第二十一讲　惟谦受福天之道

　　我们在前面的课程里讲道，一个人最大的获取能量的生命状态就是谦德。而谦德体现在悌道里面，就是对尊长要尽可能地尊重。于此，《弟子规》讲了两个方面："称尊长，勿呼名。"

　　为什么？因为尊长的名字代表着尊贵，代表着尊严，晚辈要称呼他的辈分，还要称呼他的职务，不能直呼其名。古代对尊贵的人，甚至要避讳其姓名。古人有名、有号、有字。乳名，只有父母和老师有权利称呼，就连皇帝都要称呼大臣的字和号，不能直呼他的乳名。因为乳名是属于父母、老师的，这是对生命的一种尊重，对姓名的尊重；因为姓是祖先的信息系统，名是这个特定生命的代号，它意味着生命的尊贵、尊严。古代社会中，古人轻易不会称呼一个人的名，一般都会称他的字或号。现实社会中，我们特别要注意，对于长者就不能直呼其名。古代，对对方的父亲称令尊；对对方的孩子称令爱、令郎，显得很尊重；称自己的父亲家严，称自己的母亲家慈，或者家父、家母，带有一种谦虚的口气，这是谦德。

为什么"对尊长，勿见能"呢？因为当一个人对尊长炫耀才华的时候，生命能量已经处在骄傲的状态。而骄傲，根据霍金斯能量级，已经到了负值，是负能量的第一个台阶。"满招损，谦受益。""天道亏盈而益谦，地道变盈而流谦，鬼神害盈而福谦，人道恶盈而好谦。是故谦之一卦，六爻皆吉。"所以，《了凡四训》讲"惟谦受福"。《了凡四训》在后面的"谦德之效"那一篇里甚至讲通过谦德，你就可以判断一个人是不是能考上大学，是不是能得到提拔，是不是能获得好运气。为啥呢？惟谦受福。考上大学是福气带来的，有好运气是福气带来的，这个福气就是能量。所以说："对尊长，勿见能。"

现在的小孩往往在爷爷奶奶面前、在爸爸妈妈面前炫耀自己的本领，这样的话会吃大亏，因为他在将来难免会不自觉地炫技。炫技往往让人不舒服，甚至会招来嫉妒，让许多人不愉快。我们知道孔子的祖先正考父，

"一命而偻（lǔ），再命而伛（yǔ），三命而俯"。第一次任命的时候背是曲的，第二次任命的时候背是驼的，第三次任命的时候腰就弯下去了。说明古人对待荣誉、对待自己的才华，慎之又慎，绝对不敢有得意之感。

一个人如果骄傲，往往会招来灾祸。为啥呢？骄傲的时候，智慧就被遮蔽掉了。大海谦虚，所以拥有江河。"江海所以为百谷王者，以其善下之，故能为百谷王"。谦德让百川归流。所以，特别要注意"对长辈，勿见能"。大家也许会说，我不"见能"，你怎么知道我有才华呢？其实古人看一个人有没有才华，他不看你的技术层面，看你的气质就知道了。

《了凡四训》"谦德之效"一章记录了这样一则故事：

江阴张畏岩，积学工文，有声艺林。甲午，南京乡试，寓一寺中，揭晓无名，大骂试官，以为眯目。时有一道者，在傍微笑，张遽移怒道者。道者曰："相公文必不佳。"张益怒曰："汝不见我文，乌知不佳？"道者曰："闻作文，贵心气和平。今听公骂署，不平甚矣，文安得工？"张不觉屈服，因就而请教焉。

张畏岩问道者，那我应该怎么办？长者说，你应该好好地修谦德。因为一个人有了谦德，心气和平，就有安详之气、有静气，文章才有感染力。

这些年，我不敢说我已经有谦德了，但至少有静气了。听我讲课的一些朋友说："郭老师，不管你讲什么内容，听你说话，就感觉很舒服。"这对我是一个鼓励。可是当年我的演讲就没这个效果。那时虽然讲得很精彩，满篇诗句，但是我知道大家听完之后收获不大。现在呢，确实讲得朴素，但是确实有许多朋友跟随着来听我讲课。为啥呢？谦德会传染。谦德是一种能量的状态，一个人如果能量不够，他是谦不下来的。

我们在生活中看到，越是一些大人物，越是一些有成就的人物，就越"谦"光照人、春风拂面，让人坐在他对面有种如沐春风的感觉，用古人的话说就是随处结祥云。跟他待一会儿，你就会获得一份能量的共振和补给，很舒服。所以，有经验的人他不看你的本领，看你有无谦德。就像曾国藩，招兵，他首先选择有谦德的人。所以他召集的三万湘军，能够把九十万太平军打败。为什么会有这么强大的战斗力？因为这三万湘军，他是按照谦德的标准去选择的。曾国藩选军人，特别愿意用农民子弟。因为农民子弟往往谦德深厚，官宦人家、商人的子弟往往容易骄慢。当然，大多数教育得法的官宦子弟和商人子弟也拥有谦德，但是通常情况下，因为父母是官员，父母有钱，很容易不小心就养成骄蛮的习气。所以曾国藩招兵的时候，他先不看你到底有没有武艺、有没有本领，而是有没有谦德。

由对"称尊长，勿呼名。对尊长，勿见能"的践行程度就可以看出一个人是否有谦德。因为"惟谦受福"，张畏岩按照道长给他的建议好好地修谦德，后来果然考取了功名。

在现实生活中，我们会发现这样一个现象：有许多人非常有本领，但一辈子一事无成。原因是什么呢？能力发挥不出来。能力和能力的发挥是两件事情。我在央视帮忙的时候，大家有一次讨论"不要把平台当作本领"。如果离开央视这个平台，大家还能干成这一番事业吗？结论是不行。不少编导都说要珍惜央视这个平台。所有有谦德的人，一定会知道平台的重要性。当一个人意识到平台对他的重要性之后，就会更有谦德。

能力和能力的发挥是两件事情。如果没有人提供平台，我们再有本领也没用。比如说我现在还能讲一点儿《弟子规》，但是比我讲得好的人多的是，饱学之士多的是，但为什么郭文斌就坐在这里讲《弟子规》呢？我想可能是因为我自己这些年修出来的一点点谦德。我们一定要注意，只有能力没有能量是不可能成功的。你看，有个别学武术的人，他学了很多招式，但是狮子过来一下子就把他扑倒在地。狮子没学过武术，为什么我们打不过它？因为狮子有能量。就是说，没有能量，只有本领是无用的。现在有许多家长把这个问题忽略了，让孩子学这个技术学那个技术，却忽略了给孩子积累能量。而积累能量最快的，是"惟谦受福"。《周易》八八六十四卦，六十三卦吉凶相参，只有一卦全吉，那就是谦卦，即"地山谦"。一个人有了谦德，他就像大海一样，宇宙间的能量就归他所用。所以能量积累最快的就是修谦德。

前面讲过，孝亲、尊师是谦德；敬畏、感恩是谦德；爱国、敬业是谦德；知错、认错是谦德。一切美德都可以归到谦德里面去，但从谦的方向来讲，更会引起人们的警觉，就是千万不能骄傲。

在孝道、悌道里面，谦德的主要体现就是："兄道友，弟道恭，兄弟睦，孝在中。财物轻，怨何生？言语忍，忿自泯。或饮食，或坐走，长者先，幼者后。长呼人，即代叫，人不在，己即到。称尊长，勿呼名，对尊长，勿见能。"在这里，它强调了"勿见能"，要韬光养晦，要学会把锋芒藏住。因为整个天地给我们表演的就是"生而不有,为而不恃,长而不宰"；整个宇宙表演的就是谦德，就是生产，但不占有、不炫技。

接下来《弟子规》讲："路遇长，疾趋揖，长无言，退恭立。"就是在路上遇到长者，马上上前行礼。如果长者有吩咐，要跟长者进行交流；如果没有吩咐，就退一步恭恭敬敬地立在那里让长者走过。如果我们拿这句话作为镜子到大街上照一照，你会失望，因为很少有人能做到"路遇长，疾趋揖，长无言，退恭立"。如果有一天全民都能做到这一点，我们可以想象一下，那是一道什么样的风景？

前面的课程里我讲过佟孙郭盛阳，他现在就已经养成这个习惯，不管认识不认识，只要路上遇到长者，就上前鞠一躬，惹得好多长者称赞他，抚着他的头顶，对他怜爱有加。老师们也反映，他见了老师就鞠一躬，你想老师是什么感觉？

有一次，一个学习传统文化的团队到一个城市去旅游，成员见了人就鞠躬，把对方给吓着了，以为一帮日本人来了，受礼的人有被惊吓的感觉。

"路遇长，疾趋揖，长无言，退恭立。骑下马，乘下车，过犹待，百步余。"古人不管你官有多大，到了故乡都要下马下车。相当多的地方历朝历代都有规矩，"文官下轿，武官下马"，显出对那一方水土的尊重，或者对那一个地方人的尊重。这里是相对于长者讲的：不管你官多大，不管你级别多高，但是对于长者一定要"骑下马，乘下车"。就是说，你坐着车要从车上下来，你骑着马要从马上下来。

比如我到一些学校讲课，进学校门的时候，我会让司机把车停下来，自己走进去，这是对学校的尊重，也表达一份尊师重教的情怀。这也是践行《弟子规》"骑下马，乘下车"。

"过犹待，百步余。"就是说长者走过一百步之后，我们再上马、再上车。大家可以想象，一个大官如果这样做，那是多么让人尊重。如果他开着车从长者身边呼啸而过，大家想象一下，那是什么感觉？有句话说"老天让你亡，先让你发狂"。有许多人不但心中没有长者，连警察都没有了。他的车畅行无阻，警察一查车，他会下去给对方两记耳光。他在这个世界上已经不受规则的制约了，肯定会出问题。连太阳都有轨道，月亮也有轨道，一个人怎么会没有轨道？怎么可以不遵守规则呢？所以《了凡四训》讲"惟谦受福"，这是真理。

舜谦到什么程度？父母兄弟要置他于死地，他仍然爱他们。曾国藩一生都在修谦德，所以他能够立德、立功、立言。这是我们对《弟子规》悌道部分对待长者姿态的几个方面的解读，就是"骑下马，乘下车，过犹待，百步余"。接下来我们讲"长者立，幼勿坐，长者坐，命乃坐"。

第二十二讲　恭敬之中见初心

　　继续给大家分享《弟子规》的"出则悌"部分。上一讲给大家分享了"长者立，幼勿坐；长者坐，命乃坐"，讲了为什么要这样，告诉大家这是对《弟子规》"入则孝"部分"父母呼，应勿缓；父母命，行勿懒。父母教，须敬听；父母责，须顺承"的呼应。就是说，一个长者还站着，作为幼者就一定要等长者的指令，即长者在那里站着的时候，幼者是不可以坐下来的。如果幼者这时候坐下来，显然就不恭敬。而我们在前面的课程里讲过恭敬心是能量，当一个人把恭敬心关闭掉，他的能量供给就中断了。所以，"长者立，幼勿坐"。如果长者还站着，晚辈就坐下，对于长者来讲没有损失，但是对于晚辈损失就大了。

　　"立"在古代是养成教育的重要。古人讲站有站相，坐有坐相，睡有睡相，"立"在一定意义上是一个人顶天立地的行姿培养。在传统的功夫界，一个人如果站不好，师父是不会教后面的功夫的，站功是人的第一堂课。作为一个直立动物，一个人的站姿标准，有利于跟天地进行能量交换。过去功夫界有一句话："我是一根针，立于天地间。天气下降，地气上升。无人无我，一片光明。"这是古代功夫界在训练站姿时的一个口令。像一根针一样站在天地间，只有站好了，天气才能下降，地气才能上升。我们观察一下大自然，但凡能够长高的树，它都是很直的。如果一棵树弯弯曲曲，注定了它是长不高的，参天大树之所以能参天，因为它是直立的。人也一样，我们这一轮是讲《弟子规》的精神，就一定要从宇宙精神投射到人间伦理上来。

《大学》讲人的五门功课："知止而后有定，定而后能静，静而后能安，安而后能虑，虑而后能得。""定、静、安、虑、得"，对应中华文化的整体性就是木、火、土、金、水。树木在大地上生存，它一定是站在那个地方不动，如果今天换一个地方，明天换一个地方，长不成参天大树。《弟子规》中的"入则孝"部分讲"居有常，业无变"，也是对人的定性的强调。如果一个人常常换职业，常常跳槽，这样的人成功的不多。一个人之所以能够成功，往往是他一生咬定一个目标去用功，就把事做成了。这就像孔子一生弘扬"仁"，孟子一生讲"义"一样。现在我们党讲不忘初心，也是这个意思。如果我们频频地改变目标，很难把事情做圆满。

我们观察树有一个特点，它长在那里，根扎在那里，它就不动。而且扎根的时间越长，生命力就越旺盛。根越深，枝干就越茂盛。《大学》讲的"定、静、安、虑、得"的"定"强调的是一个人五行人格里面的定性，侧重于五行里面的木性。

中华文化是整体性文化，整体性的文化体现在辩证法上就是阴阳关系。阴阳关系体现在要素构成上，就是"木、火、土、金、水"。从一个人的成功来讲，从一个孩子的成长来讲，从一个人的人格养成来讲，只有"木、火、土、金、水"这五种生命力全面，我们才能成为一个个完整的人、成熟的人、成功的人。我们观察树木，就知道什么叫木性，什么叫定性。

一个人的成长，如果没有木性、没有定性，那是没有可能的。《大学》非常智慧，它把一个人的定性培养列为人格养成素养教育的第一课。古人认为一切智慧的打开，都需要一个大前提，那就是"定"。没有"定"，就不可能有"慧"。一个湖面，它特别定特别安静的时候，整个宇宙都倒映在里面，天空也在里面，彩云也在里面，飞鸟也在里面。老子讲："不出户，知天下。不窥牖，见天道。"老子为什么讲不出户能够知天下，不窥牖能够见天道呢？因为当一个人很"定"的时候，他的内心就是一个宇宙的折射镜，想映照什么，就能看到什么，它是一个全息的照映。一个孩子如果没有定性，坐都坐不住，怎么能好好学习呢？

有一次我到东北的一个民办小学去讲课，他们安排了一天的课程，从上午九点讲到下午六点，上午讲三个小时，下午讲三个小时。让我很震撼的是那些小学生的坐姿。有些小学生也就四五岁，在前排坐着，一天坐硬板凳，坐得端端正正。有几个小家伙睡着了，还坐得端端正正。我就问："你们这些孩子的坐功怎么这么厉害？"老师告诉我们，这些孩子背课文的时候，头顶要顶一碗水来练坐姿。你想，睡着了都能保持坐姿不变，那功夫有多深？我们觉得这些孩子将来前途不可限量。为什么呢？因为他有定功啊。果然，我讲完之后，一个孩子上台复述，他几乎能把我讲的内容复述一遍。

《大学》里面把"定"作为第一个人生要素，"知止而后有定，定而后能静"，每当有了"定"的基础之后，这个人就能"静"下来了。如果说"定"强调的是身姿，那么"静"更强调的是人的心灵状态。为什么在我们的大型节日、祭祀活动、祭祖活动里面都要用到香、烛和火呢？许多祭祀活动要用篝火，因为火给人一种心理上的暗示，就是安静和温暖。这样的一种生命状态是以"定"为基础的，身安了、身定了，心就静了。"静而后能安"，这个"安"，指的是身"定"、心"静"之后的一种身心轻安的状态。这种状态，我们在前面的课程里讲过，是一个人的安全感。

　　一个人怎样才能够不焦虑、不抑郁呢？要有"定"和"静"的功夫。当一个人随时都能定下来，随时都能静下来的时候，这个人就有一种轻安感。比如今天早晨收到一位朋友的微信，说的是一件让我不愉快的事情，但是我马上能调整，用"定"和"静"让自己定下来。怎么"定"下来？《清静经》讲："人能常清静，天地悉皆归。"就是当一个人心静了之后，整个宇宙都是你的。你可以用一个方法把这个让你不愉快的人，想象成宇宙中的一个分子，想象成沧海之一粟，这样你就把他忽略了。

我是宇宙，我还在乎一个浪花的不安宁吗？这个时候我们就定下来了。

《大学》里面讲道"知止而后有定"，这个"知止"是什么呢？怎么样才能知止呢？就是当你找到人生的大方向之后，你就"知止"了。你看这个"止"是什么意思呢？"止"的造字就是人的脚指头，就是脚向着的方向。意味着什么呢？就是说一个人知道他这一辈子要干什么的时候，对于跟目标无关的事情，就可以忽略了。今天录课程，别的事情都可以忽略，油瓶倒了可以忽略，一切都可以忽略。为啥呢？我的这一生，目的就是"人能弘道"，我的目的就是创造性地推进传统文化，让更多的人受益，个人的一切得失都可以忽略不计，这就定住了。

"知止而后有定"，当一个人有一个大的志向之后，一些小的烦恼就微不足道。有了"定"、有了"静"之后，你的心就是安的。当一个人的心安了以后，也就有了安全感，这个人就能够获得宇宙能量的支持。获得宇宙能量支持以后，会得到一个什么样的结果呢？"虑"。

"安"可以说是土的象征，你看大地是很安的，如果大地天天摇摇晃晃，我们就没有安全感，万物也无法生存。

我们观察许多小孩，特别是现在的小孩，他在玩耍的时候会偷偷地吃土，这个问题要深思！为什么孩子要吃土？他缺"土"。特别是我们现在住在水泥楼房里，孩子没有机会获得土这种元素。过去的孩子在田野里玩儿，在田野里烧土豆，泥萝卜拿过来就吃，那上面是有土的。但现在我们把土和孩子隔绝了，孩子出去玩一会儿，身上沾一点土，妈妈就抱起来，回去就洗，看上去是爱孩子，实则把孩子害了。为啥呢？孩子没有土，他就没有安全感。你会发现今天的孩子有些焦虑、好动，人是五行中人，缺了土，就没有安。五行里面，土居中央，五行中央属土，东方属木，南方属火，西方属金，北方属水。唐朝的时候建都长安，把首都叫"长安"。为什么叫"长安"呢？安就是土，土具有稳定性。

　　有了这种稳定性，有了安全感，之后就能"虑"了。"虑"对应的是"金"。你看古人拿什么做镜子？铜。拿铜做镜，能够映照，这是智慧。"虑"是智慧，它对应的是金性。关于五行，如果说木是宁折不弯；火有温暖感，有奉献精神，土有安的感觉，有滋养性、有生长性的话，金有什么特点呢？比较强硬。五行中金多的人一般性格比较强硬，当然也有战斗力，所向披靡，还有明察秋毫的功夫。有一天，曾国藩对部下说，赶快带军队到那个地方埋伏敌人，因为敌人就要偷袭我们的营寨了。部下说，怎么可能？哨兵没给我们任何信号。他说，你去，肯定没有问题。部下很不服气，但要执行命令。果然敌兵就来了。之后他就问曾国藩，您怎么知道有敌兵要偷袭？曾国藩告诉他，当我静坐的时候，我似乎听到了那个地方有鸽子起飞的声音。当他静到一定程度的时候，他连远方鸽子起飞的声音都听得见，他说，如果不是大兵过境，鸽子是不会被惊飞的。有人解读"虑"为"七个心"，就是很细的、明察秋毫的功夫了。这就是"虑"。

第五个要素就是水到渠成，就是"得"。"定、静、安、虑、得"，"得"对应在五行里面是水性。老子在《道德经》里面反复赞美水："水善利万物而不争，处众人之所恶，故几于道。居善地，心善渊，与善仁，言善信，正善治，事善能。""柔弱胜刚强。""江海之所以能为百谷王者，以其善下之，故能为百谷王。"把一切美德都给了"水"。

为什么水在老子心中这么重要呢？因为水是木、火、土、金的修炼结果，是一个人化到无形的状态。一个人修炼到水的境界，就接近道了。水再升华变成水蒸气，道家讲"炼精化气，练气还神，练神还虚"。《大学》

里面的"定、静、安、虑、得"这五门功夫，最后落在"得"上。而"得"象征的就是水性。这样的一个水性要从哪里开始培养呢？从定性、木性。木性就强调端端正正地站着，大家看孔子塑像的状态，那就是一种无我的状态、大我的状态、谦恭的状态。

由此可见《弟子规》的意义深远，它从人们很容易忽略的基本的行姿开始培养，"长者立，幼勿坐"，什么意思呢？长者站着，你也要站着。"长者坐，命乃坐"，长者给你个指令，"你可以坐了"。古典小说里，长者说"请坐"，晚辈说"谢坐"。现在谁家能听到这样的对话呢？爸爸妈妈还在那里忙乎着，还在那里站着，孩子"啪"地往沙发上一躺，二郎腿一跷。好不好呢？他的能量是处在一种随意的状态、懒散的状态。

"长者坐，命乃坐"，这对我们生命力的建设，到底有什么样的秘密呢？

第二十三讲　随缘本身是能量

　　继续给大家分享《弟子规》"出则悌"的部分。上一讲我们借"长者立，幼勿坐，长者坐，命乃坐"，给大家汇报了《大学》讲的五种成人要素，那就是"定、静、安、虑、得"，强调了生命的行姿、生命的端庄要从站开始学起，就是要会站，要向白杨树学习。

　　习惯一旦形成，就会变成气质，你看复员军人，虽然已经脱下了军装，但他们的工作姿态和普通人略有不同，至少站姿和别人不一样，显得很精神。这就是军人训练出来的一种气质风貌。他们任何时候都比较干练、守时，具有准确性。

　　接下来《弟子规》讲道"长者坐，命乃坐"。好多人把这句轻易放过了，我读到这里的时候，浑身一震。

大家注意"长者坐，命乃坐"，这里面有一个"命"在，这个"命"事实上是信息交换的一个指令，是能量交换的一个指令。一个孩子能够静候这个指令，对他的人生有莫大的福分。

许多失足的人，就是因为长者没有"命"，他就去做了。在古文字里面，有一个非常有意思的现象，就是同音字，它们的意义往往是有联系的。比如说"坐"，"坐下"的"坐"跟"做事"的"做"是有联系的。因为一个人由站着的姿态到坐下的时候，他就已经有了一个收的感觉。能量在这个时候进行了一种天地间的交换，就变成个体的能量，输到身体里面来了，身体带有关闭的意思，带有收的意思。如果说站姿相当于春天的种和夏天的向上生长的话，那么坐已经有秋天的收和冬天的藏的意思了。

古人睡觉，讲究安详卧。右手放在右脸的下面，像弓一样睡着。这样睡有什么好处呢？把能量藏起来，供第二天用。古人一般不建议仰着睡觉或者趴着睡觉，不建议左侧睡觉，他认为心脏和胃都在左侧，左侧睡觉会压着心脏压着胃，他建议的睡姿是右侧卧。坐也一样。一个人坐下来的时候，能量就处在一种藏的状态。古印度人没事就在树林里一坐，不但坐，而且盘着腿坐。为什么要盘着腿坐呢？就是把能量进行一种收摄。功夫界为什么要站着练功？因为站着练功，人跟宇宙有一种能量的畅通。因为要进攻，我们需要迅速、有爆发力，所以它以站桩为主。

武术家王芗斋晚年把武术简化为两句话："百动不如一静，百练不如一站。"别的招式都不练了，就在那里站一天。有一年，我得了一种慢性病，用药效果不是很好，朋友介绍了王芗斋的站桩，刚开始我感觉适应不了，但到后来就很享受。我爱人去上班的时候，我在客厅站着，等她下班回来时我还站着，站得满身是汗，但是很享受。有一种什么样的感觉呢？就像这个身体不存在了。有种《道德经》讲的"惚兮恍兮，其中有象；恍兮惚兮，其中有物"的感觉，恍恍惚惚的感觉，非常美好。

站了两个月之后，慢性病就好了，就把药扔掉了。这样讲不是建议大家有病不吃药，因为做这样的实验需要毅力。初期站桩时间短暂，如果放弃了就放弃了，但是坚持过来就好了。在这里我想说的是，相对于"站"来讲，"坐"带有收摄性，"坐"让骨骼和肌肉趋于一种休息的状态，就是静养。

刚开始做志愿者在全国讲课的时候，我是喜欢站着，觉得坐着怎么讲都没感觉，现在就不喜欢站着讲了，喜欢坐下来讲。也许是年龄的原因，也许是心境的原因，现在就喜欢坐下来慢条斯理地说，好像比站着更容易调动灵感，也许是能量到了一种敛藏的阶段。讲课的内容，看过我光盘的朋友也知道，没有当年的锋芒了，比以前安静。

"长者坐，命乃坐"，对于晚辈来讲，它是一种被动性学习。现在的孩子过于主动，老师没有说他就干了，家长没有说他就干了。比如说，古人讲先要拜高堂再入洞房，现在好多年轻人，先入洞房再拜高堂。这样一个次序上的颠倒，对一个人的生命有什么影响？影响巨大。谈婚论嫁，这不单单是两个人的事情，而是两个家族长长的血缘链条在我们这里要进行交接了。比如说，我姓郭，郭家几十世，接力棒传到我这儿了；我爱人姓田，田家几十世传到她那儿了。我们这两个接力棒到这里要进行交接了，可是我们居然没有给前面跑那么多棒的人打个招呼。

一个人如果没有得到指令做事，对生命伤害很大。没有得到父母祝福、没有得到祖先祝福的婚姻往往会出现问题。有些大学生听完课说："郭老师，讲晚了。为啥呢？事情已经办了。"我说没关系，没听过郭文斌的课之前犯的错误都不算，现在赶快补课。怎么补？给父母、给祖先说"我错了"。怪这些孩子吗？怪这些大学生吗？不怪。怪谁呢？怪郭文斌没有早早地录这套节目。就是说做长辈的没有把道理给孩子讲清楚。每次到大学讲课，讲到这里，我就担心大学生是否接受，没想到往往掌声会起来。当你真的带着关心去讲道理的时候，大学生是能接受的。

古典的教育它是以一个人的"被动性教育"为主体的。因为我是宇宙中的一员，是整体中的一员，怎么能不被动于整体呢？如果我要独立于整体，要标新立异，很快就蒸发了。就像浪花离开大海到沙漠里面去，那就没有它了。学习被动，事实上是一个人变得主动的大前提，被动不是消极，被动是积极。这就是老子讲的"人法地，地法天，天法道，道法自然"，就是小质量的一定要与大质量的同频共振，要适应大质量。

对应在《弟子规》里面就是"长者坐，命乃坐"。虽然讲的是一个动作，但它是"心"的修炼，是以"坐"为例讲的，可以延伸成"长者命，幼乃吃；长者命，幼乃干；长者命，幼乃唱；长者命，幼乃穿；长者命，幼乃拿"等等。

孔子讲举一反三，我们讲《弟子规》是讲它的精神。由"长者坐，命乃坐"要训练什么呢？在心的成长上，要获得什么呢？获得被动性素养，学会等候指令，像军人一样，整装待发。如果没有得到指令，即便是牺牲生命，也不能开枪，这是军人完成功课别无选择的方式。如果将军一声令下，我不执行，我也失分了。这里其实跟"父母呼，应勿缓"也是呼应的。

《弟子规》中第一句能领悟透，后面的都能领悟透，它是一个人的执行力、反应力。它强调的是一个人的被动性训练，"长者坐，命乃坐"也是对第一句的呼应。对应到德行上，一根金条放在这儿，如果没有指令，是不能动的。古人讲"不与取"就是"偷"。别人没有指令，我们拿了，甚至，把一本挪动一下，都是偷的行为。为啥呢？因为没有得到指令就动了。

我们可以想象一下，如果一个人从小有着充分的被动性训练，将来走向工作岗位，会犯错误吗？会贪赃枉法吗？也许有人说这会让人没有创造性呀，其实被动性恰恰是创造性的基础。创造来自整体给我们的灵感。我们看到乔布斯在每一个发明之前，都要静坐获得灵感，这就是被动性。等待指令，他是等待指令，他不是索取指令，因为灵感是索取不到的，只能等待。我在讲课的时候有体会，一堂课讲什么？准备好往往用不上，在一个特定的场合，你能讲什么话，是被给予的，是一个被动性的结果。

孔子肯定明白这一点，否则，他不会说"述而不作，信而好古"。你还能讲过什么？你还能讲过整体性吗？三维空间，你能把四维空间的真理讲完吗？不可能。就像一个点，它是零维，多少个零维才能构成一个线，构成一个一维，多少条线才能构成一个面。你在线上做文章，从这头跑到那头，一辈子也跑不完，你怎么能把面穷尽呢？连线都穷尽不了，怎么能把面穷尽呢？多少个面才能成为一个立体空间呢？如果生命高一维，我们穷尽一生都走不遍，何况创造？往往一些超凡的创造，来自高维信息的一种赐予。什么样的人能获得这种灵感？心量大的人、为大家着想的人、有公益心的人、不自私的人。钱学森家族为什么出了那么多科学家？为什么有那么多创造呢？他们的家训就是为天下人着想。在这里，我们可以知道"长者坐，命乃坐"背后所暗含的生命力建设的要素，就是要学习被动性。

曾国藩一生都在训练被动性。他组建湘军多不容易，但是说解散就解散。为啥呢？组建湘军是国家的需要，解散湘军也是国家的需要，他就学被动性。曾国藩如果当时主动一下，他的湘军能把太平军打败，还怕把朝廷的军队打不败吗？但是他不这样做。为什么不这样做？他明白被动性比主动性更宝贵。如果他当时应用了主动性，就没有后人对他的景仰。他就是成功地应用被动性完成人格大厦的人——立德、立功、立言。

"长者坐，命乃坐"，这是《弟子规》在"出则悌"部分的一个重要环节。"出则悌"是由孝道扩展到悌道，由家庭扩展到社会的一个重要环节。被动性训练是人生走向社会的第一步。我们常常讲入乡随俗，孔子进入太庙，先问里面的礼节，非常恭敬。

著名的"程门立雪"的故事大家都听过，宋朝的杨时有一次跟他的同学游酢要找程颐讨教问题，没想到到了程颐的门下，程颐正在瞑坐。有人认为可能程颐正在打坐的关键时候。这时候，杨时跟游酢两个人就立在程门之外，没想到天下大雪，等程颐瞑坐结束，往门外一看，雪已经一尺厚，杨时和游酢还在门外站着。他怎么不折回去呢？或者说进屋坐一会儿？古人就这样，因为他没有得到程颐说"请进"这个指令，他就站在那儿，回去又不甘心，因为他要"问道"。对古人来讲"问道"是第一位的，孔子讲"朝闻道，夕死可矣"。所以，他们在大雪中就能够站到大雪下到一尺多深。由"程门立雪"的故事，我们可以看到古人的一种被动性训练、古人的恭敬心训练、古人的敬畏感训练、古人的规矩感训练。

杨时后来成为闽中理学的传承人，他们家后来出了十多位进士。能量高不高？很高，谦德深厚，我们在前面讲过"惟谦受福"。在福建三明一带有他的故事。这是"长者坐，命乃坐"在人的素养、学养、修养养成方面重要性的体现。

"长者坐，命乃坐"之后讲什么呢？说话。"尊长前，声要低，低不闻，却非宜。"为什么在"尊长前，声要低"呢？而且低到什么程度呢？下一讲我们接着分享。

第二十四讲　行稳致远在中和

　　我们继续分享"出则悌"部分。上一讲我给大家汇报了"出则悌"中的"长者立，幼勿坐；长者坐，命乃坐"，这是一个人被动性训练的重要课程。之后，《弟子规》讲"尊长前，声要低，低不闻，却非宜"，这也是生命力构建的重要课程，侧重一个人的谨慎力训练。前面，我们反复强调"现场感"。一个人在现场的时候，也就是一个人有过"定、静、安、虑、得"的训练之后，他说话是很从容的。

　　《中庸》讲，"喜怒哀乐之未发，谓之中；发而皆中节，谓之和"。什么是"和"呢？就是任何事情做到刚刚好。说话也一样，当刚刚好，不高不低、不紧不慢、从从容容的时候，我们是在现场的。在现场感中，你讲再多的话也不累。你的现场感程度足够高，讲着讲着，嘴里还会有甜甜的津液产生。我有体会，当我在现场感程度比较深的状态中讲一天课，比如从早晨九点讲到下午六点，甚至讲到晚上，中间休息一会儿，一天都不用喝水。

由"尊长前，声要低，低不闻，却非宜"，我们可以想到在老师面前"声要低"。"低不闻，却非宜"，那么夫妻之间也要如此，同学之间也要如此，上下级之间也要如此，即便一个人待在屋子里也要如此。为啥？说话不是目的，是借助说话完善人格，提高心灵等级，这才是"宜"。如果因为说话把能量漏掉了，那么说得再好也失败了。

大家是否发现，那些不在现场感中讲话特别多的人，他的脸色不好看，很苍白？道家的训练里面有一种功夫，就是"视而不见，听而不闻，言而不语"。什么意思？他讲话他又不在讲话，就是说他只不过是宇宙的一个工具，是老天的一个笛子，这个笛子是老天在吹；我坐在这里，我是一个笛子，我没有我的意思，你高维空间的智慧借助我这个工具流淌就行。

比如我讲《弟子规》，我很可能就是李毓秀先生的工具。当然，《弟子规》主要来源于朱熹的《童蒙须知》，而朱熹的智慧来自什么？来自孔子，孔子又是"述而不作，信而好古"。那孔子的智慧来自哪里？来自整体。老子讲："天得一以清，地得一以宁，神得一以灵，谷得一以盈，万物得一以生，侯王得一以为天下正。"这个"一"指的是什么？就是整体。老子讲"道生一"，"一"是"道"的儿子，是"道"的二次投射。换句话说"一"就是"道"。所以，要讲有用的话，没用的话不要开口。"话说多，不如少。"生活中要尽可能地在现场感中说话。因为主体在现场，轻易不会说错话。一句话要出来的时候，一个念头要动的时候，主体要检验这句话，这个念头对不对。

如果没有足够的现场感，就拿《弟子规》做评判，符合《弟子规》精神的讲，不符合《弟子规》精神的不讲。

《弟子规》讲："道人善，即是善，人知之，愈思勉。扬人恶，即是恶，疾之甚，祸且作。"生活中，许多话是说是非的，那就不讲。这个后面还要展开讲，这里说的是说话的语速要刚刚好，程度要刚刚好，让长者有一种非常舒服的感觉，以能听清为准。有许多孩子说话，要么很急，要么语无伦次，要么高声大嗓，这都是没践行《弟子规》的结果。一个人在这个环节上缺了课，走向社会往往就会对环境造成不和谐。生活中，我们会看到，一个团队本来很和谐，但有一个人进来，马上就乱套了。为啥？这个人没有经过《弟子规》的训练，不懂得在合适的时候说合适的话，这就是"尊长前，声要低，低不闻，却非宜"的延伸意义。

写文章也一样，不能激情过度，也不能悲观过度。按照全息论的说法，声音里有全息信息。一个人能把控语言的时候，能跟踪语言的时候，他的"定、静、安、虑、得"的功夫就基本成熟了。"尊长前，声要低，低不闻，却非宜。"如果声音太小，就给人一种底气不足的感觉。

接下来《弟子规》讲"进必趋，退必迟，问起对，视勿移"，由"站"到"说"，再到进退。孔子上朝，到快见皇帝的时候，走得很快；但是往外走的时候，走得很慢，这就是一种度。见人的时候慢了，显得傲慢。"进必趋，退必迟"，离开的时候如果走得很快，让人感觉很冷漠，热情不够，没有温度，没有人情味儿。在人生的上进阶段、求学阶段、学习阶段，要发奋有为，加速前行。后半场，就要缓缓地退下来。积极性、主动性和被动性要平衡，就是进必须趋，退必须迟。如果把进看作一个人的奉献的话，那么退就是一个人索取的一种姿态。奉献要快，获得要迟，它们都是对应的。

接下来讲到目光，如果说"站"是身体的语言，"话"是心灵的语言，进退是动作和速度感，那么"目光"最能折射我们的灵魂。"问起对，视勿移"，更关键。就是当长者向我们问问题的时候，要很安详地、端正地、优雅地、不卑不亢地、从容地看着对方，看着长辈。我们在生活中去观察，有相当多的孩子，他不敢跟长辈对视，有一些孩子是不敢，有一些孩子是从小养成了环顾左右的习惯，目光的游移反映出他内心的散乱、躁动。"问起对，视勿移"，看上去是一个行为、一种姿态，但它折射的是心灵、定力、静力、安力，生命力。

古人培养一个君子，在训蒙养正阶段、打基础阶段，那可是要下功夫的。《诗经》讲，"如切如磋，如琢如磨"。切，啪啪啪，一块玉切开了之后，剩下的功夫就要打磨了，磨到完美。童蒙养正也一样，那是要一个细节一个细节、一个动作一个动作、一个眼神一个眼神去纠正的。

孔子教学的六艺里面，为什么有射箭呢？我们知道，一个人在射箭的时候是目不转睛的，训练的是他的定力、目力，不仅仅是为了打仗用，更多的是借助射箭来训练他的定力。瞄准目标的那一刻，心无旁骛，没有杂念，是定、静、安的训练。如果那一刻一起杂念，就射不中靶子了。

《中庸》讲："射有似乎君子，失诸正鹄，反求诸其身。"没有射中靶子，不用埋怨靶子，要问自己。所谓的"行有不得，反求诸己"，就是这意思。别怪靶子、别怪箭、别怪弓，是因为我们的心动了，心不定，所以没射中。古人的一切外在训练，都是为了提升内在的质量、心的品质、人格的质量，是为了完善人格而服务的，所以他们特别在乎细节的雕琢。

老子反反复复讲："天下难事，必作于易；天下大事，必作于细。""合抱之木，生于毫末；九层之台，起于累土；千里之行，始于足下。""故圣人不为大而能成其大。"圣人用功的地方，恰恰比普通人还要小之又小。小到哪里？小到从自己的念头，从起心动念处做文章。生活中，一个人杀了人，是要偿命的。但是对于圣人来讲，动了杀人的念头，都要责罚自己。但凡成功的人都有一个功夫——反省力！

日本有一个著名的企业家叫稻盛和夫，现在很火，有许多企业家都向他学习，他创造了两个世界五百强的企业。当年日航面临倒闭，首相鸠山由纪夫拿着三千亿日元找不到救命的人，这时候他想到了已经七十八岁的稻盛和夫。稻盛和夫走马上任一年时间，让日航扭亏为盈，创下了世界经济史上的奇迹。他现在创办的盛和塾，成为培养企业家的一个重要平台。稻盛和夫为什么这么成功呢？世界金融危机中，他的企业丝毫不受影响。因为稻盛和夫有著名的"六项精进"，就是他的六个训练功夫。这"六项精进"里面，其中有一项就是反省力训练，他的"六项精进"，第一是努力。第二是反省。第三是感恩。第四是利他精神。第五是乐观。第六是谦德。

央视记者采访稻盛和夫，问："您是用什么创造了世界经济史的奇迹的？"他说我用的是中国的孔孟哲学。稻盛和夫非常推崇王阳明，非常推崇《了凡四训》。稻盛和夫有一个习惯，就是每天下班，回到家里，对着母亲的像，对他一天的工作和生活进行反省。如果做错了事，他就扇自己耳光，说自己混账，怎么能做这件事情。他每天把反省作为提高生命力的重要功课。

曾国藩就更不用说。曾国藩有个习惯，每天写日记反省自己。《了凡四训》里面介绍的袁了凡，他怎么反省？用功过格，做一件好事记一笔，做一件不好的事情记一笔，就是不放过自己。这是对自己下狠心，进行自我切磋自我雕琢。

这是从"问起对，视勿移"讲出来的话题。一个人的生命景象，就是他心灵的折射。从一个人的目光中，可以读到他的全部信息。曾国藩识人，其实主要是从一个人的目光里面去把握和探究他内心深处的秘密。因为目光是一个人心灵的折射。

《弟子规》在这里把"出则悌"的部分落到"问起对，视勿移"，就像第一部分孝道部分落到"事死者，如事生"一样，到了"问起对，视勿移"，又上升到了哲学层面，上升到了心灵层面。可见《弟子规》每一部分最终要把人带到心灵构建上。

第二十五讲　悌道圆时爱亦圆

　　从这一讲开始，我们分享"出则悌"部分"事诸父，如事父；事诸兄，如事兄"。"入则孝"部分到"事死者，如事生"，把《弟子规》的"规"，推向了哲学高度。"出则悌"也同样，到"事诸父，如事父；事诸兄，如事兄"，也到达了高潮。整个"出则悌"在讲如何"善事"兄长，"善事"兄弟姐妹，"善事"长者；到了"事诸父，如事父；事诸兄，如事兄"，到达了内涵和外延无限扩展的境地，足见悌道所指的价值方向，当一个人能够把别人的父亲当作自己的父亲，把别人的兄长当作自己的，悌道就实现了。可见《弟子规》是一个由小到大、由里到外、由狭隘到广阔的无限展开的过程。"事诸父，如事父；事诸兄，如事兄。"应细细体味它里面所包含的人情温暖、人伦温暖。《弟子规》在这部分，事实上是规劝我们，心量要通过悌道扩展到"泛爱众"的程度。

当每一个人把别人的父亲当作自己的父亲，把别人的兄妹当作自己的兄妹，就到达了大我境界。学《弟子规》一定要学它的精神。由"事诸父，如事父；事诸兄，如事兄"我们可以做无限的推理：那"事诸"同事呢？"事诸"其他民族呢？"事诸"其他的生命呢？都要运用这个原理。它用这样一个代表性的意象，让我们把心灵提升到"一"的境界。

前面讲过，"一"就是整体性。当一个人的心灵在"一"的境界的时候，这个人就在整体的大海里面。而一个人在整体的大海里面，他就拥有整体性提供给他的生命力，他的五福"长寿、富贵、康宁、好德、善终"就有了源源不断的能量补给，这个人就能活在一种吉祥如意的境界里，活在心想事成的境界里。所以"出则悌"的指归是把对我们血缘意义上的兄弟姐妹的爱，扩展到非血缘意义上的苍生，扩展到除人类之外的一切生命体，这是《弟子规》精神所暗含的价值追求。

《礼记·礼运》里面讲："大道之行也，天下为公。选贤与能，讲信修睦，故人不独亲其亲，不独子其子；

使老有所终，壮有所用，幼有所长，矜、寡、孤、独、废疾者皆有所养。"这就是古人所期望实现的一种大同世界。而这样的一个大同世界怎样才能实现呢？最终要人人达到一种"去自我""去自私"的境界，那就是"事诸父，如事父；事诸兄，如事兄"。

"出则悌"部分，它事实上是对一个人的建设力、和谐力、生命力的台阶性训练过程、递进过程。最终要让接受《弟子规》教育的人，具有为除自己之外的一切生命奉献的品格。跟第一部分"入则孝"达到了同样的哲学高度。当一个人真能做到"事诸父，如事父；事诸兄，如事兄"，事实上他也做到了"事死者，如事生"。我们在前面讲过，宇宙间一切生命，它们的潜意识是永恒的，那么，这个"父"、这个"兄"也包含一切可能性的生命外延。到这里我们会看到"孝"和"悌"，它们殊途同归。如果说"孝"是一棵参天大树的树根，借助于悌道的枝干，它将向有可能的空间进行延伸，"出则悌"这一部分就圆满了。

接下来，我们把"出则悌"和"入则孝"的逻辑关系简单地做一个梳理。"入则孝"部分，作者从"父母呼，应勿缓"开篇，到"事死者，如事生"结束。从人的反应力、行动力、执行力讲起，最后借助速度感的培养，让人回到宇宙整体。只有一个人真的回到了宇宙整体，他在整体性的海洋里面，才能真正做到"事死者，如事生"。而"出则悌"部分，从"兄道友，弟道恭"讲起，到"事诸父，如事父；事诸兄，如事兄"结束，它是通过对家庭成员爱的训练，达到让一个人具有爱社会、爱非血缘生命的一种能力和自觉。一开始，我就强调，要学习《弟子规》的精神。由"入则孝"和"出则悌"这两部分，我们可以看到《弟子规》的境界深不可测。如果我们真的能够读懂、能够践行，其精神境界与《论语》《道德经》相当。

接下来分享第三部分"谨"。我们看这个字的会意，由"言"和"堇"组合而成。"言"好理解，"堇"是一种植物。它有什么特点？如果人们受伤了，把这种植物敷在伤口上，短时期内伤口会愈合。两者组合，什么意思？有疗愈性，有短暂性，同时有慎重的意思在里面。《说文》讲，"谨"就是慎重的意思。从会意就可以看出来一种象征性，说明这个"谨"带有小心的、谨慎的意思，当然也有妥善和圆满的意思。古人有一句话："修身如执玉，种德胜遗金。"就是说持守我们的身体就要像拿着玉一样小心翼翼，就接近于"谨"这个意思。

"谨"这一篇，从哪些养成环节讲起呢？从"朝起早，夜眠迟"讲起。为什么从对待时间讲起？因为古人早就认识到，生命是由时间构成的，特别是对于三维空间的生命来讲，时间就是常量，不像四维空间可以折叠，三维空间时间显得非常宝贵，时间就是生命，过一分钟，生命就减少一分钟，过一分钟又减少一分钟，珍惜时间就是珍惜生命。所以"谨"首先从"朝起早，夜眠迟"讲起，可见这个"谨"还有珍惜的意思。

为什么要"朝起早，夜眠迟"？因为生命是宝贵的。在这里还有一个重要的逻辑，要想真的做到"谨"，就要反惰性。所以，"朝起早，夜眠迟"也是反惰性的课程。曾国藩在他的家书里反复讲过早起的意义。曾国藩讲："傲为凶德，惰为衰气，二者皆败家之道。"就是说，在德行里面，最可怕的就是傲慢。霍金斯的能量层级理论告诉我们，负能量的第一个台阶，一百七十五级就是骄傲，我在《醒来》一书中对此有详细的分析。骄傲是负能量的第一个台阶，是灾难的肇因。"惰为衰气"，"惰"是最耗费我们生命力的。这是败家最厉害的两个方面。

曾国藩在给他弟弟的信里写道："戒惰莫如早起。"

怎样才能把"惰气"克服掉呢？最好的方法就是早起。我们能够早起，时间长了"惰"就戒掉了。而戒傲呢？"莫如多走路，少坐轿"。他跟弟弟讲，一个人怎样才能把"傲"除掉？少坐轿子。用现在的话来讲就是少坐车多走路，因为坐轿子很容易骄傲。为啥呢？坐上轿子你就有一种威风的感觉，一种颐指他人的感觉。曾国藩把早起作为治"惰"的方式，把走路、不用仆人作为治"傲"的方式。跟我们党的许多倡导非常吻合，走群众路线，为人民谋幸福，为民族谋复兴，就一定要"戒惰复勤，戒傲复谦"。

古人有一副对联说："一勤天下无难事，百忍堂中有太和。"一个人如果勤奋，就没什么难事了；一个人能忍，这个家就太平和气了。中华民族的品质，可以把它概括为两个字，一个"勤"，一个"忍"。"忍"其实是和平的代名词，"勤"是奉献的代名词，用奉献和和平基本上可以表达中华民族的品质。对应在《周易》里，就是"厚德载物，自强不息"。"厚德载物"侧重于讲和平，"自强不息"侧重于讲勤劳，这是中华民族美德的核心、人格的核心。

如果说人格成长是一棵大树的话，"孝"就是根，"悌"就是枝干，分枝的任务则由"谨"和"信"来完成。而

"谨"，首先从早起晚睡讲起。大家也许会说："郭文斌，你在前面的课程里面说要早睡，怎么又要晚睡了？"《弟子规》里讲的晚睡跟现代人相比，不算晚。现在是太晚了，《弟子规》的意思是不要天一黑就睡觉，着重讲的是早起。

我原来总觉得晚上写东西容易出活儿，晚上写作，白天睡觉，时间久了就把身体搞坏了。近年来我就有意识地调整，有时候凌晨三四点起，有时候凌晨五六点起，总之不睡懒觉了，身体确实比以前要好一些，更重要的是焦虑度降低了。焦虑症患者有一个特点：晚上不睡觉。他们的微信、QQ，深夜还在更新。要帮助抑郁、焦虑症患者走出来，有一个最简单的方法，就是多晒太阳，早睡早起。但是一般人很难改过来，稍稍好一些，就又开始熬夜了。

"朝起早，夜眠迟，老易至，惜此时"，这部分一开篇就把"谨"带入时空坐标轴的时间线，让我们对生命产生一种警惕。"老易至，惜此时"，生命真如白驹过隙，我现在一晃已经是天命之年。我现在查一些名人词条的时候，会先看他们活了多少岁。几乎一半的人，都是五六十岁就告别了人世。当我意识到这一点的时候，就特别紧张，真是把每一天当作最后一天过。细细想，当一个人把他的每一天当最后一天过的时候，还有什么事看不开呢？还有什么事放不下呢？还有什么从心上拿不掉呢？

第二十六讲　习惯成时命已成

上一讲，给大家分享了"朝起早，夜眠迟，老易至，惜此时"。我们以《曾国藩家书》为例，讲这是反惰性的功课。曾国藩认为"克服惰性的最好方法就是早起"。曾国藩当年也晚起，也跟晚起做过斗争，他刚定下功课，二十天里十几天晚起，就很懊丧，但后来终于战胜了自己。他认为惰性不仅是人格的大敌，也是家道的大敌。要想兴家，必须早起。

曾国藩常讲，看一个家庭的兴盛，要看这家的子女能不能早起。从生机和杀机、阳气和阴气的角度来讲，早起也容易获得生机，共振阳气。前面讲过，一天中，凌晨三点是"立春"，就应起床补阳气，阳气在动中补。晚上九点相当于"立冬"，就应睡眠补阳气，阴气在静中补。该补阳气的时候不起床，在该补阴气的时候不睡觉，久而久之，阴阳就失去平衡了。阴阳失去平衡，就会损害健康，人就会生病。

从"生机"和"杀机"的角度来讲，早晨是"生机"，晚上是"杀机"。一到晚上马上就冷了，为啥？太阳太阳，阳就是生机，万物生长靠太阳。太阳初升的时候是少阳，然后到太阳，是一个阳气生发的过程。古人是拿天地来比照我们的日常生活的。

我在协助央视做大型纪录片《记住乡愁》的时候，看到许多人家的家训里都有早起一条："朝起早，夜眠迟，老易至，惜此时。"因为"老易至"，所以要"惜此时"。在这里我们会读到非常深沉的人生之叹，人的这一生太短暂了。一个人变老是瞬间的事情，除非我们到四维空间，时间可以折叠，老人可以变成小孩儿，甚至停留在某一个年龄段，但是三维空间的逻辑，时间就是稍纵即逝。

如果说"朝起早，夜眠迟"讲的是对时间的珍惜，那么"晨必盥，兼漱口，便溺回，辄净手"讲的是对身体的珍惜。我在前边讲过，任何事物都由信息系统、能量系统、物质系统构成。

第一句讲的是信息系统，这句强调的是物质系统。

怎样才能真正保护好身体呢？它以盥洗为例，告诉我们要卫生。你细细体味"卫生"这两个字，讲的是什么呢？保卫生命。当你用保卫生命来解释"卫生"的时候，你会突然觉得我们平常讲的"卫生"有了很深的含义。怎么讲卫生呢？"晨必盥，兼漱口，便溺回，辄净手。"早晨起来要盥洗，洗漱之后，便溺之后，一定要洗手，就是说生活要从洁净开始。如果说第一句强调早起，那么这句话就强调洁净感。古人讲洁净，除了卫生这个用意，古人还认为，外在世界对应着内在世界；外在世界洁净了，内在世界也就洁净了。

我小时候，老人常常给我们讲洗脸，每一把水都是有含义的。洗脸要投射到心灵层面，要去除掉心灵层面上的污染。古人特别强调生命的洁净感。为什么世界上有许多地方认为到河里洗一洗，就能够让我们的精神世界变得洁净？它在一定意义上也是一个心理暗示。通过洗手、洗身来暗示我们，把心灵调到一种洁净的状态也是反私心杂念，把心调频到清净的状态，就能达到《清静经》讲的"人能常清静，天地悉皆归"。

"晨必盥，兼漱口，便溺回，辄净手。"许多家训里面都强调这一点，《朱柏庐治家格言》也是。"黎明即起，洒扫庭除，要内外整洁。既昏便息，关锁门户，必亲自检点。"开篇也是从洁净开始，因为环境在一定意义上可以影响心灵世界。古人讲境由心造，在一定意义上来讲，心也由境造。到了纯净的大自然，心情一下就会好起来。看悲剧会痛哭流涕、悲痛欲绝；看喜剧会开怀大笑，说明环境对心灵也是一个投射。孔子讲："《诗》三百，一言以蔽之，曰：思无邪。"就是说阅读环境在一定意义上也会影响我们的心灵世界，因为它是一个反投射。按照投射学的说法，你在看投射时，又是一次心灵投射，它是一种反复投射、循环投射。老子讲的"以德报怨"就是反投射。如果我以怨报怨，那就没完没了啦，所以我以德报怨，我就一次了结，它是反投射。

一个人"晨必盥，兼漱口，便溺回，辄净手"，除了是卫生习惯，还是社交礼仪。据说王安石很有才华，但是不大讲卫生，有一次上朝的时候，皇帝看到有虱子从他领口里爬出来，惹得众人哄堂大笑。回顾王安石的一生，这种习惯对他的生命历程，也是有影响的。

这是《弟子规》讲的"谨"的第二个要素，就是说要珍重我们的身体，借助于珍重身体来保护我们的心灵。"晨必盥，兼漱口，便溺回，辄净手。""溺"读

niào，不读 nì，"便溺回，辄净手"就是指大小便之后一定要洗手，从现代科学的角度来讲，也是非常有道理的。所以，《弟子规》虽然产生于清朝，但它已具备一定的科学精神。

接下来讲的是"冠必正，纽必结，袜与履，俱紧切"。如果说"朝起早，夜眠迟"这一句讲的是对时间的珍惜，"晨必盥，兼漱口"这一句讲的是对身体的珍重，那么"冠必正，纽必结"讲的是对待一切为我们服务的外在，也要有一种珍重。"冠必正，纽必结"，借助这个珍重，能让我们的形象显得端庄、优雅、美丽。

"冠必正，纽必结。""冠"在古代是一个人的地位身份的象征，它也象征生命的至尊。按全息论的说法，"冠"象征着老人，象征着领导，象征着向上的部分。

"纽必结"，"纽"的内涵和外延也很丰富。我们常讲，要扣好人生的第一粒扣子。纽扣能不能扣好，说明这个人有没有端庄感，有没有珍重感，有没有仪式感。

从卫生学的角度来讲，"纽必结"也是古人对养生的强调。在今天，许多人把这点忽略了，老了的时候，易患风湿病、关节炎。古人很早就发现风寒对人的伤害。你看那些僧人，即便是夏天，也是绑着绑腿的，僧人绑着绑腿不单单是一种仪式，是个符号，也是出于养生的需要，他们知道人的脚和腿是最容易受寒的，因为寒从脚下起，所以对脚的保护超过对头的保护。身体的上半部分可以露出来，但是下半身一定裹得严严实实的。

我在宾馆常看到有些人穿着拖鞋去吃早点，餐厅里的空调温度很低，有的寒彻骨，我就想提醒一下，又觉着不合适。全身的经络都通达脚部，风寒侵入，直达五脏六腑，会对生命造成要命的伤害。

所以，"冠必正，纽必结"既有很现实的、健康的要素在里面，也有礼仪在里面，更有庄重感在里面。

前面讲过，《弟子规》里的每一句话都是提升我们心灵境界的。当一个人能够把纽扣系得很整齐的时候，他的心灵也是整齐的。整齐的过程就是对心灵秩序的建立。《寻找安详》刚出版时，海南的一个大知识分子给我写了十几条存疑，要跟我讨论。有一次，我们通话长达两个小时。我们也讨论了"房室清，墙壁净，几案洁，笔砚正"。我跟她讲，当一个孩子把书本放得特别整齐的时候，他的内心是整齐的。她就说："你讲的这个有道理。"之后，她也慢慢地响应我的观点，走上了践行传统文化的道路。

这些年，在弘扬传统文化的过程中，我发现，最难推进的就是知识分子群体。知识分子有所谓的批判精神，你讲一句他批判九句。如果不能消除那十几条疑问，海南的那位朋友也很难转过弯来。现在她也学习《弟子规》，还直接帮助到了他的孩子。

可见，"冠必正，纽必结"强调的是端庄感。现在开会的时候，往往会接到穿正装的通知，这也是对公共秩序的一种强调。军人之所以给人一种力量感、威严感，是因为军人的服装首先是统一的、庄严的。我们可以想象一下，检阅仪仗队的时候，如果仪仗队穿的是便装，各穿各的衣服，是什么感觉？服装在一定意义上是一个人气质的支持者，可以让气质加倍增色，有感染力。

"冠必正，纽必结"还有一个价值指向，那就是生命仪式感。当年，子路听到有人叛乱，他明明知道回去起不了什么大作用，但他还是回去了。回去就"中枪"了，在他倒下的那一刻，做了一个动作，什么样的动作呢？他把他的帽子扶正后，躺在了血泊之中。这就是儒生，在生命的最后一刻，他在乎的是什么呢？他没有像有些人那样惦记妻儿，惦记家产，最后一个动作是扶正他的帽子。当一个人平时都能把穿衣戴帽和生命仪式感对应，时间久了，他的内心也会变得崇高。

接下来讲"袜与履，俱紧切"，就是说鞋带要穿好要系紧。这除了保健的需要，更重要的是训练"紧切"感。一个人把袜与履穿得有"紧切"感的时候，他就有力量感。如果我们看到有一个人穿着拖鞋行走在大街上，就会马上对其失去信心；如果一个领导穿着拖鞋在台上讲话，公信力肯定会大为降低。我们看到，有一些邋遢的人，他在鞋子问题上就把信任感丢失了。

我当年参加一万米长跑的时候，对鞋子有特别的感受，你会发现那个鞋子穿得对不对，鞋带系得紧不紧，会影响你的状态。跑三千米的时候要穿钉子鞋，那一刻你觉得鞋子太重要了！

"袜与履，俱紧切"，这一切都在强调生命的严谨性。接下来还是讲衣服，"置冠服，有定位，勿乱顿，致污秽"。平常冠要戴正，纽要结紧，袜与履都要做到合适。衣服脱下来应该怎么处理呢？"置冠服，有定位，勿乱顿，致污秽"。

第二十七讲　秩序也是生产力

　　继续给大家分享"谨"。上一讲分享了"谨"的前两部分，"朝起早，夜眠迟，老易至，惜此时。晨必盥，兼漱口，便溺回，辄净手。冠必正，纽必结，袜与履，俱紧切"。接下来讲到"置冠服，有定位，勿乱顿，致污秽"，这句话它强调的是什么呢？

　　如果说前面的几句话强调的是对时间的珍惜、对身体的珍重、对衣物的珍爱，那么这句话侧重于讲秩序感。现在家长都特别注意提高孩子的效率，在孩子的效率上花了太多的精力和代价，但是忽略了一个问题。什么问题？就是效率恰恰在秩序里面。所以，要想提高孩子的效率，首先就要培养孩子的秩序感。而培养孩子的秩序感，在"谨"这一部分得到了强调。在"入则孝"和"出则悌"

部分也讲到了，但是"谨"这一部分着重强调，尤其这一句"置冠服，有定位，勿乱顿，致污秽"。

定位习惯的养成有多重要呢？拿我太太来说，一会儿手机找不见了，过一会儿钥匙又找不见了。后来我就不责怪她了，除了忙的原因，我发现她的养成教育没完成，她就是随意放东西。后来我们就共同克服，怎么克服呢？从"置冠服"做起。就是说外套脱下来以后，就放在一个固定的地方；进家门以后，包就放在一个固定的地方；钥匙放在包里面的一个固定的地方，养成固定的习惯。

对孩子，我就特别注重这方面的教育。晚上睡觉前让他把衣服脱下来，叠好放在固定的位置；袜子脱下来，放在鞋窝里面，把鞋就放在固定的位置。不然的话不让他睡觉。他提出来要看电视，看动画片，好，可以，把玩具收拾好，放在固定的位置。以后我就发现，他要求看电视的时候，已经主动把玩具收好，放在固定的位置，这对于他来讲是莫大的福利，从节省生命力来讲是一个福利，包括安全。

在突发事件的现场，有秩序感的人幸存的可能性就大。为啥呢？他在任何时候都有秩序感。"置冠服，有定位"，大家请注意，在这里面它强调了两个字，一个是"定"，一个是"位"，就是找到最合适的位置，然后长期把它放在那个地方。

我们在前面反复强调，任何事物都由三要素构成：信息系统、能量系统、物质系统，对于人来讲更是如此。如果我们反复地修改程序，一会儿放在这个地方，一会儿放在那个地方，身体的反应系统就无从响应。

常识告诉我们，简单的旋律容易让人入定，容易让人安详；复杂的旋律让人烦躁。妈妈哄孩子入睡的时候，她会哼简单柔和的旋律，比如摇篮曲，孩子很快就睡着了；如果给孩子放摇滚乐，让他睡觉试试？

这是生命的秘密，一个不断修改程序的人，他的生命力就降低了。就像电脑一样，过一会儿装一个系统，过一会儿修改一个程序，它的执行力就会降低，就无从响应，不知道听谁的了。

中华民族五千年，王朝在更替，皇帝在换，大臣在换，但是基本的信息系统没有换，这个信息系统就是文化。有什么好处？老百姓会迅速地适应、响应、接受，清朝就是这么做的。元朝就没有清朝做得好，想改变程序，受损失的是自己。清人入关以后马上接受了中原大地的信息系统，沿用旧程序，实现了国家的长治久安。民族是这样，家庭也是这样。那些几百年、上千年保持生命力的家族，它的家规、家训是极其稳定的。

《记住乡愁》白鹭村一集，有一个王太夫人，去世的时候留下了遗言，叮嘱子孙每年要存够一千石义粮，当年要把它发放完。第二年再存，再发放。她的遗嘱被执行了两百年，可以想象这个家族有多厉害。两百年不改变先人的遗嘱，可谓"不忘初心，方得始终"啊！

我们看那些长寿老人，都有很规律的生活方式，就是"置冠服，有定位"的延伸内容。举一反三，"置冠服，有定位"，"置书本，有定位"，"置作息，有定位"，"置兼德，有定位"，等等，就是一切东西都有对应的位置，都要让它有一个"定"。

前面讲到"定、静、安、虑、得"，"置冠服，有定位，勿乱顿，致污秽"，除了训练一个人的定力，还养成人的定位感。其目的是反乱，心灵最怕"乱顿"。这句话让我们由衣服联想到品格，要珍重，不能"勿乱顿，致污秽"，联想到我们的人格，联想到我们的声誉，也是如此。总之，它是借助于衣服这样的一个意象，让我们对生命的标准、要素、构成，都要有一种秩序感，都不能乱，都要有一种珍重感、珍爱感。

接着"衣贵洁，不贵华，上循分，下称家"。如果说前句讲的是秩序感，那么这句讲什么呢？俭。老子讲："吾有三宝：一曰慈，二曰俭，三曰不敢为天下先。""衣贵洁，不贵华"，衣服洗干净、穿整洁就行了，不在于华丽与否，不在于名牌与否，要朴素，但首要的是洗干净，给人洁净之感。"衣贵洁，不贵华，上循分，下称家"，就是要跟自己的身份相符，也要跟自己的家道相符。

生活中，我们看到许多孩子家里本来没有那个条件，却逼爸爸妈妈拿出超出家庭收入的财物来满足他的消费。有一个孩子向爸爸要钱，爸爸不给，他居然把爸爸的筋挑断了。这样的孩子当然是少数，但也让我们心酸。为啥？没学《弟子规》，没践行《弟子规》，没受到《弟子规》的教育。

如果一个孩子从小受到的是"上循分，下称家"这样的教育，就不至于做出惨绝人寰的事情。《弟子规》强调的反浪费、反奢华，也就是老子讲的"吾有三宝：一曰慈，二曰俭，三曰不敢为天下先"。去奢、去骄、去泰。为什么要这样做呢？只有中华民族集体做到了反奢华，我们的集体能量才能增多，才能实现中国梦，才能实现中华民族伟大复兴，跟治家是一模一样的。"成由勤俭破由奢"，这是中华民族的集体意识。所以"衣贵洁，不贵华"，强调的是反华丽、反奢华。

"上循分，下称家"，一定要量力而行。当年，许多经济会议的议题，听来听去一个意思，就是鼓励人们消费，鼓励人们过度消费。这些年终于看到国家开始整治，一下子扭转过来了，由西方的经济观念，转向了中华民族的经济观念。《大学》讲，"生之者众，食之者寡。为之者疾，用之者舒"，这是我们的经济学。中华民族之所以能够到现在还屹立于世界民族之林，保持它的生命力，跟我们的经济学是有关系的。我们的经济学就是《大学》经济学，就是《弟子规》经济学。有什么样的家底，就安排什么样的开支，绝对不能透支，要量力而行。

这一点，对提升人的生命力非常重要。我这些年，就在力所能及地践行着这句话传达出来的精神。比如出差，我常带着两个盆，洗脸水、洗澡水，盛在盆里冲马桶用，能省一点就省一点，能节约一点就节约一点。因为我知道一个人的生命力是有限的，过早地用完了，五福就结束了。省下的全是自己的，省下来就是自己的长寿、富贵、康宁、好德、善终，省下来就是自己讲课的能量，做公益的能量。

讲课是需要能量的，弘扬传统文化也是要能量的。没有能量就没有人提供这个平台，没有这个缘分，缘分也是能量。怎么办呢？平常就要省着用福气。曾国藩肯定是看到了这一点，所以让子孙少坐轿子，多走路。别人抬着你，看上去很舒服，消耗的是你的能量，用的是你的福气。

亚历山大找到哲学家第欧根尼之后，第欧根尼光着身子在海滩上晒太阳，他们的对话对我触动很大。第欧根尼是个极简主义者，不要房子不要田产，连衣服都觉得是多余的，有太阳时半裸体躺在沙滩上，平时睡在木桶里面，以乞讨为生。

有一天，第欧根尼看到狗喝水不用杯子，他把杯子也扔掉了，彻底地成了一个无产者。就这么一个人，作为极简主义者，他的家产就一根手杖、一个斗篷，幕天席地。亚历山大呢，是一个妄想拥有世界的人，因为第欧根尼名气太大了，他想见见。他找到第欧根尼的时候，第欧根尼正在沙滩晒太阳。亚历山大就问："第欧根尼，请问我能为你做些什么？你看我什么都有啊，你什么都没有。"第欧根尼怎么讲呢？给他一匹马骑骑？给他一辆车开？给他百两黄金？或者给他一个官做？都没有提。他就说了一句话："请你让开一点点，不要把我的阳光挡住了！"就提这么一个要求。

我们可以想象亚历山大当时内心的震撼，当时他就讲："下辈子我不做亚历山大，我要做第欧根尼。"在这里我无意对亚历山大和第欧根尼做好坏的对比。结果跟前面讲的内容非常一致，亚历山大活了三十多岁，第欧根尼活了八十多岁。你看，一个极简主义者，他的生活享受很低，但他的长寿指标很高。把对物质享受的能量节约下来，就会拥有长寿、富贵、康宁、好德、善终。

第欧根尼的生活态度是极简主义，他对德行具有强烈的感情，他认为和德行比较起来，俗世的财富是无足计较的。他追求从欲望之下解放出来的道德自由：只要你对幸运所赐的财货无动于衷，便可以从恐惧之下解放出来。用这样的一则案例，我想说的是，"衣贵洁，不贵华"，说到底还是生命力建设，是提高我们生命力的一个重要途径。它不单单是品格问题，更是生命力建设的问题。

第二十八讲　幸福全在感受力

继续给大家分享"谨"。上一讲，我给大家分享了"衣贵洁，不贵华，上循分，下称家"这个意象所承载的精神。我们讲它既是一个人品格的养成，也是生命力建设的重要方面，就是说要尽可能地节约生命资源。贾平凹先生讲，一个人一生吃多少大米、多少小麦是注定的。每次浪费的其实是我们的生命力，省下了，那就是我们自己的。

事实上，对于改变命运的人来讲，随着我们的奉献，大米和小麦还会增多，那就不是个定数了。《了凡四训》讲，对大善大恶的人，算卦先生就算不准了。算卦先生为什么能够算准普通的人呢？因为普通人他有一个固定的生命逻辑，是有规律可找的。但是大善大恶的人，算卦先生的那一套就不灵验了。

《了凡四训》让我们认识到：第一，低等凡夫抗拒命运；第二，高等凡夫认命；第三，圣人改造命运。既然命运可以改变，那一生吃多少大米就不是固定的，小麦也不是固定的，你奉献得越多，它们会变得越多，也就是老子讲的"天道无亲，常与善人"。对于善人来讲，老天很可能一高兴就给他拨好多大米，所以，我们在日常生活中就要尽可能地节约，省下的就是自己的生命力，就是自己的建设力，就是自己的战斗力。

我个人明白这一点之后，再也不敢浪费了。即便像馍渣，掉在宾馆餐厅的地上，我也会捡起来吃掉，好像没办法下决心把它扔到垃圾箱里面。而且我现在吃自助早餐的时候，会有意识地坐到人们刚刚撤离的那个桌子上。为啥呢？客人盘子里会有许多剩饭，我会把我能吃掉的那一部分吃掉，比如说面包、油条、蔬菜、水果。所以我在盛菜和饭的时候，会少盛一些，我知道肯定有人会剩。也许有人说"多不卫生"，其实这才是真正的卫生，这叫保卫生命。我少打一份饭菜，把我的一份能量省下了；帮他吃掉一部分剩饭，帮他减少了浪费，减轻了过失，两全其美。

我的衣服也常常穿到不能再穿。你别看外面穿得很光鲜，这一次录节目是剧组把我武装了一下。内衣常常穿到不像个衣服的形状，背心不像背心了，短裤不像短裤了，还穿。为啥呢？除了舍不得扔，不忍心，还因为我明白一个道理：多穿一天，面缸里的面粉就多保持一天。省下来一分，这一分也可以捐给别人，为社会做一份贡献。

"对饮食，勿拣择，食适可，勿过则。"如果说前一句讲我们要节约生命能量，那么这一句就是生命的平等性训练。霍金斯告诉我们，当一个人的基本心态是"都一样"的时候，这个人的生命力是普通人的一千万倍。对于这么高的生命姿态，从什么地方去训练？日常生活。而日常生活中最基本的莫过于吃和穿。

"对饮食，勿拣择，食适可，勿过则。"前面是讲平等，后面是讲不要过度。因为一个人的烦恼、痛苦，恰恰是来自分别，来自拣择，来自我们的好恶，最明显的就体现在饮食上。

人为什么要挣钱？有一句话讲得非常明了："千里路上做官，无非为了吃穿。"对不对？不一定对。千里路上做官，应该是全心全意为人民服务。这句俚语折射出来一种什么样的心理？就是人们对饮食的欲望太强烈了。老子讲："五味令人口爽，驰骋畋猎令人心发狂。"

人为什么会驰骋畋猎？想吃美味，结果让人心发狂。当一个人不拣择食物的时候，这个人的幸福感就提高了。

比如这几天录节目，大家觉得我每天录十几集的话，体能可能跟不上，所以剧组的朋友们就特别关心我，给我提供了许多方便，我特别感谢。但是在日常生活中，我的饮食是非常简单的，常常一个面包就一餐，一个红薯就一餐，而且很满足。

我在《〈弟子规〉到底说什么》一书里讲过，当一个人在现场感中进食，喝白开水、吃大米或白面馒头，都会尝到别人在山珍海味中尝不到的美味。为啥呢？让我们享受的是味觉，是感受力，而不是对象。我们常常有这样的体会，心情好吃什么都香；心情不好，吃什么都没味道。让我们享受的是感受力的敏感度。感受力的敏感度怎样才能提高呢？恰恰是从厚味解放出来。

现在有一种零食，把一些孩子可害惨了。每次接孩子，我观察小卖部或小吃摊，卖一种叫麻辣片的东西，学生吃得可香了。大家可不要小看这个现象，商贩为了吸引孩子，就要不断地增加添加剂。当一个孩子吃了这个东西之后，回去再吃妈妈做的饭就没味道了，就不愿意吃了。这个东西吃的时间长了之后，我们的味觉就被摧毁了，我们就要不断地增加麻辣的程度，才能体会到饮食带给我们的快感。这说明什么问题呢？没有践行"对饮食，勿拣择"这一条，没有学，没人讲，没人教。从小他的味觉不断地被强化，强化到最后，平常的日子就过不惯了，就要过一种有刺激感的生活，动荡、不安宁的生活就随之而来。

心理学家俞智宏先生讲过一个很有意思的事情，他说小孩一天玩十种玩具，跟把一个玩具玩十遍，决定了两种人生。如果把一个玩具玩十遍，他怎么玩呢？玩着玩着没兴趣了，他要换一个角度玩；玩着玩着没兴趣了，他要换一个角度玩。他会从一个物件上开发出无限的兴趣点。但是如果孩子手上有十个玩具可玩，玩着玩着没兴趣了，换一个，玩着玩着没兴趣了，换一个。长大之后他对待事物、对待幸福、对待家庭成员、对待工作，就是"换一个"的思维，不好了就换，不好了就换。

对比一下，古人对待日常生活，是一种修补逻辑、维修逻辑。我小的时候，记得碗破了有修碗的人，锅破了有修锅的人，缸破了有修缸的人。现在呢？用完就扔。这不是一种再使用的思维，而是换的思维，换句话说是变的思维。

可见，"对饮食，勿拣择"是幸福学的秘密。当我们对任何对象都能以平等的姿态面对的时候，焦虑就降低了，烦恼就降低了，幸福感就提高了。按照霍金斯能量级理论来讲，我们的生命力也就提高了。

当一个人对一切外在对象都能够平等视之的时候，就像孔子讲的"吾道一以贯之"的时候，这个人的能量在六百级，六百级的生命力水平、效率水平、幸福感是普通人的一千万倍。可见，《弟子规》里藏着幸福密码。

生活中的痛苦、焦虑都是由争夺来的，原因是什么？因为我们有好和恶的分别。要好的，不要不好的，所以就有了争夺。世界上为什么有这么多的战争？就是由一个逻辑造成的。什么样的逻辑？占有逻辑。为什么要占有？因为认为那个东西好。一些学者批判老子，说老子是一种小国寡民的思想，其实是误解了老子。

老子的"鸡犬之声相闻，老死不相往来"，讲的是与"对饮食，勿拣择"相同的逻辑。什么意思？这个村和那个村一样的，这种生活方式跟那种生活方式，平等视之。在中国跟在其他国家生活是一样的，我就不用舍近求远，我就不用去占有，不用去掠夺。他是从一个人强大的生命本体的自信来讲的。我一直在讲，老子讲的是无为境界，是"道"的境界，甚至超过了"善"的境界，只有到那个层面我们才能理解他。他认为人大可不必那么辛苦。

这样的人一定是从小受过"对饮食，勿拣择"的训练，就像第欧根尼，躺在桶里跟住在高楼大厦一样，穿着斗篷跟穿着西装一样，吃着乞讨来的食物跟吃山珍海味一样，对他来讲这些都一样。他"勿拣择"，却享受着生命本质百分之百的圆满和自足。

"食适可，勿过则"，这里在强调"度"。《中庸》讲，"喜怒哀乐之未发，谓之中；发而皆中节，谓之和"。如果说"对饮食，勿拣择"对应的是"中"，那么，"食适可，勿过则"对应的就是"和"，就是吃得刚刚好。这个"刚刚好"，是不好把握的，我在《〈弟子规〉到底说什么》这本书里讲到六个原则，我把它归到"一半原则"里。如果你不好把握的时候，吃到一半就把筷子停下，对肠胃来讲是刚刚好，否则肯定会吃撑。如果没办法把握中庸之道的话，就用一半，用量来制约。

我常给我爱人说，盛饭就一次到位，就盛在小碗里。如果盛在大碗里，让我最后留下一半，第一不好处理，第二很难半路刹车。特别是晚饭，吃到一半，刚刚好，睡得也香甜，胃也很舒服，要是吃多了肯定睡不好。在这里它强调了一个度，对于饭量的把握。事实上不仅仅指吃饭。

我一直强调，学《弟子规》要学它的精神，什么样的精神呢？任何时候都要做到妥善，就是刚刚好，话说得刚刚好，体力用得刚刚好，挣钱挣得刚刚好，享受享得刚刚好，一切都适中。古人认为，"错"和"过"是两个概念。"错"，是错开了，没对上；"过"，才是真正的错过头了。

"过"，你看古人组词的时候，"过失"，过了就失掉了。在繁体字里面，"過"和"禍"看上去差不多，很接近。"过"是走过了，"祸"，是过带来的后果，所以过了就是祸。

《周易》"谦卦"为什么全吉？谦卦就是防"过"的。《了凡四训》里面著名的"六想"，就是防"过"的，"即命当荣显，常作落寞想；即时当顺利，常作拂逆想；即眼前足食，常做贫窭想；即人相爱敬，常做恐惧想；即家世望重，常作卑下想；即学问颇优，常作浅陋想"，就是平衡你的"过"，任何时候都要把我们的生命力保持在"中"的状态，只有"中"才有"和"。最好的一种状态就是待在"面缸"里不出去，那是"中"的状态。

我们不可能不喜怒哀乐，那么怎么办呢？不要"过"。古人喝酒，酒杯上面有一个"止酒"。什么意思呢？喝到一半的时候，这个"止酒"就顶到鼻梁这个位置。什么意思？让你不会喝多。为啥呢？一扬杯就顶到鼻梁这个地方，提醒你喝一点点就行，不像我们现在喝酒说干杯，一饮而尽，这就是"过"。

我们在开篇就讲过，和谐是中华文化重要的价值观。而和谐怎么来体现？怎么来维护？就在防"过"里面，就在"对饮食，勿拣择，食适可，勿过则"的延伸方法论中。

第二十九讲　饮食之中藏大道

上一讲给大家分享了"对饮食，勿拣择，食适可，勿过则"。讲道，如果能做到"对饮食，勿拣择"，我们的幸福感会大大提高。因为人的痛苦来自取舍，想得到好的，摒弃不好的，这种取舍和选择让人痛苦。当一个人的基本心态是"都一样"的时候，焦虑就没有了，烦恼就没有了。

共产主义能不能实现？一定能够实现。什么时候才能实现呢？当每个人的基本心态是"都一样"的时候就实现了，当每个人的素养达到"让"的境界时就实现了。从这个意义上来讲，"食适可，勿过则"，特别是上一句"对饮食，勿拣择"，就尤为重要。

我们一直在讲，学《弟子规》要学它的精神，这一句不单单讲吃饭，而是说做任何事情都要刚刚好。甜食好，但吃过度了就变成伤害；快乐好，但快乐过度了就变成伤害；激情好，但激情过度了就变成伤害；甚至，当爱过度了，也会变成伤害。恨太深一定是因为爱太深。陌生人我们不可能非常恨他，我们最恨的人往往是曾经最爱的人。

老子讲："唯之与阿，相去几何？善之与恶，相去若何？"又讲："有无相生，难易相成，长短相形，高下相倾，音声相和，前后相随。"在老子眼中，这个世界是辩证的。

"食适可，勿过则"。"适可"到什么程度呢？不伤身体为好。对应到对物质世界的态度也是如此。要不要发财呢？要不要赚钱呢？要。赚到什么程度呢？刚刚好。但怎样才是刚刚好？不好把握。在古代，一些机构有硬性的规定，比如把百分之二十的收入捐赠给社会，用这个比例来强行要求，因为一般的人掌握不好那个刚刚好。在《〈弟子规〉到底说什么》这本书里我讲道，如果把握不好怎么办呢？就用"一半原则"。孔子怎么处理这个问题呢？用中道。他赞美舜"执其两端，用其中于民"，舜给我们做出了治理的典范。

前面讲的第欧根尼，什么财产也不要，衣物也不要，像动物一样生活在大地上。他的同学认为人可以享受物质，但不应被物质奴役。然而第欧根尼说，谁能做到享受物质又不被物质奴役？曾国藩说要戒傲就要"少坐轿子多走路"，但是轿子坐惯了就放不下了。

　　我有体会，车改前，出门专车接送，车改后，没有车子坐了，要打的，一下子就有失落感，这个过程需要适应。我的一个老上级给我讲了一件事情，他是一个正厅级的官员，退休以后单位把他的工资档案转到人社部门，填身份的时候，他说："我填什么呢？"人家说填普通市民。他一下子就受不了了，他当时就感觉，怎么一下子就成了普通市民了呢？我平常是受多少人尊重的领导干部啊。他这些年跟我们一块儿学传统文化尚且都有这种感觉，如果不学传统文化，这种落差肯定更强烈。所以极简主义者认为，对于物质，一旦用惯了，想放下就很难了。就像名牌穿惯了，一下子换成普通衣服，一般人做不到。山珍海味吃惯了，一下子要换成简餐也做不到。

　　在这里《弟子规》用"食适可，勿过则"讲了一个非常重要的幸福学原理。在养成教育时，一开始就要把欲望保持在一个恰好的状态。"食色性，人之欲也"，要完全把欲望像极简主义者那样拿掉是不可能的。一般人要做第欧根尼，是做不来的。光着身子在大街上生活，用双手吃饭，过乞讨的生活，谁能做到？做不到。所以儒家给我们留下来的方法论就是走中庸之道，既不需要去过穷兮兮的日子，也绝对不能被物质所奴役。

当然这句话里面有一个很重要的字叫过（過），大家看那个"過"字，它是一个走之旁，里面一个"咼"。那个"咼"，有四个读音，在"過"这个会意字里读wāi。什么意思呢？鼻子是斜的，不正了，倾斜了。跟走之旁结合，就表示做过头了，越过了那个最好的点。一个人怎样才能把自己的生命力提高？怎样才能把幸福感提高？怎样才能有安全感？不要过（過）。

交通规则其实就是止过的。动车的速度之所以是传统火车速度的好多倍，除了动力系统不一样，还有一个重要原因，就是它的两个轨道很厉害。卫星送到太空，它一定有一个轨道，那个轨道就是让它止过的。一个人要想获得幸福感、安全感，就要止过，这个"止"就是《大学》里面讲的"知止而后有定，定而后能静，静而后能安，安而后能虑"的那个"止"。

孟子讲："离娄之明，公输子之巧，不以规矩不能成方圆。"离娄的眼神很好很有智慧，公输子技术很好，但是他们技术再好，如果不用圆规，不用曲尺，也画不出来最圆的圆，大画家也不会把圆画得像圆规画的一样圆。在这个时候，规矩就显得很重要。"师旷之聪，不以六律，不能正五音"，讲的也是这个道理。

《弟子规》以饮食为例，讲欲望世界和精神世界的平衡性，就是《中庸》讲的"喜怒哀乐之未发，谓之中；发而皆中节，谓之和"，"过"是歪了斜了，那么它的反义词就是"正"。《大学》讲："有所忿懥（zhì），则不得其正；有所恐惧，则不得其正；有所好乐，则不得其正；有所忧患，则不得其正。"就是说"忿懥、恐惧、忧患、好乐"都是让我们"过"的。

最好的一种生命状态是什么样的呢？快乐得刚刚好，悲伤得刚刚好。如果快乐得刚刚好，悲伤得刚刚好，忧思得刚刚好，就不会得相思病。有人讲，他上大学的时候，班里有三四个男生同时住院了。咋回事呢？他们喜欢上了同一个女同学，女同学让他们神经衰弱，思过度了。

"正"，大家看这个字怎么写呢？"止"于"一"，上面"一"，下面"止"，就是"止"到"一"上就是"正"。

"一"是什么呢？有多种解释。老子说："道生一，一生二，二生三，三生万物。"这个"一"就是整体性，就是"道"。老子讲："天得一以清，地得一以宁，神得一以灵，谷得一以盈，万物得一以生，侯王得一以为天下正。"就是说这个"一"不管谁得到，都会获得巨大的生命力支撑力；反之，得不到这个"一"，任何事物它的生命力都无法得到保持。

在这里，《弟子规》虽然没有像《道德经》《中庸》讲得这么理论化，但它来自这种理论，那就是"食适可，勿过则"。对应到国家的治理、治国理政，前些年就有些"过"了，我们的发展以环境的污染为代价，以人心的败坏为代价，出现了许多社会问题，为此党和国家迅速做出了调整。这几年，我们看到治理方向逐渐地回到了一种"食适可，勿过则"的轨道上，回到中道上了。精神和物质平衡发展，就是我们现在讲的五个总体布局、四个战略布局全面发展，我们不能以牺牲自然生态和心灵生态为代价去发展经济，否则将得不偿失。这是《弟子规》借助"食适可，勿过则"给我们开出来的一个重要药方。

怎么样才能止这个过呢？一个人如果特别胖，有多种原因，但其中有一个原因一定是他在不停地吃东西。一个人不断地吃东西的原因是什么？他的精神世界缺了一块，他是用不断地吃来补偿这种精神的缺失。大家想想，如果你特别开心的时候，一般不会特别饿。当你特别焦虑的时候，对事情拿不定主意的时候，你就特别想吃东西，想吃巧克力，想吃甜食。为什么呢？人一焦虑，内心就会产生一种巨大的坑洞，就诱使我们用食物来填充这一坑洞。

怎么样才能从根本上解决"过"的问题呢？要让人们内心获得安详。当一个人的内心特别安详的时候，他对外在的世界，对外在的食物，对外在的一切，兴趣就慢慢降下来了。前面，我们讲过"精足不思欲，气足不思食，神足不思眠"，就是说，当一个人的气很足的时候，他是想不起来吃东西的，因为吃的东西最终要气化，才能变成我们的生命力。要从根本上解决"过"的问题，就要让他找到安详，活在现场感里。

我曾经分享过一个吃饭的方法，可以用同样的享受而少吃饭，给肠胃减少负担。人吃饭，在一定意义上是满足舌头的欲望、咀嚼的欲望。既然是满足咀嚼的欲望，有一个方法，什么方法呢？把每口饭菜嚼二十下三十下，咀嚼的时间延长了，吃饭的时间就延长了，享受的时间延长了，给肠胃的负担不再那么重了。我把这个方法告诉给一些朋友，他们都说很好用，就是在吃饭的过程中多咀嚼，一口馒头放在嘴里嚼了又嚼，嚼到什么程度呢？古人的说法叫"吃粥喝饭"。什么意思呢？把粥当饭一样咀嚼，把饭嚼得像粥一样再往下咽。这样，既满足了吃的欲望，又不至于进食太多。

大家都知道，蛋白质摄入太多，事实上对身体会造成负担，而不是补充，因为要把这些食物消化掉需要能量。打扫房间很辛苦，而我们的肠胃，消化东西同样很辛苦。舌头说"吃吃吃"，肠胃说"饶过我吧，饶过我吧"，只不过我们听不见罢了。

有些人年纪轻轻就得了肠癌、胃癌，说明消化系统出了问题。糖尿病患者也在年轻化，居然有初中生、高中生查出来糖尿病，这在过去是不可想象的。什么原因呢？看一看吃的食物就知道了。有一次，我路过一个学校门口，看到有孩子拿着烧鸡进学校，他的肠胃是多么娇嫩，那种油腻的东西，肠胃要把它清理完，需要多长时间。油腻的碗筷清洗都很难，何况肠胃。所以，《弟子规》既是卫生学，也是精神学，也是心理学。

从这个意义上来讲，"谨"这一部分讲的是幸福学原理和健康学原理。走中道，生命才是安全的。大家看"中"字怎么写？一个方框中间一条线，穿下去了。按有些人的解释，这个线就是贯通天地的一条线，这个线对应到人的身体里面就是中脉。

有一次，一个中医学的会议邀请我去发个言，我说我不是大夫，没有资格发言。邀请者说："你来吧，你的《寻找安详》这些年让好多焦虑症患者都好了，你有发言权。"我就去了。因为是一个中医研讨会，怎么讲呢？临上场之前来了灵感，一讲，大家都认可。什么灵感呢？我说，"中"本身就是医啊，"中"是不上、不下、不左、不右、不前、不后、不内、不外，就是刚刚好，中医讲，阴阳二气在"中"的状态，就是平衡的，人就不会生病。生病一定是阴阳失衡，阴阳失衡就不是"中"。所以，一个人保持"中"的状态本身就有免疫力，就有健康力，就有建设力。

接下来《弟子规》中讲什么呢？"年方少，勿饮酒，饮酒醉，最为丑"，在"食适可，勿过则"后面，为什么要重点讲"年方少，勿饮酒，饮酒醉，最为丑"呢？因为饮酒对一个人的伤害太大了。传说当年李白喝醉酒，脚一伸，让高力士脱鞋子，把高力士得罪了，后来高力士就在他写杨贵妃的诗里面找茬，陷害他，让他吃了大亏。

　　饮酒对一个人的伤害太大了，这两天大家都在说，有一位著名主持人因为醉驾被刑拘。那么受欢迎的一个主持人，因为酒驾就影响、破坏了他的形象。我有一个好朋友喝醉酒之后，可让家人吃到了苦头。他喝到很晚才回家，敲门，太太不开，生气他回来太晚了。他就拿脚踹。太太把门打开，他不进门，又把门拉着锁上，然后拿脚踹，太太开门，他关上又踹。太太最后没有办法了，只能报警。

　　酒在古代不是用来喝的。你看酒的会意：三点水加一个"酉长"的"酉"。意思是只有酋长家里面才能放酒。意味着酒是干吗的呢？用来祭祀的，就是说在祭祀的时候才把酒拿出来。今天我们把酒的用途搞错了，怎么搞错了？下一讲，我们接着分享。

第三十讲　酒过伤身又败德

接着讲"年方少，勿饮酒，饮酒醉，最为丑"。酒，在古代它的用途和今天不一样。古代，酒只能存放在酋长家。酋长为什么能拥有酒呢？因为酋长要主持祭祀，酒是用来作祭品的。为什么要用酒作祭品呢？古人发现人一喝酒，不省人事了，过一会儿又清醒过来了。古人就认为酒可能通天。所以古人在祭祀的时候要用酒，表达一种什么意思呢？通天、通地、通人。

但是我们现在把通天通地的东西拿来干什么呢？通肠通胃了。而且每一次都要喝醉，不醉觉得不够友谊，这实际上犯了一个很大的错误。第一，我们把酒的用途搞错了。我们想象一下，它是多大的浪费，酿一瓶酒需要多少粮食呀。现在世界上还有多少人没饭吃，挣扎在饥饿线上。可是，我们却把那么宝贵的粮食酿成酒供人娱乐。

酒也是健康的杀手，酒喝多了就会造成酒精肝。我跟一些大夫交流过，如果全民能做到戒酒，肝癌、肝硬化这些疾病就会大大减少，车祸也会减少大半。酒这个东西，我们看到许多的民族都把它列为禁品，在他们的原始典章里是禁止喝的。中央八项规定也禁酒，公务接待桌子上不能有酒的。这对于人的整体生命力的提高，对于一个民族生命力的提高，是不得了的事情。因为许许多多的悲剧，是在酒后发生的。

我到监狱去讲课，有一个熟悉的、知名度很高的人待在监狱里，咋回事呢？醉酒后竟然把太太杀了。等他酒醒之后，后悔不后悔？《弟子规》以"年方少，勿饮酒，饮酒醉，最为丑"为例说，没有展开讲。我反复讲，学《弟子规》要学它的精神，丑是一方面，更多的是饮酒对我们的生命力造成了巨大的伤害。

2003 年那一年，我下决心把酒戒掉。当初觉得挺艰难的，但现在发现好处非常多，省去了太多的麻烦。原来喝酒的时候，晚上就别想安宁，今天你约，明天他约。现在知道你不喝酒，这一帮朋友就自动"裁员"，不会再约你了，你就清静了许多，而且由酒带来的一些身体上的不适也慢慢地消失了。所以，从"年方少，勿饮酒，饮酒醉，最为丑"这句话的背后，我们看到《弟子规》的期许，就是让人们活在一种清醒的状态。

因为酒是让人迷糊的。佛教五戒里面就有戒酒，非常严格，除非药用的时候用一点儿酒，平时佛门中人是不能喝酒的。这既是对自己生命力的保护，也是对天地精华的一种珍重，因为粮食是老天让人们用来活命的，而不是用来娱乐的。《了凡四训》讲："有百世之德者，定有百世子孙保之；有十世之德者，定有十世子孙保之；有三世二世之德者，定有三世二世子孙保之；其斩焉无后者，德至薄也。"

把这个道理搞清楚，就不要养成酗酒的习惯，最好戒酒。我到大学讲课，常常看到垃圾箱里有酒瓶，说明不少大学生饮酒，这对大学生的素质会造成很大的伤害。因为饮酒，对细胞的杀伤力太强了，能把意识抑制，危害真是太严重了。好多人有体会：醉酒一次，会出现失忆，记不起当时的事情了。

我有一个老师就是喝完酒之后突发肝病，坐在回家的车上去世了，让我们很痛心。参加他的葬礼，我心里特别难过，看着他的太太、他的儿子，我就在想，如果他不喝酒，也不至于这么早离开我们。

有首歌唱道："古人喝酒诗很美，今人无度总干杯。酒后驾车害社会，又让多少人流泪。酒令智昏倒头睡，一开始喝就后悔。本来只想一小口，谁知后来不能推。酒后失态吐污秽，人见掩鼻直撇嘴。难道一定要喝醉，无法挽回才后悔？亲人关心惦记谁？谁让亲人流眼泪？推杯换盏累坏胃，最后全身都受罪。"

《弟子规》是很有逻辑性的，接下来它讲什么呢？讲"步从容，立端正，揖深圆，拜恭敬"。喝了酒就没办法"步从容"了，就没办法"立端正"了，只能摇摇晃晃。好多人喝醉了，大冬天在雪地里躺一夜，有的被冻死了。"步从容，立端正，揖深圆，拜恭敬"，肯定是在一种清醒的状态。在这里它用四个形姿来讲"谨"这一生命力构建要素的重要性。

"步从容"，大家要特别注意"从容"这两个字，从容才能不迫，从容感其实就是一种安详感，就是一种获得感，就是一种幸福感，就是一种安全感。那些没有获得感、幸福感、安全感的人，是从容不了的。现在，对面的同学们谁内心从容，能看得清清楚楚；谁心里面有心事，也能看得清清楚楚。为啥呢？从坐姿上就能看出来。内心安详的人，他坐在那里很舒服、很享受；惦记着事情的人，你会发现他一会儿要看一下手机，一会儿要动一下。身体是内心的折射。所以，古人通过外部形象来体会心灵的从容，通过外部姿态的从容来体会内心的安详和喜悦。

生命的意义就是回到安详，回到喜悦。而"步从容"的人，大家看他的内心很淡定、很强大。我有一次受邀为宁夏党委宣传部理论学习中心组讲课，这堂课很不好讲。因为听课的大多是我的领导，我上台之前确实有些紧张。但是坐到台上之后，就马上进入一种从容的状态。两个小时的课讲完之后，主持的领导跟我聊天，说："文斌，平常看着你绵绵善善的、单单薄薄的，但是一进入讲课的状态，发现你的内心真强大。"

一个人的内心，怎样才能变得安详、从容呢？我在前面讲过，当一个人活在一种无所求的状态里面，就从容了。也就是不向外在世界求取什么，活在一种内心的喜悦和安详里面的时候，就从容了。就是说，不向外求而向内求的时候，就从容了。

《弟子规》特别借助行走来讲"从容"。

"步从容"是个怎么样的感觉呢？你看党和国家领导人那个走法，就很从容。阅兵的时候、视察的时候，他的步伐跟普通人是不一样的。你去观察他的步伐，细细观察，里面是有学问的，就是淡定、从容。你很难看到哪一个党和国家领导人上台的时候，像演员一样蹦着上去的，跳着上去的，还来一个飞吻这种动作，肯定不会有的，他一定是一种从容态。"容"我们都知道，它是宇宙间能量的一种存在状态，而"从"是"两个人"相从，它是一种很和谐的状态。"从容"它既是饱满的状态，又是和谐的状态，有秩序感、力量感。

行走最能体现一个人内心的从容感。看上去是腿在行走，其实它在执行大脑的指令，所以"步从容"古人认为很关键。古人走路是有讲究的。怎么走呢？脚后跟先着地，每一步都要交代清楚，没交代清楚它是不能换步子的。就是提起来、移动、落下去、触到地面，这四个过程要清清楚楚。就像写字一样，每一个笔画都要交代清楚，它叫提、移、落、触。当我们把这四个环节交代清楚，走路肯定是从容的。就是提起来的时候你要知道，挪动的时候你要知道，落到地面上你要知道。提、移、落、触四个环节交代清楚，这个人就从容了。

"寻找安详小课堂"课程中有一个现场步，让大家用十到二十分钟的时间走路。要走得很慢，慢到不能再慢，步伐变换时，要一条腿独立支撑身体，用胯把另一条腿送出去，身体微微旋转。要做到主持人说"停"，你要一条腿站在那里停下，另一条腿不能动，身子不能晃。好多人在走现场步的过程中，都体会到了一种安详感和喜悦感。明明白白地挪动步子，非常慢，慢得不能再慢，好像走又好像没走的那种感觉，一下子，你会找到走背后的那一个生命主体。

　　大家如果打过形意拳，就知道形意拳就是这个原理，借助形体找到形体的主宰，找到形而上，用形而下的动作来寻找形而上的那个主宰，那个本体。所以，"步从容"对人气质的塑造太重要了。

　　曾国藩当年观察人，望、闻、问、切，就像中医一样。他识人还有一个重要的方面，就是看你的坐姿。面试的时候，一个人坐在他对面，从坐姿看，他就知道这个人能派什么任务，能不能用。

　　由"步从容"我们可以读到什么样的《弟子规》精神呢？就是运动的、变化的、行走的、活动的，一定要从容不迫。孩子长大以后，在工作中、在生活中做任何事情都不能有跨越感，要从容，一步一个脚印。

老子讲"企者不立，跨者不行"，也是这个道理。就是说一个人踮着脚是站不长久的。老子讲"飘风不终朝，骤雨不终日"，也是这个意思，就是说过于激烈的东西，不可能有长久的生命力。古人特别强调从容感对于一项事业的重要性，要稳稳地干，一步一个脚印地干。就是在任何时候，都不能失去从容态。国家治理是这样，家族管理是这样，企业经营是这样。现在有许多励志书是毒志书。为什么这样说呢？它教人们投机取巧，那是"反从容"的。想一步实现目标，那是不可能的。中国人讲十年磨一剑，这里面是有规律的。

《记住乡愁》有几期节目很感人。比方说有一个打铁的，给别人打刀，这个刀要打够多少锤，一定要打到，不管别人在场不在场，一定要打到，如果少了一锤，刀的质量就受影响了。注重质量，在质量上下功夫，这就叫工匠精神。

还有一期节目，一位做罗盘的，每天做够多少量他就不做了，给再多的钱他也不做了。为啥呢？他要保证质量。你想，罗盘如果错了，在海上航行那是要出人命的，所以他绝对不会赚"非从容"带来的钱。

但是现在我们看到，有些人受利益驱使，在牛奶里面放三聚氰胺，在食品里加苏丹红，这就是"反从容"的人生，《弟子规》没学好。我们说学《弟子规》要学它的精神，由"步从容"延伸开去，是对从容人生态度的一种象征和强调，活要活得从容，死要死得从容。

　　前面我讲过我母亲，她离开人世的时候，还跟我开着玩笑，一点儿没有恐惧感。这是因为她活得从容，所以她离开世界也很从容，完成了一种从容的人生。孔子就很从容，困在陈蔡之地没饭吃了，弟子们都吓坏了，他还在那里抚琴，从容不迫。所以孔子能成为圣人是注定的，这就是我们讲的一种从容的人生。按照霍金斯的能量级，大家如果有兴趣可以看看《醒来》那本书，一个人在从容状态的时候，他的能量至少在多少级呢？五百级以上。前面讲过，一个人能量到五百级，他的幸福感、效率是普通人的七十五万倍，可见从容的重要。

第三十一讲　安身立命敬为基

继续给大家分享"谨"。上一讲给大家分享了"步从容，立端正"的从容感。我在反复诵读《弟子规》的时候，发现如果把这句话悟透了、践行到位了，一个人也就成功了。为什么呢？它讲了一个人成功的四大要素：从容、端正、深圆、恭敬。它把传统文化的精华都囊括进去了。我一项一项给大家分析。前面我们讲了从容感，像老子、孔子、庄子，他们过的就是一种从容的人生。而从容的人生要从日常的举手投足去建设，一个一个细节来建设从容的生命的大厦。

接下来讲什么呢？"立端正"。人作为直立行走的动物，立端正很重要。大家在生活中可以体会，我说现在请大家坐直，你会发现我们平常没坐直。我们平常是一种什么样的状态呢？胸是含着的，为什么是含着的呢？因为中气不足。如果平常你的胸是含着的，你就要注意了，你的中气已经不足。如果中气特别足，你是含不住的，中气会让你身体伸直。大家去看打形意拳、太极拳的人，或站过桩的人，他们站在那里，跟我们是不一样的。为啥呢？他有过气息的训练，他一定是直的。"我是一根针，立于天地间。天气下降，地气上升。无人无我，一片光明。"这是古人站桩时候的一个口诀。就是说，我们跟天地进行能量交换的时候，身体就是畅通的。所以站端正对于一个人的健康很关键，对于一个人的成功很关键，对于一个人的幸福很关键。时间长了，如果你站不端正，脊椎就变形了，变形了以后不但会生病，生命力也受影响。所以古人讲"站如松，坐如钟，卧如弓"，它是有道理的。

"立端正"在《弟子规》的精神层面是什么意思呢？身体是心灵的折射，你看过去那些淑女，她们的坐姿是受过训练的。过去古人的座椅，男女是不一样的，男人是有扶手的，女人坐的椅子是没扶手的。为什么呢？淑女怎么坐才好看呢？双手叠在前面，一坐就有淑女相。男孩子可以扶着扶手，女孩子一扶着扶手，就不好看了，因为阴阳两种气质不一样。古人的坐具也是很养生的，坐在上面，身体是端正的。现代的沙发，坐上去什么感觉呢？脊椎是弯曲着的。沙发坐久了的人，身体就很难挺直了，对生命力的伤害太大了。儒家是怎么坐的呢？是跪坐，就是跪在地上，屁股放在脚后跟上，席地而坐。古代的儒生，气宇轩昂，是坐出来的。我们都知道，容器是什么形状，水装在里面就是什么形状。同样，身体是什么姿势，气在里面就是什么状态。军训的时候，最开始就是练习站军姿，先站好了，然后再说走，因为它关系到我们的气质、我们的生命力建设、我们的健康。

对于一个人的精神世界，"立端正"，身体的端正，会引导、投射、心理暗示，让他的心端正。这样的一种投射，如果再扩展到一个团队、一个家庭，成员的气质和生命力也就变了。对于一个民族、一个国家，也一样，当它能够"立端正"的时候，比方说，把法律立端正，把规矩立端正，把榜样立端正，这个国家和民族就有希望，就兴旺发达。"步从容，立端正"，做得很好，上行下效，国风为之一变、官风为之一变、民风为之一变，国人在世界上的形象也就变了。我们为什么频频强调宪法精神？就是这个道理。

再说"揖深圆"，就是说作揖的时候要深圆。儒家揖礼中有土揖、时揖、天揖，分别行向晚辈、中辈、长辈，这里讲的"揖深圆"，应指天揖。要身体肃立、双手合抱、俯身推手、双手缓缓高举齐额，略高过眉心，俯身约六十度。"揖深圆"，大家注意这两个字，一个"深"，一个"圆"。"深"代表着生命力的一种深度、广度和高度。"圆"呢？代表着能量的一种状态。老子讲"方而不割，廉而不刿，直而不肆，光而不耀"，也是这个意思，就是让我们的生命保持在一种圆的状态：方正而不生硬，有棱角而不伤害人，直率而不放肆，有光亮而不会刺眼。很柔和地把光给对方，这就是圆。就是说有"深"的内涵，但不能炫耀、不能放肆、不能骄傲，要用一种圆的状态奉献给社会，这就是我们讲的谦德。《周易》八八六十四卦，只有谦卦全吉，"天道亏盈而益谦，地道变盈而流谦，鬼神害盈而福谦，人道恶盈而好谦。是故谦之一卦，六爻皆吉"，这就是圆的状态。

大家看宇宙天体，有方的吗？果实是圆的，太阳是圆的，所有天体都是圆的，因为能量的形状是圆的。原子核、电子都是圆的。现在有人说世界的本质是一个正弦曲线，也是圆的。"深"和"圆"，事实上是人的一种生命姿态。当一个人给别人行礼的时候能做到又深又圆，说明这个人有谦德，而且谦德深厚，说明这个人有诚实感、诚信感、诚敬感。一个人有谦德、有诚敬感，一定会受到大家的欢迎。

那些现在还保持着鞠躬、行礼的民族，他们的气质是不一样的。成功学的秘密在哪里？《了凡四训》"谦德之效"部分讲透了，其实就是四个字："惟谦受福。"而"谦"在人的行仪上、行姿上，就是人有礼乐感。礼乐感表现在具体生活中，就是见了人能行礼。

我们可以想象，老师在讲台上，学生给老师行一个九十度的鞠躬礼，老师什么感觉？他要把课备好。现在把这个环节简化了，不是学生的问题，是整个社会风气的问题。把这个环节简化了，受损失的是学生。我这些年在全国做志愿者，体会太明显了。如果在台下，哪怕有一个人听得很入神，我累死在讲台上都觉得很快乐。如果下面听课的人敷衍了事、心不在焉，我就想赶快结束吧，快打铃吧。所以传承礼乐感太重要了。

向别人"作揖"，从个人养生角度来讲也很重要。有一句话叫"筋长一寸，寿延十年"，可见，把筋保持在一种松软状态是多么重要，《黄帝内经》讲的"骨正筋柔，气血以流"，同样说明松筋的重要性。现在有一种养生方法，就是专门松筋。古人是多么智慧，把养生藏在礼节里面。鞠躬就是拔后面的筋。九十度的躬鞠标准，一天不要多鞠，鞠一百个。筋长一寸，人就能多活十年，真赚大了！你做多少生意才能赚十年的寿命？所以，古人设计的这些礼节，是大养生。

石家庄有一个女企业家，有一次我到坝上草原去讲课，她做义工，被分在了礼宾组。礼宾组干吗的呢？就是每一位听众一进门，她就要给鞠一躬。来一位听众，她要鞠一躬。完了之后，她跟我分享，第一天就受不了，腰酸背痛。第二天感觉能适应了。到第三天发现，鞠躬挺享受的。然后有一个直接效果，她的脾气没那么暴躁了，心变柔软了。你看，因为身体变柔软了，反复地鞠躬让她消除了傲气，傲气没有了，柔和之气就来了。所以她变了。她的先生感觉到她的变化，也来"寻找安详小课堂"学习传统文化，现在一家人都来。她的女儿感觉到妈妈没脾气了，爸爸没脾气了，不吵架了，也来学习。你看，一家人都来参加学习。

她是从哪里受益的呢？"揖深圆"。大家如果以后没有时间跑步锻炼身体，就在房子里鞠躬，向着虚空鞠躬。"筋长一寸，寿延十年。"大家记住这句话，这算不算成功学？这是不是经济学？延寿十年，你能干多少事呀，对吧？一个人能够"揖深圆"的时候，显示在气质上，显示在修养上，就有谦德。你去体会，一个人对观众、对普通人能九十度地鞠躬，这个人就谦到一定程度了。傲慢的人，腰是弯不下去的。

比如夫妻两个正在吵架，一个说："你有本事你就动手啊。"另一个说："你以为我不敢。"突然一个人做了一个九十度的鞠躬，说："我错了。"你想那是啥情景？对吧，很可能要动手的，哈哈一笑就过去了，一个鞠躬就能解决问题。你冷不防踩了别人一下，或者让别人生气了，你赶快鞠一个躬，或者说一句"我错了"，对方的怒火就降下去了，冲突就化解掉了。所以，"揖深圆"很关键，虽然是一个动作，事实上呈现的是一个人的心灵状态，体现的是他的气质，体现的是他的修养。

"揖深圆，拜恭敬"，接下来讲"拜"，是更大的礼。拜要下跪，揖不必下跪。古人的拜是非常讲究的，《说文解字》曰："跪，拜也。"也就是说，古人的跪，是用来行拜礼的。跪不同于坐。坐是两膝着地，两脚背朝下，臀部落在脚踵上。跪要挺直身子，臀不能沾脚跟，以示庄重。通常讲的"三拜九叩"是觐见帝王、祭拜祖先的大礼，后来民间也用。过去家长带着孩子拜师，一定要给老师行三拜九叩大礼。经此大礼，老师教起孩子来就格外地负责任。

"步从容，立端正，揖深圆，拜恭敬"包含了四个生命力建设的关键词，即从容、端正、深圆、恭敬，一个人能把这四个方面做到，这个人肯定就成功了。"拜恭敬"，我们拜祖先也好，给老师行礼也好，最关键的是什么呢？是恭敬。有一次，我到一个旅游景点去，看到许多人问："磕头怎么磕，怎么做？"有一个导游说："怎么做都行，只要你心中有恭敬就行。"这个导游讲的还是不错的。一些方式和方法是必要的，但最关键的是心法，就是心中要有恭敬。孔子讲"祭如在"，祭神的时候就要感觉神在这里，恭敬心就起来了。

恭敬心怎样才能起来呢？这些年，我反复讲两个概念。第一个是每个人都有一个"永恒账户"。心理学告诉我们，每一个人的潜意识是永恒的，在《醒来》里我讲过许多例证，在这里就不展开讲了。当我们知道每个人的潜意识是永恒的后，恭敬心就出来了。既然每个人的潜意识是永恒的，大家会问："我们祖先的潜意识还在不在？"当然在。当你意识到祖先的潜意识还在，给祖先行礼的时候，一下子就恭敬了。我现在到大学里去讲课，我说一定要把次序搞清楚，先拜高堂，再入洞房。现在好多年轻人可能把次序搞反了。就是没有把恭敬的意义搞清楚，当他搞清楚的时候，肯定会先拜高堂再入洞房。

在五千年的中华文明史中，"恭敬"两个字是核心的核心。这四句话，我们如果梳理一下它的逻辑关系的话，从"从容"开篇到"恭敬"结束，它的方法论是什么呢？是"端正"和"深圆"。"正"，是中国文化核心的方法论。你看紫禁城乾清宫悬挂于殿堂正中上方的牌匾写着"正大光明"，光明代表着智慧。怎样才能有智慧呢？首先你要格局大，这就相当于"深圆"的"深"。怎样才能够"大"呢？只有"正"才能"大"。如果一个房子一开始建斜了，后面是建不高、建不大的。

第三十二讲　从容端正心作镜

　　上一讲给大家分享了"步从容，立端正，揖深圆，拜恭敬"。讲到从容、端正、深圆、恭敬是一个人生命力建设的四个重要方面，是成功学，也是幸福学。这四个方面展开讲，就太长了，我在前面的课程里，只是讲它们精神性的要点。如果大家想详细地去了解，可以翻一翻《〈弟子规〉到底说什么》《醒来》《寻找安详》这几本书。

　　接下来《弟子规》讲道："勿践阈（yù），勿跛（bì）倚，勿箕踞，勿摇髀。"这仍然是四个身体的状态。"勿践阈"是什么意思呢？就是不要踩着门槛。小孩子有一个特点：哪个地方高，就愿意踩哪个地方。我观察过小孩子，他就喜欢踩门槛，这可能是人的潜意识的一个投射。

"勿践阈"，就是不要踩门槛。

记得我小的时候如果一踩门槛，父亲的烟锅头就过来了。父亲跟我怎么讲呢？说门槛上面有神，你把门神踩着了。门槛上到底有没有神我看不见，但是父亲就这样教育我，从此以后再没踩过门槛。所以门槛在我们的心目中就很神圣，现在回想起来，父亲这样的教育也是有效果的，至少让我在公众场合不会踩门槛。我想，这是古人对物件的一种尊重，我们且不说踩门槛，一切物件都应被珍惜。

现在我到一些商场去，看到商场的台阶上贴着许多字，许多广告，我就不敢踩上去，为啥呢？因为从小接受的教育，字是不能踩的，要敬惜字纸。当年院子里或者是巷道里，如果有一张有字的纸片，老人看见是要捡起来的，等到过大年的时候把它烧掉，就是送门神，烧纸的时候把它烧掉。现在的人们对于这一块的教育都忽略了。有一次我到大学里讲课，那个学校的场所有限，所以就安排在一个餐厅里面讲，又没有凳子，大家怎么坐呢？一些同学就坐课本，当我讲到字是神圣的不能坐的时候，他们就把课本拽出来，席地而坐了。今天，这样的教育缺失了。

我们从《记住乡愁》节目中看到，许多村子里有专门的焚纸楼，专门用来焚化字纸的。这些村子确实出人才，考中进士的，甚至状元的，都很多。为啥呢？对文字恭敬，他怎么能不热爱学习呢？经书破旧了，怎么办呢？现在通常是给收废品的，也有一些人把它扔到很污浊的地方，那是大不敬。《记住乡愁》节目中那些有焚字楼的村子，他们是如何处理的呢？把这些经书回收回来，每年选一个集中的时节集体焚烧。以示对智慧、对知识、对先人、对祖先的一种恭敬。全息论讲，书中有作者的全部信息。读《道德经》是跟老子进行量子纠缠，读《论语》是跟孔子进行量子纠缠，你说他的话、你读他的书就是在跟他进行量子纠缠，他的书就是他的全息信息。

可见，"勿践阈"是让我们对外部世界要有一种珍重感、尊重感。

现在我已经养成习惯，比如说我要用一下毛笔，我会对毛笔说"谢谢你"；在使用任何物件之前，要表达一下对物件的感谢。大家也许会说，它没有生命，感谢它有什么用呢？虽然它没有生命，但你在说感谢的时候，你的内心起了一分恭敬，这个恭敬就是生命力。明白吗？就是你恭敬于对象的时候，对象感没感受到暂且不说，你在起恭敬的念头的时候，你的能量提高了。你借助"勿践阈"这么一个动作，你把你的能量提高了，跟门槛没关系。人的所有意义是这一生要把生命力提高。

用霍金斯的说法，我们要从三维空间到高维去。他认为，宇宙至少有十一个维度。提高一个维度意味着什么呢？从能量的角度讲，蚂蚁是一种能量状态，蚂蚁跟人相比，大家就可以想象一下，区别有多大？我们把蚂蚁捉住，从东边放到西边，蚂蚁以为穿越了，不知这个世界发生了什么。以此推理，如果我们是蚂蚁，还有没有一个相对于我们这群蚂蚁而另外像人的一种生命状态呢？

你就可以想象，人生的所有意义不是为了赚多少钱，不是为了有多高的级别，不是为了有多么高的荣誉。人生的意义，稻盛和夫已经讲清楚了：希望我走的时候比我来的时候灵魂更高尚一点儿。换句话说，就是希望我的生命力、生命能量更高，就是把我们的生命自由度、能量自由度提高，从三维到四维逐渐提高，一直到最高的那一维，这就是生命的意义，就是孔子讲的"朝闻道，夕死可矣"，就是回到"道"里面去。这也是我一直打的比方：回到面缸里面去，面条、面包、面饼，只是形状不同，回到面缸里都一样，那就是我们的故乡。

"勿践阈"这样一个动作，它折射的是我们对待外在世界的一种恭敬感，不但不能踩门槛，一切服务于我们的物件，都要对它恭敬。

我的一个学生，原来常常用脚把抽出来的地柜抽屉踢回去。听了我的课后，她改为弯下腰去用手轻轻关上，她说内心的感受不一样了，这样做有一种强烈的幸福感。恭敬感一起来，能量就补充了。大家不妨去体会，在课堂上，你坐一天也不觉得累，特别是你听过两三天之后，后几天就更加享受，但是到闹市待一会儿就累得不行，为啥呢？在闹市人们是没恭敬感的，在课堂你是有恭敬感的，恭敬感本身就是能量。

"勿践阈，勿跛倚"，这"践阈"如果延伸开来讲，可以联想到大自然保护、环保、卫生等一切崇高的、公益的事业，都可以把它们理解为"勿践阈"精神，就是对待除我们自己之外的一切外在世界，都要怀着一种珍重感、爱惜感、尊重感。爱别人的结果就是"爱出者爱返"，而且，你发射出去一份恭敬，宇宙会给你返还无数的恭敬，因为发射者是浪花返还者是大海。

"勿跛倚"，就是站在那里不要斜斜垮垮。现在居然还有一种职业训练，让人故意站斜，这是与《弟子规》的精神相背离的。身体斜的时候，脊椎已经斜了。脊椎斜了，中气就斜了，中气斜了，能量就受损失了。身体斜了，说明念头斜了，念头斜了就要犯错误。孔子讲："《诗》三百，一言以蔽之，曰：'思无邪。'"当念头斜了的时候，气就斜了；气斜了就要生病，就有灾难。最后落在念头上，念头要保持正的状态，不能斜。

接下来，《弟子规》又讲"勿箕踞，勿摇髀"。"箕踞"是人坐在那里，两腿伸得像簸箕一样。当年，孟子外出回来，看见太太箕踞，如果不是母亲阻拦，他就因此把妻子休了。可见在古代对坐姿的要求是多么严格。我原来常用一张照片，践行传统文化后再不敢用了，为啥呢？那个照片确实拍得很好，但是跷着二郎腿。后来走进传统文化团队，才知道第一件事情是要把二郎腿放下来。所以就练，练得很艰难，原来坐在书桌前，二郎腿就跷上去了。现在即便一个人坐在书房，也先把二郎腿放下来。我发现二郎腿跷上去的时候人的腰是弯着的，把二郎腿放下来双脚并拢，把膝盖放平端坐的时候，脊椎自然就直了，脊椎一直中气就上去了。人坐在那里，就像簸箕一样腿叉开，是一种能量耗散的状态，就是"直而不肆"的"肆"的状态，我们常说放肆就是这个意思，就是能量不在一种收摄的状态，而是一种耗散的状态。

接下来《弟子规》又讲"勿摇髀"。髀是大腿。现在有许多领导在台上讲话，讲得很好，但是不能往下面看，为啥呢？一边讲话一边抖腿。我当年也这样，不自觉抖腿，发现这个问题之后就矫正了。当你在现场的时候不抖了，不在现场的时候又开始抖了。我在《寻找安详》里面反复讲现场感，没有现场感，一个人不可能有优雅感，因为你在那里连抖腿都不知道。如果你在某一个时空段特别爱抖腿，说明你的内心有焦虑了。内心从容的人，他的身体是安定的。

人在焦虑的时候有几个特点：想喝酒、吃得多、抖腿、撕嘴唇、把笔拿在手上把玩。一个人如果童年缺少爱，特别是在三岁之前爸爸妈妈如果缺席，这个人很容易形成好动症或者焦虑症。特别好动的孩子，其实是缺爱。团队里，如果有一个人特别好动，就要多关心他。他为什么要动呢？希望大家注意到他，借助大家的注意，吸收一点点爱的光芒。

从《弟子规》"勿践阈，勿跛倚，勿箕踞，勿摇髀"里，我们可以看到《弟子规》的作者是一个大心理学家。

他把我们在焦虑状态时常犯的几个错误都讲出来了。古人用人的时候，不需要做过多调查，看一看就知道了。曾国藩就有这个本领，一看你的动作，就知道你内心安详不安详，强大不强大，有没有心事，能不能容人，嫉妒不嫉妒。你说《弟子规》厉害不厉害？很厉害。

记得我小的时候，每当抖腿的时候，我爸"啪"地一烟锅打过来，说："一点点福气都让你抖完了。"他这么教育我，有道理吗？有道理，一个人在抖动的时候说明焦虑，根据霍金斯能量级，一个人焦虑的时候，他的能量已经到了二百级之下了。霍金斯认为，二百级是正能量和负能量的分界线，现在人类的平均能量是二百零七级。一个人的能量如果低于二百级，他认为这个人就到了负能量阶层。而一个人的能量到了二百级之下，按照霍金斯的观点，这个人就生病了。所以，他建议人们不要到二百级能量之下的场合去。哪些场合是二百级之下的呢？大家对比一下霍金斯能量级就知道了。网吧要少去，卡拉OK的地方要少去，喝酒的地方要少去，焦虑人群多的地方要少去，欲望太重的人群那里要少去，志愿者多的地方要多去。大家以后就可以多做做志愿者，因为一个人能做志愿者，说明这个人起的是什么念头呢？

"我给"的念头。"我给"的念头按照霍金斯的说法，它的能量在五百级。五百级有多高呢？人类平均能量的七十五万倍。

跟志愿者多待在一起，你的能量就是一个向上的补充的状态；跟欲望重的人待多了，你的能量就是向下的状态。大家以后多来"寻找安详小课堂"，因为这里的人都是"我给"的念头。多去做志愿者，多去养老院，多去孤儿院，多去献血，多去参加学雷锋活动，因为那些活动场合是正能量的。霍金斯特别强调要少去娱乐场所，它吸你的能量，量子共振就这个意思。大家看过那个视频没有？把一大堆钟表拨乱，让它们振动，发现它们的振动频率越来越一致，越来越一致，最后还有一个不一致，只见它加快步伐，一下子赶上了，最后全部同频了，这就是共振原理。

1665 年，荷兰科学家赫金斯发现共振原理。那一年有两大发现，一个是共振原理，另一个是细胞的发现。赫金斯发现共振原理，对心理学具有重大的意义。我们讲，你读老子的书，你会跟老子的思想产生共振；读孔子的书，你会跟孔子的思想产生共振。所以每天早晨，哪怕读十分钟《弟子规》，你的能量就能提高。为啥呢？

《弟子规》来自《论语》："弟子规，圣人训。首孝悌，次谨信。泛爱众，而亲仁。有余力，则学文。"常读它，你的能量就在五百级左右。因为孔子的能量就有五六百级。要学会应用共振原理。

第三十三讲　幸福就在现场里

　　上一讲我给大家分享了"勿践阈，勿跛倚，勿箕踞，勿摇髀"，我们说这是通过外在行姿来规范我们的心，最终提高我们的生命力。

　　接下来《弟子规》讲什么呢？讲"缓揭帘，勿有声；宽转弯，勿触棱"，讲"执虚器，如执盈；入虚室，如有人"。意思是掀帘子时动作要缓慢，尽量不要发出响声；走路转弯时要把弯转得大些，不要碰到家具等器物的棱角。端着一个空杯就像端着一个满杯；到了没有人的屋子就像到了有人的屋子。这是讲我们行走坐卧，讲我们在手持物件的时候应该怎么做。这句话无比重要，因为它是对一个人的现场感的修炼。前面讲过现场感在一个人的生命中的重要性，有多重要呢？找不到现场感，就找不到幸福感；找不到现场感，就找不到意义感；找不到现场感，就找不到存在感；找不到现场感，也就找不到力量感。现场感如此重要，怎么训练？《弟子规》的这句话，就是训练现场感，端着空杯就像端着满杯一样，郑重感就出来了。

我曾经教一个同学练现场感，怎么练呢？拿着一个玻璃杯，反复地往桌子上放，没有声音时就找到现场感了。如果发出"咚"的一声，可以断定他不在现场。可见"执虚器，如执盈"是训练现场感的，它和"缓揭帘，勿有声；宽转弯，勿触棱"是一个道理。一个人把门关上，如果"咚"的一声，会让我们反感；如果轻轻地关上，你心中会有一种舒服的感觉。

"缓揭帘，勿有声；宽转弯，勿触棱"，这是现场感训练比较粗糙的层面。而"执虚器，如执盈"，是比较细致、精致的层面。"缓揭帘，勿有声"这样一个动作里面，它包含着我们内心的秩序，包含着我们的气质，包含着我们的心灵质量。为此，我常常会很懊丧。比如说把盆子放在地上的时候，"咚"的一声，我就感觉干失败了一件事，干了一件坏事。如果把盆子放在地上，就像珍宝一样放在地上，这个时候就有幸福感。

我曾经让"寻找安详小课堂"的同学们做过一个实验——倒水。比如说往杯子里倒水，一直到满没有把水洒出来，这个过程基本在现场。洗脸的时候能够让脸盆里的水不溅到外面，基本在现场。洗衣服的时候让盆里的水不溅到地面上，基本在现场。时时训练那种把持力。我在《寻找安详》这本书里描述过现场感的状态。比如说往暖瓶里倒开水的过程，那是准现场感。为啥？一分神水就洒出来了，洒出来会烫伤人，所以在那一刻我们注意力特别集中，不分神。

　　当一个人随时都在一种把持的过程中，把持物件、把持环境，他的心灵就是准确的。当我们在任何一个生活细节中都能做得很准确、很从容、很稳妥的时候，我们在生命转换的时候就能够做得准确，做到无缝对接，换乘车的时候就不会错。这对生命来讲至关重要。这样的心灵境界，是通过"缓揭帘，勿有声，宽转弯，勿触棱"来训练的。为什么要宽转弯呢？看上去是我们走过墙角的时候的一个行姿，事实上它折射出来的是一种人生态度，是处理事情的一种态度。有些人处理事情会留有余地，有些人处理事情跟别人不会正面冲突，他一定会绕过去，给别人留有思考的余地，甚至让别人有发火的余地，发完就发完，过一两天我再跟你对接，这样就避免了矛盾，这就是宽转弯，学会转弯。前面讲过，要有一种深圆的功夫，在这里它换了一个角度，宽转弯。训练的都是一种心灵的状态、心灵的功夫。

如果把"揭帘"看作走进一个屋子的开端，就要做到"慎终如始"，在任何时候都像刚开始时一样，我们就能做到有始有终。进入另一个空间的时候，要带着恭敬感、庄重感。怎么体现呢？缓缓地揭帘子。这是《弟子规》精神的一个代表性内容。依此类推，不但要"缓揭帘"，还要"缓敲门""缓开门"，做任何事情的时候都应该有从容感。"宽转弯，勿触棱"就是要留有余地，要留有运转的余地，给对方余地，也给自己余地。

有些人你提一个要求，他不立即答应，他说让我考虑考虑，或者说稍后我们再商量，他不会轻易答应。当年卫献公逃亡回来找大臣宁喜，要宁喜帮助他复国，当时宁喜在下棋，想都没想就把这件事情答应了。有人说复国这么大的事情，你怎么没有考虑就答应了？果然，等卫献公复国之后，就找了一个理由，把宁喜一家人杀掉了。可见宁喜当时答应得太草率了，没有留余地，没有思考。

《弟子规》在"缓揭帘，勿有声；宽转弯，勿触棱"之后讲"执虚器，如执盈；入虚室，如有人"，是从一个大动作过渡到更加细微的动作。一个是手持物件的细微，另一个是对待环境的细微。在坐满了人的屋子里表现得庄严、端庄，一般人能做到；但是一个人待在屋子里，还能够表现得端庄，这个人的功夫就到家了，这是对一个人"慎独"功夫的强调。

当年皇帝派了个刺客杀赵盾，没想到刺客到了赵盾的书房，发现赵盾已经穿好朝服，在书房里闭目养神，准备上朝，刺客看到他那严谨、端庄的样子，就下不了手。可是皇帝下令让他去刺杀，圣旨不可违，他又不想杀赵盾，怎么办呢？他自己就撞死在门前的树上。一个人的姿态散发出来的力量感，都让杀手不忍心下手，宁可自杀也不会刺杀他。可见"入虚室，如有人"是多么重要。

《弟子规》中有着非常完备的现场感训练的内容，就是"缓揭帘，勿有声；宽转弯，勿触棱。执虚器，如执盈；入虚室，如有人"。东汉大臣杨震到新的岗位上任的时候，路过他当年推荐过的部下王密任上所在地，就去看望他。晚上王密提着黄金来感谢他。杨震说："你难道不了解我吗？你怎么能这样做？"王密说："没关系，暮夜时分，没有任何人看见，你就收下吧。"杨震怎么讲呢？杨震说："怎么没有任何人看见呢？你知、我知、天知、地知。"王密一看这个架势就把礼物又收回去了。

古人在日常工作和生活中，把"慎独"作为人格修炼的重要的方式，有人监督，要这样做；没人监督，更要这样做。为啥呢？他知道整个宇宙就像一个监视器，这也是我们常常讲的量子状态。古人虽然不懂量子状态，但他们有一种信仰，就是"举头三尺有神明"。所谓的神明，前面讲了，就是我们的潜意识。我们的潜意识是与宇宙共享的，我们动的每一个念头别人都知道。所以古人强调"慎独"，特别强调在独自一人的时候去修炼自己。

接下来，《弟子规》讲："事勿忙，忙多错。勿畏难，勿轻略。"为什么要强调这一句？因为在匆忙的时候，往往容易草率，往往容易轻率做决定。有人在整理贝多芬的音乐手稿时发现，有些地方修改了一百多次，对于一些乐章的开端，他是反反复复地尝试。这让我们知道一个大音乐家是如何创作出来伟大作品的，因为他非常慎重。

《弟子规》将"慎独"的功夫作为一个重要的环节提了出来。落实到具体的对待事件的态度上，就要做到

"事勿忙，忙多错。勿畏难，勿轻略"。第一，不能忙。第二，不能畏难，也不能轻率。做任何事情，把准备工作做足，"人一能之己百之，人十能之己千之"地准备。用充分的准备来赢得成功。大家说："郭老师，你讲《弟子规》，怎么没讲稿？"其实在讲课之前我要做许多功课，至少要把《弟子规》背下来，才能倡议大家背，让大家践行。我首先背下来，给大家做一个榜样。这样，我在讲课的时候，台下的观众看到郭文斌能够背诵《弟子规》，就产生信心。对此，我既不能畏难，又不能轻略。

现在我的记忆力跟当年大不一样了，一边背一边忘，一边忘一边背。这里有一个历史小故事分享给大家。说曾国藩父亲考秀才，屡败屡考，一共考了十七次才考上。曾国藩跟太平军作战也是一样，打一仗失败了，打一仗失败了。有人就笑话曾国藩，说曾国藩是屡战屡败。曾国藩把这几个字调整了一下次序，说："我不是屡战屡败，我是屡败屡战。"你看这个次序调整了，感觉就变了。我虽然败了，我还继续战斗，"勿畏难，勿轻略"。

对于准备工作，儒家有着一套完整的功夫。《中庸》讲："凡事豫则立，不豫则废。言前定则不跲，事前定则不困，行前定则不疚，道前定则不穷。"意思是，说话先有准备，就不会不流畅；做事先有准备就不会遇到困难，行事前做好准备就不会发生错误后悔的事情，做人的道理能够事先明了就不会行不通。

接着，《弟子规》从个人的行姿又进入一个新的空间，讲到了"斗闹场，绝勿近；邪僻事，绝勿问"。就是说，我们一定要有选择地进行人生的一些重大安排，对于"斗闹场"我们一定要警惕。前面讲过，但凡娱乐场所它的能量都很低。到这些场合之后，跟它们产生量子纠缠，进行能量共振之后，我们的能量就降低了。

"斗闹场"一定要少去，"邪僻事"要少问，因为我们的行动是由潜意识支配的。而潜意识是由什么构成的？是由我们的阅读构成的。我们看的每一本书，听的每一句话，看的每一出节目，都是我们的潜意识构成。而"邪僻事"我们听多了，看多了，会直接影响我们对这个世界的态度。反社会的书看多了，自然会跟反社会的情绪进行共振。所以，要尽可能地规避掉一些不健康的传媒。相反，一些高雅的高能量的节目，我们要常常看。为啥？它也是在构建我们的潜意识。

比如说讲解《弟子规》的节目，我们每看一分钟，潜意识就增加一份正能量。正能量的信息携带的正能量就随之进入我们的生命当中。时间长了，我们的潜意识"大厦"里面就没有负能量。没有负能量，就不会有负能量的行动发生，生命就是健康的。在这里，它用"斗闹场"和"邪僻事"做代指，让我们规避掉一切有可能降低我们生命能量的传媒。

古人对交友为什么这么慎重呢？因为交友直接影响我们潜意识的构成，因为我们跟朋友在一块儿，要交流，就会潜移默化地对我们构成影响。这些年我们看到国家大力治理网络，在我看来它是保护青少年心灵世界最重要的举措。如果一个人没有足够的粮食吃，只是挨饿；如果一个人的心灵被破坏了，就很难弥补。现在国家对网络的重视和治理，是值得我们称赞的！

第三十四讲　种子里面有春秋

如果一个人的慎独功夫到家，现场感水平高，它不单单可以变成自己的生命力，同时在一定意义上还可以保卫自己的生命。

一个人假如不能做到对任何事情有一种"勿畏难，勿轻略"的功夫，会带来灾祸，甚至是杀身之祸。所以我们说每一句话，做每一件事，既要"勿畏难"，还要"勿轻略"，不要轻易去答应一些事情，如果答应了，就要在行动之前做好充分的准备。

接下来《弟子规》讲道："斗闹场，绝勿近；邪僻事，绝勿问。"更是在慎独功夫上的典型案例式的规劝，一个人如果要修炼慎独的功夫，尤其要注意避免进入斗闹场，避免去接触邪僻之事。

"斗闹场，绝勿近；邪僻事，绝勿问。"这两句话的背后，有着暗含的强调。我们看到，如今社会上有些人恰恰在利用斗闹场和邪僻事来吸引人们的眼球，把它作为一种赚钱的途径，受众付出的心灵代价太大了。不说别的，有一次我去一家书店，挨个儿地翻重点推荐区的书，发现不少是渲染斗闹和邪僻的，它们会让读者付出难以估量的心灵代价。

对于学生来讲，先入为主的信息、概念、判断、情景，往往会形成他的潜意识。在他的人生中，以后遇到相关的情景时，他就会用类似的思维逻辑去思考。这些作家可能没有意识到，这样的书流向社会意味着什么。有个词叫洪水猛兽，洪水泛滥我们可以治理，猛兽出笼我们可以捕捉，但是这样的书一旦售出，就很难收回了。

中华书局出版我的精装七卷本文集的过程让我反省了许多事情，其中有一半多的文字，我没有再收录。我曾经有几本书卖得非常好，后来出版社想再版，给很高的版税，我也不愿意再版。我的书里面，没有斗闹场这些情景，也没有邪僻事这些内容，但是我觉得格调不高，我也不愿意再出版了。从这一句话我们可以解读到《弟子规》的精神，就是我们的文化和教育要归位，要回到"思无邪"的传统上来。

中华民族五千年文明，为什么能够保持它的生命力？保持它基本的稳定？就是因为我们的文化是有秩序感的，是正大光明的，是有建设性的。我在《醒来》这本书的前言里面，用大量的篇幅在讲，一定要让文化和教育归位，归到对人的本性的维护上，归到要为历史存正气，为社会弘美德，要反低俗、反庸俗、反媚俗，要和亵渎祖先、亵渎祖国、亵渎人民、亵渎精神的这些现象做坚决的斗争。文化的崩溃，对于一个民族的伤害太严重了。尼克松当年写过一本书，叫《不战而胜》。在书里，他表达了这样一层意思：当中国的青少年不再相信他们的传统文化的时候，中华民族就到了灭亡的时候。

传统文化是什么？在我看来，它就是一种正大光明的文化，是提升我们人格境界的文化，是引人向内向善的文化。所以要"斗闹场，绝勿近；邪僻事，绝勿问"。

一些书籍、戏剧、影视剧、歌舞戏说历史，把历史虚无化、游戏化，把圣人、英雄矮化，只为吸引观众的眼球，让人们对历史产生了严重的误解；拿英雄人物开玩笑，让人们对英雄人物产生了严重的怀疑。歪曲历史会造成什么样的后果呢？直接影响人们的价值观。因为当一个人认为历史是虚假的、游戏化的、斗闹化的，他在现实生活中就会游戏化，甚至玩世不恭。

《春秋》讲："孔子作《春秋》而乱臣贼子惧。"为什么呢？因为《春秋》是一面镜子，当一个人认识到历史是一面镜子的时候，认识到每一个人都要进入历史的时候，自然会庄严起来、慎重起来、郑重起来。这一句话，可以让我们联想到文化观，联想到文明观。古人讲，"治世之音安以乐""乱世之音怨以怒""亡国之音哀以思"。对应到戏剧、影视剧、歌舞，需要我们注入正能量，反斗闹化、反邪僻化、反刺激化。有些人跟我讨论西方戏剧和东方戏剧的区别，西方的戏剧多是悲剧，我们的戏剧多是大团圆结局。结局是大团圆时，它给观众的心理暗示就是大团圆，它引导人们去经营生命能量，最后走向大团圆。我们的民族发展史就是一个大团圆史，五十六个民族就像一家人一样的大团圆。

前面讲过，被称作"江南第一家"的郑家，他们到了鼎盛时期三千多人一块儿吃饭不分家，如果他们平时看的戏剧是分裂式的、悲剧式的，宣扬个人自由式的，不可能有这样的状态。也许有人会问，这样的大家族有什么好？我们看到，他们为国家输送了一百七十多位官员，没有一个人贪赃枉法，这不好吗？

有人专门研究过自由主义文化和秩序主义的文化，那些奉行自由主义的大家族，往往会出现许多反社会人物。原因在哪儿呢？太强调自我。而中国文化恰恰是一个维护人类永久性生存的文化、维护人类群体性生活的文化、维护人类安全性生活的文化。只有整体安全，才有个体安全。如果没有整体的安全，就没有个体的自由。一条船都翻掉了，个体自由有什么用？

在这里，我们延伸出来了许多文化上的、文明上的、教育上的话题，就是说一定要"反斗闹，反邪僻"。"斗闹"和"邪僻"是一个代表，因为《弟子规》是举一反三的，由此我们可以延伸出反低俗、反媚俗、反庸俗、反亵渎、反低能量化、反游戏化。把文化游戏化，一谈文化，就是游戏，就是广场舞，就是取笑逗乐，这是错误的。

文化是什么呢？文化是一个国家和民族的灵魂。它的特点是要有建设力、和谐力、生命力。由此，《弟子规》可以延伸出很多话题。我们还可以在更深层面上对它进行推理。

接下来《弟子规》讲："将入门，问孰存；将上堂，声必扬。"就是说一个人从外面回来，进家门去见长辈的时候，要遵守什么样的规则。跟前面的"出必告，反必面"呼应上了。进屋子时要说："爸爸妈妈，我回来了。"打个招呼，这既是礼节，同时也是对一个新的环境、一个新的场态的恭敬，也让长辈知道自己回来了。特别是在过去的那些大家族，如果晚辈没有这样的一种修养和训练，往往会有一些尴尬的事情发生。

古人有一个习惯，就是进卫生间，要先敲敲门。明明知道里面没有人，也要敲一敲，显示对空间的一种尊重。当对空间有一种新的感受之后，我们对空间的尊重感会油然而生。我现在住宾馆的时候，拿房卡打开房门进去，会先给这个房间行一个礼。离开的时候，我会把房间整理干净，然后行一个礼，再带上房卡去退房。这样做内心感觉到很踏实、很充实。空间也是一个生命体，"将入门，问孰存；将上堂，声必扬"，也是"谨"的主要内容。

"人问谁，对以名；吾与我，不分明。"就是当别人问的时候，说："谁呀？"要说："我是郭文斌。"而不能说"我"。人家知道你是谁啊？就是说一定要报上名字。过去那些大家族，特别是在没有计划生育的年代，一对夫妇可能有好多孩子，到底谁来了？一定要报上自己的姓名。这样做有什么好处呢？时刻对自己有一个身份确认，"人问谁，对以名；吾与我，不分明"。报上我们的姓名显得谦恭，同时，对我们的身份有一种自我确认。

接下来《弟子规》讲道："用人物，须明求；倘不问，即为偷。"讲了古人对偷的理解，什么叫"偷"呢？就是没有请示，别人没有给你指令，动用了别人的东西。古人把它叫作"不与取"。这是生命严谨性训练的重要内容之一。偷有行为上的偷，有念头上的偷。如果我们拿"不与取"对偷做一个外延上的描述，那就太多了。比如说我们到大自然里面去，随手摘一个果子吃，这算不算偷呢？按照"不与取"，这也算偷。

为什么过去有路不拾遗、夜不闭户的现象？因为古人从小受的教育是"不与取"。

纪录片《记住乡愁》里有一集是浙江的一个村子，叫杨家堂村。村里有人路过一个地方，捡到一个包，发现里面有许多金银，包括一些票据。他怎么做呢？他就坐在那里一直等，等了很长时间，终于有人来了，神色慌张，经过一番询问之后，认定包就是这个人的，就把它交还。这位商人的感动，大家可想而知。他就收这位捡到包裹的人为徒弟，并且给他一笔钱让他做生意，后来这人就成了村子里最大的一个商户。

第三十五讲　慎独风成中华兴

上一讲给大家分享了"斗闹场，绝勿近；邪僻事，绝勿问。将入门，问孰存；将上堂，声必扬。人问谁，对以名，吾与我，不分明"。讲了"反斗闹""反邪僻"的重要性，我们看到了古人对"邪僻"和"斗闹"的警惕。

我们村有两个小伙子出去闯世界，其中一个犯了罪被判了八年徒刑。我写信问他，小时候，你挺善良挺可爱的，怎么就犯下这么大的错误呢？他回信说，因为模仿一部电视剧中的人物逞能。这个回答让我很震惊，一部电视剧可以毁掉一个青年，这大概是编剧和导演没有想过的。

另一个小伙子运气就比较好。有一年冬天，在一座城市，路过一个书摊，顺手牵羊偷了人家一本书，把他的命运改变了。偷了哪一本书呢？路遥先生的《平凡的世界》。当他读到其中一段话的时候，一下子就觉悟了。哪一句话呢？"一个人总应有个觉悟时期（当然也有人终身不悟）。但这个觉悟时期的早晚，对我们的一生将起决定性的作用。"他流着泪把这本书看完了，突然觉得自己不能这样活下去了。

后来，他带着一种感动，去给书摊老板还书钱，老板当然也很感动。老板说："我有一本讲如何改变命运的书送给你。"哪一本书呢？《了凡四训》。这名青年按照这一本书的指引开始了他新的人生历程，娶妻生子，勤劳致富，孝敬老人，后来还被评为宁夏的"道德模范"。

由两个青年的不同命运，我们就可以看出来"邪僻"和"斗闹"对一个人的影响，也足见《平凡的世界》《了凡四训》这些善书中蕴含的巨大改造力。

有一次，《中国日报》的记者来采访我，我说："别采访我，我给你介绍一个青年你去采访。"他们一听这个故事，特别有兴趣，后来发了一个整版，还是英文版。

当监狱里的青年回到村子的时候，这名青年的孩子已经六岁了。

近年来，国家从多个层面来矫正出版的方向、传媒的方向、网络的方向，包括召开文艺座谈会。对于一个民族来讲，这可以说是扶正祛邪的工程，是重新唤回创作良知的工程。讴歌祖国、讴歌党、讴歌人民、讴歌英雄，这在一些人心目中，有些太主旋律了，但是明白了潜意识的构成，明白了心理暗示的作用之后，就要明白批判社会如果操作不好，恰恰会给人们带来负面的心理暗示。

应用教育的一个重要原理是隐恶扬善，就是说有一件好事，我们要不惜一切代价宣扬。为什么宣扬？因为它是正能量暗示。但对于一些黑暗的事情、邪恶的事情，我们在曝光的时候，既要警惕又要警觉，如果引导不好会引起模仿。我们看到舜，他治国运用的方法是隐恶扬善，把恶隐掉，把善扩大。换句话说，他应用的原理就是"反斗闹""反邪僻"。

接下来《弟子规》讲道："将入门，问孰存；将上堂，声必扬。"就是说，我们进入一个房间、一个空间要有身份感，要报上自己的姓名。由此我们也可以想到文化，在古代，小说一类的书作者是不敢署名的，为啥呢？子孙后代会嘲笑他、指责他。所以，常常是匿名或者用一个化名。

在这里，"将上门，问孰存；将上堂，声必扬。人问谁，对以名；吾与我，不分明"这几句就是让自我身份得到确认。就是任何时候，我们都可以堂堂正正地讲我是谁，它对应的是人的一种担当意识和责任感。

接下来《弟子规》讲道："用人物，须明求；倘不问，即为偷。"这跟前面的逻辑一样。当一个人有了身份感，那他对自己的举手投足，就会有一种负责任的态度。能做到"不与取"，就不会让自己的生命中有偷的现象发生。中国的汉字很有意思，"偷"跟"输"字很相近，一个人偷的时候，能量是一种流失状态。还有一个和"偷"字形很相近的字"愈"。偷心是能量的盗贼，当一个人没有偷心，能量就保住了。保住能量，一定意义上就是"愈"。

我常常分享念头跟生理反应之间的关系。当我们动了一个偷的念头或者是动了一个侥幸的念头的时候，在生理上是有反应的，它对应的是恐惧。据说，小偷的肾脏和心脏都受损了。为啥呢？恐伤肾，东西是偷到了，但是肾脏和心脏受伤了，得不偿失。

用偷的逻辑来发家致富是一种短视的危险的错误的行为。老子在《道德经》里讲："甚爱必大费，多藏必厚亡。""生而不有，为而不恃，长而不宰。"就是说，我们要用给予的逻辑、让的逻辑，而不能用索取的逻辑、偷的逻辑。从"不与取"的角度，偷有巧取豪夺，有各种花样的索取，包括文质彬彬的占有。就是说如果它的大前提是主人没有同意，那么一切获得都是偷。从这个意义上来讲，我们对古人的"慎独"就有了更深的理解。古人认为，我们动了一个占别人便宜的念头就已经完成了偷，仅念头一动，相当于行为已经发生了。

用今天的量子力学观点解释，念头一动对应的粒子世界已经形成了，只不过有一个时间差没显象而已。所以古人更注意在念头上防偷，防微杜渐。非分之想，也是偷，也折损能量。

我当年读茅盾的小说，书里提到有一本书叫《太上感应篇》，就找过来看，原来就是讲念头的。我才知道人们之所以犯错误都是因为动了不该动的念头。一看《太上感应篇》，就知道古人是如何跟踪和管理念头的，那比《弟子规》更细了，那是更深一层的功夫了。

比如看到有人被处罚，如果我们在心里说罚得好，《太上感应篇》认为已经犯了大过。为啥呢？我们动了一个幸灾乐祸的念头。应该动什么样的念头呢？同情心，认为他之所以犯错，是没有学中华优秀传统文化。

许多家训，都是从念头进行家道建设。整个《朱柏庐治家格言》全在念头上做文章。"人有喜庆，不可生妒忌心；人有祸患，不可生喜幸心。善欲人见，不是真善；恶恐人知，便是大恶"，等等，全在念头上做文章。

一个在念头上就能够防微杜渐的民族，它怎么能够不保持生命力呢？四大文明古国中，为什么其他三大文明古国要么已经消失要么已经断流，唯有中华文明能够保持五千年的强大生命力呢？因为我们在防微杜渐，在念头上就把能量保护住了。这是我们由"用人物，须明求；倘不问，即为偷"讲出来的。

前段时间，我去了一趟敦煌，是《人民日报》组织的"一带一路"的活动。在敦煌洞窟里面我非常感慨，我们有那么多宝贝，如今都在别的国家的博物馆里面。就像斯坦因这些人，明目张胆地、堂而皇之地拿走我们的宝贝，而我们却无可奈何，真的让人想到很多。但是，从反求诸己的角度讲，我们也要反省，作为后人，我们没有守得住祖先的宝贝，这是耻辱。

"借人物，及时还；后有急，借不难。"我当年在书柜上贴了个纸条，本人藏书概不外借，免开尊口。为什么呢？有许多人把书借出去就不还了。当然我自己也犯过一些错误，借了别人的书也有没还的情况。现在想起来很懊悔。因为啥呢？当年没学《弟子规》。后来，我的一个好朋友因病去世，我的手上有他的几本书，我就找他的哥哥，我说："我还有你弟弟的一些书，我怎么还给你？"他哥哥就给我说："这样吧，我给你一个口令，这几本书就归你，由你保存吧。"这样我才把这几本书藏下来。

这些年，我想方设法归还了不少朋友的书，感觉心里很踏实。

第三十六讲　放下心机见天机

　　上一讲给大家分享了"用人物，须明求；倘不问，即为偷。借人物，及时还；人借物，有勿悭"，留下一个话题，就是我的童年时代，一件让我非常震惊的事情。

　　一天，一个发小到我们家来，拿着一块磨刀石神情庄严地对我父亲说："郭伯伯，我爸临行前交代一定要把这块磨刀石还给你。"怎么回事呢？原来是他爸偷去的。我父亲说："哎呀，我都忘了，不就是一块磨刀石嘛，这么当回事干啥？"这个小伙子讲了一句话，让我震惊，他说："我爸说了，如果这块磨刀石不还给你，他就进不了天堂。"

　　这让我对他爸肃然起敬，他在临终时意识到自己错了。他没有时间，也没有机会来改正这个错误，把这个任务交给了儿子。我觉着这样做更好，因为他既矫正了自己的错误，也教育了他的儿子，同时也教育了我们。

我们可以想象，这位长辈，他交代的肯定不止这一件，他的儿子要一件一件地打理。既然他临终要儿子做这些事，为什么当初自己不做好呢？幸亏还从容地把后事交代了，如果没有机会交代这些事情呢？按照我这个玩伴的说法，如果没完成就进不了天堂，那不是把生命大事耽误了吗？所以，《弟子规》在这里讲"借人物"要"及时还"。最好别借，如果非要借不可，那要记着还。

我现在对偷和借的概念有了更深的理解。曾经有一个名气很大的文化人到银川，我去机场接他；离银时也是我送他去机场。他看了我在刊物上发的一篇文章很感兴趣，内容是我跟一个教授的对话。他说："你这个文章写得太好了，我没有想到你会用这么现代化的方式讲传统文化。你要好好讲，我支持你。"接着，他说："等我回去我给你寄一套我的文集过来。"他的太太说："好好好，我也记着这个事，你把你的地址给我。"我就把地址给她，满怀期待等他的文集，可是左等右等也没有等到。时间一长，我终于明白，他肯定是把这个事情给忘掉了。

从此以后，我多了一个教训，现在我不轻易答应给别人寄书。如果答应了，我会立即写在手机备忘录上，回家即寄，"轻诺必寡信"，轻易不要许诺，许诺了就要做到一诺千金。于此后面还会从"信"的角度讲。

　　《弟子规》在这里仅仅是拿"借"和"偷"讲了如何才能维护我们的生命力。就是说，一个人只有做到不偷，最好做到不借，他的能量才处于一种保持的状态，就是我常打的一个比方，面缸里的面粉才是满的。因为偷就相当于把面缸打了一个洞，偷的一个念头一动，能量就走掉了。

　　为什么《弟子规》要在这两个环节上，把"谨"这一部分做总结呢？因为我们生命中，最损耗我们能量的就是偷的行为和借的行为。为什么要借呢？因为没有了才借。一个人借的时候，说明自己"面缸"里的"面粉"已经用完了，能量已经亏损了，已经透支生命。借是一个果，原因是什么呢？我们常常在偷，一切恶习都是偷，喝酒是偷，无谓的熬夜是偷，过度的饮食是偷，但凡为贪心服务的一切行为，都是偷都是盗。侥幸的心理是偷，冒险的心理是偷，它们都是反"谨"的。

　　如果"孝"是生命树的根，"悌"就是干，"谨"

是枝干上的重要一枝，通过对枝的维护，让生命树长成参天大树。前面讲过，"谨"是"讠"和"堇"构成的，而"堇"是对伤口有修复作用的草，意指保卫生命，保卫我们的获得感、幸福感、安全感。

如何保卫？要特别警惕偷，警惕偷的行为、偷的念头。比如说我们定下早晨五点起床，闹铃已经响了，你说"让我再睡五分钟吧"，这就是偷，因为你已经修改程序了。长此以往，我们的精力就被透支了。那就需要借，而借了要还，恶性循环就形成了。

对于《弟子规》的编排，我在诵读的过程中，越读我越感叹，它很科学、很智慧，一定是有过修证经历的人写的。所以，我不仅仅把李毓秀看作是一个秀才，我还认为他是一个教育家。当然他是在朱熹的基础上编写的，后来经过贾存仁先生修订的。由此可见，李毓秀先生他非常有功夫，有修证的功夫。

所以，我们要对《弟子规》带着温情、带着崇敬、带着恭敬去读、去践行、去应用。这样的话，我们就能做到真正的严谨，落实"谨"的精神。而"谨"就是"慎"。"慎"，我们看它是真正的心，真心为"慎"！通过"谨"，到达"慎"。而"慎"通"诚"，就是诚实的"诚"。

在曾国藩看来，一个人达到诚的境界，就可以跟天地交换能量了。曾国藩对"诚"的定义是："一念不生谓之诚。"当一个人能做到不起心、不动念的时候，这个人就能达到"诚"的境界。

现在，我们对《弟子规》的第三部分"谨"做一个简单的回顾。它由"朝起早，夜眠迟，老易至，惜此时"讲起，这是一个人对时间的珍重，因为古人早就看到生命是由时间构成的。所谓只争朝夕，因为生命如同白驹过隙一晃而过，所以我们要珍惜。

接下来讲"晨必盥，兼漱口，便溺回，辄净手"，是讲卫生。接着讲"冠必正，纽必结，袜与履，俱紧切"，一方面要保护身体不受风寒，同时要给人一种威仪感、端庄感。接下来讲，对待为我们服务的衣物不能乱放，"衣贵洁，不贵华，上循分，下称家"；又由穿衣讲到吃饭："对饮食，勿拣择，食适可，勿过则。年方少，勿饮酒，饮酒醉，最为丑。"

对饮食，《弟子规》着重在讲要训练我们的平常心。一个人只有在平常心中，才不会贪求、不会偷也不会借。这个逻辑线很清晰。"衣贵洁，不贵华，上循分，下称家"，讲的是什么呢？简朴精神。关于俭，老子讲"吾有三宝，一曰慈，二曰俭，三曰不敢为天下先"，老子把它总结为"三宝"，有了"三宝"我们就能够吉祥如意。

接下来讲到"年方少，勿饮酒，饮酒醉，最为丑"，它把饮酒单独拿出来讲，因为饮酒对一个人的伤害太严重了。由饮酒一下子转到身姿："步从容，立端正，揖深圆，拜恭敬。勿践阈，勿跛倚，勿箕踞，勿摇髀。缓揭帘，勿有声，宽转弯，勿触棱。执虚器，如执盈，入虚室，如有人。"这是对行姿的一种规范。举手投足、起心动念，由外在的行为上升到"慎独"境界，直接导入君子"慎独"。"入虚室，如有人。"一个人待在屋子里如临大敌，那是一种什么样的境界？我们也举了一些案例，说明一个人真的能做到"慎独"的时候，在一定意义上，不但可以让我们免于灾难，甚至能保卫我们的生命。

按照本分说，生命中的一切灾难，都是课程。按照《零极限》的说法，都是我们的旧记忆。如果在之前的生命周期里把这一课过了，在这一个生命周期就不会出现。但凡来到我们这个生命周期中的一切，我们都要高高兴兴地接受。它是我们的旧记忆，是我们需要上的课。不要抱怨，高高兴兴地接受，接受了之后，以笑面对就行了。

"斗闹场，绝勿近；邪僻事，绝勿问。"关于这句话，我们讲得比较多，我们讲，这是一种文化逻辑。如果对它做一个总结的话，就是"隐恶扬善，扶正祛邪"，就是把人的心念带到正大光明上来，这才是真正的"谨"，真正的疗愈，真正的文化卫士。

"将入门，问孰存；将上堂，声必扬。人问谁，对以名；吾与我，不分明"，是讲由一个场进入另一个场的珍重感，也是一种身份转换。对场态的转换要珍重，因为一个场和一个场的频率不一样，从一个场进入另一个场的时候，带着"珍重"进入，就不会受伤。

我们都知道，从低频场进入高频场，会跟高频场产生共振，如果低频跟不上，就被高频甩出去了。你看那个水的旋涡，你扔过去一个石子，就被它甩出去了。高速旋转的东西，是不容外物进入的。进入一个新场的时候，要带着慎重感、庄重感、尊敬感。如果从小有这方面训练的话，他进入一个新环境，就不会给人一种不舒服的感觉，他就会自动融入一个新的场。这一句话很重要，身份感、进入感、适应感是对一个人的适应性的训练。

最后，"谨"用什么来收尾和总结呢？用"用人物，须明求"。在这里强调了一个字，就是"明"，要正大光明，日月为明，就是过一种正大光明的人生，绝对不能动"偷"的念头。什么叫"偷"？别人不同意，我们拿的一切东西都算"偷"来的，包括向我们自己申请能量，也要用申请的方式，要有秩序。一个人频频地改变自己的作息时间，改变自己的良好习惯，都是向生命的一种透支，是"偷"的行为。

最后作者写道："借人物，及时还；人借物，有勿悭。"如果从象征性的角度来讲，跟"入则孝"和"出则悌"的结尾一样，也上升到了逻辑哲学层面。为什么呢？我们的生命也是借来的。向谁借的呢？向爸爸妈妈借来的，向天地借的。

怎么借的，就要怎么还给人家，而且要分毫无损地还给人家。有可能的话，还要带一些利息还给人家。这就是稻盛和夫讲的："希望我走的时候比我来的时候灵魂更高尚一点儿。"这就是完璧归赵，就是把我们的生命还到本体里面去。最好的就是把面包还原成面粉，把面条还原成面粉，把蛋糕还原成面粉。这样的人生，才是真正的"谨"的人生。

第三十七讲　信作舟时海浪平

　　接着给大家分享《弟子规》的第四部分"信"。前面讲过，如果把《弟子规》看作一棵参天大树的话，那么"孝"是它的根，"悌"是它的干，"谨"和"信"是它的枝，到"泛爱众"和"亲仁"就要开花结果了，就能让后人乘凉了，就是第七部分"行有余力则以学文"。

　　在"信"这一部分，《弟子规》有许多分项进行论证，和"谨"是互相呼应的，它是"谨"的姊妹篇。看会意，人言为"信"。可见在古人的心目中，但凡是人说话，他有一个属性，有一个特点，就是可信度高，就是可以相信；假如说没有可信度，那就不是人说的话。作为人，有一个最起码的标准，就是要具有信的品格。

　　如果说"谨"是从对时间的珍爱讲起的话，那么"信"

从什么讲起呢？"凡出言，信为先"，从说话讲起，可见"信"首先体现在语言上。"凡出言，信为先，诈与妄，奚可焉"，如果"诈"和"妄"，这个人就没什么可说的了。"奚可焉"，那还有什么可说的呢？如果一个人说话都不算数，没有信誉度，那这个人就没什么可说的了。

《道德经》讲："有德司契，无德司彻。"现在人们强调契约精神，做任何事情都要签一个合同，签一个契约。古代不是这样的，为什么呢？假如一个人要用契约，大家都觉着是一种伤害。现代社会，如果没有契约人们就觉得没有现代精神。

《记住乡愁》里有一集讲了这么一个故事：有一个人手上拿着许多借据，就是别人借他的粮食、财物、银两的借据。但是后来这个人看到对方实在还不起，他就当着对方的面，把这些借据都烧掉了。意思是我把借据烧掉了，意味着我不要你的欠账了，我的子孙后代再也不会拿着这些借据向你的子孙后代讨账了。你看古人的心肠多热。

"有德司契，无德司彻"。"契"是债权人持有的借据，"彻"是周代的田税制度。大意是，拿着税单是先收取费用，再提供服务，而拿着借据是先提供服务，不求回报，然而根据规律，回报早晚会回来。我的理解，老子还有一层意思，那就是告诉我们什么是真正的契约。什么是真正的契约呢？有"德"就是契约。所以古人打交道，不看你到底有没有给他打借据，有没有契约，他首先看你这个人有没有"德"，他认为有"德"的人不需要契约，那才是真正的契约。没有"德"的人，即便是签署了契约，他也不会遵守，那么这个契约就没有什么意义。

历史上有许多由"信"取"信"的例子。比如说，"商鞅立木"。商鞅当年变法，为了在全国赢得百姓的信任，把一个木头放在南门，贴了一则告示，有谁如果能把这块木头从南门搬到北门，奖励十金。没人相信。把一块木头从南门搬到北门，这么简单的事情，国家会给你奖十金？商鞅一再地加大赏金，一直加大到五十金。终于有一个勇士把这个木头从南门搬到了北门，商鞅果然给他奖励了五十金。由此商鞅的信任度大大地提高，这就是著名的"商鞅立木"，为他的变法赢得了信任度。

老子有一句话非常著名，他说："信不足焉，有不信焉。"人为什么没有信仰？为什么没有行动力？为什么不信你的话呢？因为你给人的感觉是不可信的。就是说一个人给人的感觉没有信任度，别人就不会追随。诚信度建立不起来，公信力建立不起来，执行力当然就丧失了，号召力当然就丧失了。衡量一个人的合法性的一个重要标准，就是"信"，诚信的"信"。《弟子规》从"凡出言，信为先"讲起，讲到我们说每一句话，要么不说，要说就要一诺千金。老子说"信言不美，美言不信"，他最担心的是一个人讲得很好，但做不到。

这些年，我在全国义讲的时候，发现有一大批传统文化的讲师被淘汰下去了，被什么淘汰下去了呢？被信誉度考下去了。就是说他嘴上讲得很好，但是行动跟他讲的、跟他说的是两回事。志愿者的眼睛是雪亮的，这条战线是容不得虚伪的，天长日久，大浪淘沙。我还能被大家信任，能够留在这条战线，感到无比幸运，同时也有些后怕，如果自己做不到知行合一，就被考下去了。

"信"的反面是"诈"或"妄"，由这一句话，我们来推演《弟子规》的精神。现在，许多商业广告，事实上都是"诈"和"妄"。一些培训课程，交了钱，进去一学，发现上当了。"诈"与"妄"，即言过其实，许多商业欺诈，广告里面的水分，营销里面的水分，都是《弟子规》不提倡的，"诈与妄，奚可焉"。

对于一个人来讲，如果没有"信"，只有"诈"和

"妄"，他就没有立足之地。孔子讲："大车无輗，小车无軏，其何以行之哉？"輗，连接大车车辕和车衡的部件；軏，连接小车车辕与车衡的部件。二者比喻事物最关键的部分。人如果没有信用，就好像车子没有輗軏。在古代，一个家庭，如果信誉度丧失了，儿子娶不上媳妇，女儿嫁不出去。在古代，人们找儿媳，谈婚论嫁，首先看的是家风。家风塑造的重中之重就是诚信度。而对于一个社会来讲，没有诚信，那么这个社会就没有安全感、幸福感。

《记住乡愁》有一集介绍广西罗凤村的无人售菜市场，卖菜的人和买菜的人互相不见面，一百多年来，没有发生过谁多拿了菜、谁少给了钱的事。这个片子初审时，我有些看不明白，就给编导提了两个问题：这个村子为什么一百年会有这么高的信誉度呢？它的教育是怎么完成的？编导回去补拍了一下，在补拍回来的素材里面，我才看到这个村子，从孩子就开始进行诚信的熏染。大人抱着孩子去买菜，把菜拿上，把钱投进去，让孩子从小就接受一种诚信的教育。有些稍大一些的孩子就问父母："我们为什么要这样做呢？"父母就给孩子讲"信"在一个人一生中的重要性，讲孔子的"民无信不立"，就是说，没有"信"，你的生命是立不起来的，这个社会就没有容你之处。所以《弟子规》在"谨"之后讲"信"，讲"信"的时候，它从"诈"和"妄"两个相反方面去论述，说千万不能有"诈"，千万不能有"妄"。

接下来，《弟子规》讲道："话说多，不如少，惟其是，勿佞巧。"为什么在"凡出言，信为先，诈与妄，奚可焉"的后面要接着讲"话说多，不如少，惟其是，勿佞巧"呢？因为一个人话说多了，很可能就会说一些夸夸其谈的话、一些轻易承诺的话、一些后来可能无法兑现的话。这样很容易把信誉度丧失。前面讲过，一位影响很大的名家答应赠我一套书，但后来我没有收到，我对他的好感就没有了，原来我的书架上摆着他很多书，但是从此以后，我把这些书就下架了。因为我对这个人的好感已经没有了，敬畏感已经没有了，恭敬心已经没有了。

我在《〈弟子规〉到底说什么》这本书里面，引用过一对信义兄弟的故事：当年有一个包工头带着村上的人搞建筑，快过大年的时候出了车祸，本来在年前准备要给大家发工资，可是在年前他出了车祸，他弟弟就一边准备办丧事，一边筹集资金给这些农民工发工资，他要赶在大年三十前发出去。弟弟在收拾车祸现场的时候，发现哥哥车的后备箱里面放着几十万块钱，估计就是用来给民工发工资的。可是没有证据，怎么办？他就让民工自己报工钱，报多少，他给多少。钱不够，他母亲把她存的钱都拿出来，让他赶在大年三十前，按照农民工自己报的数字发出去了。他说："我要让我哥哥在九泉之下感觉到安慰，我要让大家知道哥哥是个讲诚信的人。"

在《〈弟子规〉到底说什么》里面，我还引用过广东卖体彩的一个姑娘，别人出差之前委托她买一张彩票，没想到就是这张彩票，一下子中了三十多万块钱。按道理这个姑娘完全可以去领这个奖金。但是她没这样做，她打电话告诉了委托人。当委托人接到电话的时候，他都不相信，以为是在开玩笑呢！但是后来的事实是，这位姑娘果然把这张中奖彩票给了他，因为在这位姑娘的心目中，信誉比三十多万块钱更重要。

我们在《记住乡愁》节目中多次看到类似的故事，就是说中华大地上处处都有这样的故事，处处都发生着这样的故事，这样的故事给了人们很多的信心，给人们带来了许多的温暖。这样的信誉故事，它体现在一个人的言行中，这样的人，他往往说话很少，但是只要话一出口，他就会兑现。"凡出言，信为先，诈与妄，奚可焉！""话说多，不如少，惟其是，勿佞巧。"不要巧言令色，老子特别反对巧言令色，他说："信言不美，美言不信。"

第三十八讲　心念诚时人已成

　　上一讲给大家分享了"信"的开篇："凡出言，信为先，诈与妄，奚可焉！话说多，不如少，惟其是，勿佞巧。"这是一个人合法性的重要标准。孔子讲，"民无信不立"，就像大车无輗、小车无軏一样。

　　信为什么这么重要？我们看一下宇宙就知道，整个宇宙大自然给我们展现的就是一个信。老子说："人法地，地法天，天法道，道法自然。"太阳每天从东边出来，到西边落下，多少年没有变过。"春来草自青"多少年没有变过。这是大自然向我们展现的"信"。如果哪天早晨起来，我们找不到天了，找不到地了，我们会感觉很恐怖。整个大自然、整个宇宙给我们展现的就是一个"信"。

如果春天把种子种到土里，经过夏天，到了秋天没有收获，农民就对土地没信任了。农民之所以春天播种，是因为他对土地的信任，他知道，只要播种，就会有收获。整个自然界给我们展示的一套秩序就是诚信。大自然的这种诚信，对应在人间的伦常上，就要跟宇宙保持一种相应性、能量的共振性，就要保持自己的诚信度。反之，我们跟宇宙的频率就不一致了。如果不一致的话，我们得到的能量补给就受到影响。

中国文化是一种投影文化，是宇宙逻辑在人间的投影。就是古人讲的"上观天文，下观地理"，然后变成人文。我们所遵循的美德和品德其实是天文在人文上的投影。只有这样，我们才能做到天人合一，才能获得整体性给我们提供的一份能量上的支持。因此，我认为作为人能够有"信"，这是人在整个大自然里面获得合法性别无选择的道路。我们没有听到过太阳的宣言，没有听到过月亮的宣言，没有听到过大气的宣言，没有听到过土地的宣言，但是它们一年复一年地给人们提供服务，让生命得以延续。大地无言，万物生长；日月无言，四季增辉。正如春联所写："天增岁月人增寿，春满乾坤福满门。"这充盈在天地间的诚信，能量的无偿供给让我们感动。

接着，《弟子规》从"话说多，不如少"讲到"奸巧语，秽污词，市井气，切戒之"。为什么要把"奸巧语，秽污词"戒掉呢？当人在讲"奸巧语，秽污词"的时候，心灵世界已经被污染了。对于人来讲，每一个念头都是一个量子传播。如果每一个念头都是正的，那么对方得到的是正的投射；念头是邪的，对方得到的是邪的投射；而对方得到邪的投射，又会把邪返还给我们。因为整个宇宙能量是一个螺旋的状态。所以说"诈与妄"要警惕；"奸巧语，秽污词"要警惕；"市井气，切戒之"。

　　在日常生活中，在交友的过程中，我们会发现一些人特别能言善辩，就要警惕了。我们从一个人的语言里面，如果感到带奸气、显心机，我们就要保持警惕了。为啥？奸巧无信，无信的人，一定会在有利可图的时候，用他的不诚信换取利润，牺牲诚信获取利润。

　　现在的一些报刊、书籍、网络、视频等等，里面有相当多的奸巧之语和秽污之气，污染眼睛，污染心灵。我有一本诗集，名字叫《我被我的眼睛带坏》，就是想借这本诗集的名字提醒人们，心灵保卫要从眼睛开始。

　　一次讲课时，一个小姑娘分享了一件事情，让我震惊。她说有一次同学约她去看录像，结果一进去就出不来了，原来是低级趣味的三级片。从此以后，这个女孩子就做噩梦，不敢跟大人讲，又不敢给老师讲，也不敢给同学讲，时间长了就抑郁了。直到这一次到"寻找安详小课堂"，老师帮她找原因，给她进行旧记忆的清理，她才有勇气把这些事情讲出来。你想，像这样的事件，该由谁来负责呢？现在文化市场的管理有效果，上网用实名制，这多多少少让一些青少年得到了保护。但仍然有一些网站，有一些手机 APP，在推送奸巧、秽污的内容。

"信"这一部分，如果我们展开来讲，内容太多了。"奸巧语，秽污词，市井气，切戒之。"作者在这里用了一个词"切"，就是一定要把它戒掉。按照古人的说法，每一次奸巧都是对生命的欠账。我们看到太多的奸巧之人被社会淘汰。

《弟子规》接下来讲"见未真，勿轻言；知未的，勿轻传"，就是说看见的如果不准确，千万不能讲；知道的如果不准确，千万不能讲。它要求我们所言一定要准确，千万不能以讹传讹。因为信息的传播具有导向性，很容易给社会造成混乱和恐慌。

为什么现在人的安全感差？传媒出问题了。大舜也好，孔子也好，都在强调一个文化传播的原则，那就是"隐恶扬善"。对于喜庆的事情、吉祥的事情要反复传播，因为给人正能量的心理暗示。对于恐怖的事情，要尽可能地少传播，给人减少负能量的心理暗示。有人做过实验，如果去看恐怖电影，给他的腋下塞上棉花，收集他的汗液，汗液是有毒的；让人看喜剧片，汗液是无毒的。看恐怖片，汗液很难闻、很刺鼻；看喜剧片则不然。可见人在恐惧的时候，连分泌出来的汗液都是有毒的，都是有臭味的。

按照《弟子规》的精神，从传播学上来说，我们一定要多传播正能量的事件，少传播负能量的事件。因为正负都给人心理暗示。从量子力学的观点来讲，一个人看到什么，他的世界就发生什么。比如我在电视上看到地震了，按照量子力学的观点，我这个人已经经历了一次地震。因为在量子的世界里，念头是物质也是能量，动了念头了，对应的能量世界就形成了，对应的物质世界就形成了。这也就是报喜不报忧的原因。当年没有量子力学，没有非线性物理学，但是人们早知道这背后的秘密。孔子曰："《诗》三百，一言以蔽之，曰：'思无邪。'"古人早就发现："治世之音安以乐""乱世之音怨以怒""亡国之音哀以思"。

"见未真，勿轻言；知未的，勿轻传。"这句话体现了重要的传播学原理，就是我们在进行信息传播的时候要慎之又慎。即便是真实的，如果它的能量值不高，我们也要尽可能少讲。

接下来，作者讲，"事非宜，勿轻诺；苟轻诺，进退错"，就是说，这件事情如果你感觉不妥当，就不要轻易承诺。如果轻易承诺，将来就进退失当，不知道怎么办了。于此，在前面讲"勿畏难，勿轻略"时已经做过解读。在这里我们从"信"的角度再做一下说明，就是说我们每讲一句话，每答应一件事情，都一定要警惕："事非宜，勿轻诺。"

前面讲过，卫献公央求宁喜帮助他复国，宁喜正在下棋，就答应了。没想到卫献公掌权之后，却借机把宁喜杀了。宁喜当时答应这件事的时候，没有认真考虑卫献公的人品，答应得过于草率。

"事非宜，勿轻诺。"中国是一个人情社会，动不动就有人求情。被留置的一些官员，有一部分是因为品德问题，还有一部分有可能就是"事非宜，而轻诺"了。这件事情，太太讲了，小舅子讲了，自家兄弟讲了，老同学讲了，求情啦，办不办呢？说不办吧，人情过不去。办了吧，触犯国法。人情给人温暖感、安全感，但是也往往有问题。为什么呢？人们乱提要求。有时候，我们感觉在帮助别人，事实上是在作恶。为啥呢？你把一个本应该在那个位置上的人给挤出去了。从人伦上来讲，从人情上来讲，好像做了一件好事，这个人还有人情味，还帮了个忙，但是从公平和正义上来讲，我们有了过失。

"事非宜，勿轻诺，苟轻诺，进退错。"有些人托你办事，你答应了，可是后来事情办不了，那怎么办？《弟子规》里面充满着让人感动的关怀，这种关怀，我们在后面的篇章里还可以看到很多。

第三十九讲　沉默深处是真金

　　在前面的课程里,我们讲了"见未真,勿轻言;知未的,勿轻传。事非宜,勿轻诺,苟轻诺,进退错",就是说,我们说一句话也好,制定一项政策也好,都要想到进退。如果一个政策的制定最终让我们进退失据,那么,这个政策就是有问题的。如果我们的一句话讲出来,最后让人觉得很难堪,很为难,那么这句话就是有问题的,所以古人讲"三思而后行"。

　　当然,也有三思而后言。我为什么在《寻找安详》这本书里用几乎三分之一的篇幅讲现场感呢?因为一个人有了现场感的训练,他起心动念的时候,就有一个对念头的跟踪者来为我们把关。古人把这种能力叫作反省力,这是一种观照的功夫。每个人做事,都有一个更高的我在头顶俯瞰着我们，提醒我们哪件事该做，哪件事不该做。就像现在流行的动画片《中华弟子规》，有一个人格化的小宠哥，时刻在主人公的头顶监督他，认真做作业了没？书本收拾整齐了没？其实，每个人的生命构成里也有这么一个"小宠哥"在监督着，让我们说的每一句话都具有可行性，都能"落地"。

生活中，那些答应特别爽快的人，往往容易食言，那些轻易不给你答复的人，最后往往能兑现，这就是辩证法。因为懂得承诺的人，他一定会知道每一句话对于他的形象、信誉度、品格意味着什么。每一句话都是对生命力的构建，就像盖房子一样，每一句话都是修建他的人格大厦。这就是孔子为什么讲"人而无信，不知其可也"。

古人维护信誉比生命还重要。如果没有了信誉，在古人看来，这样的生命是没有价值的。关于诚信，历史上有一个非常极端的例子："尾生抱柱"。尾生当年跟一个姑娘相约，在一座大桥下相会。尾生到了，姑娘还没有来。结果天下起大雨，然后洪水来了，尾生仍然站在那根柱子下，最后洪水把尾生都淹没了，姑娘还没有来。但是，这个小伙子并没有离开约会的地方，最后被洪水冲走了。这就是著名的"尾生抱柱"的故事。这样的守信当然不值得效仿，但从中可见在一些古人心中，守信比生命更重要。

《弟子规》接着讲道："凡道字，重且舒，勿急疾，勿模糊。"因为古人早就发现，当我们说话特别快的时候，很容易轻易表态。当一个人说话从容惯了，谨慎惯了，说话有一个特点：道字发音重，而且舒缓。他说的每一个字，听上去有重量感，很舒服，还有舒缓的感觉。按照古人的心灵学来讲，当一个人说话特别急的时候，折射出这个人的内心缺乏从容和淡定，守不住神。

《黄帝内经》中的"恬淡虚无，真气从之。精神内守，病安从来？"可以帮助我们理解为什么要从容说话。生活中我们发现，如果说话特别急，很容易口渴，因为急是火。"勿急疾，勿模糊"。"勿模糊"就是要准确，"勿急疾"就是要从容。原理在"步从容，立端正"这部分讲，就是说，语言折射出来的是我们的心灵世界。我们的心灵是否从容、是否舒缓、是否庄重，一听说话就清清楚楚，因为言为心声。

另一方面，说话本身也是现场感训练的重要途径。每一句话出口，你都知道，你就在现场。神在现场，能量就在现场，生命力就不会损失，福气面缸里面的面粉就是满的，那我们做长寿的面条、富贵的面包、康宁的点心就有原料。

说话是很耗气的。每天讲课的人就要尽可能地保持"勿急疾，勿模糊"。这样，对精气神的损耗相对少一些。当然，如果讲的是正念，正念生正气，还会回收一部分养分；如果讲的是"邪僻事"，每一句话都是能量的散失，对人的伤害就太大了。

我们在文学创作的时候，在文化制作的时候，在传媒平台上，也要做到"勿急疾，勿模糊"，做到"凡道字，重且舒"，给大众一种从容感、端庄感，做到思想深邃、制作精良、技术精湛、精益求精。

"凡道字，重且舒，勿急疾，勿模糊。"它是个体生命力建设的一个重要方法，也是团队、国家、民族文化传承的重要原则，就是要稳、要端庄、要持重。因为只有稳，只有持重，对人民的心理暗示才是稳健的。

历史上但凡大的变动，当时一定有一个过度激进的文化在引导，它的思维方式是反庄重的，如果不是别有用心，那就是没有经过"凡道字，重且舒，勿急疾，勿模糊"的训练，激进本身是一种强势心理暗示，弄不好就会成为一种反社会倾向，甚至给人类带来灾难。

接下来，《弟子规》讲道："彼说长，此说短，不关己，莫闲管。"就是说大家都在讨论的事，如果跟你没关系，最好保持沉默。大家也许会说，这不是老好人主义吗？这不就没有社会责任感吗？跟你没关系，你就不理了吗？古人认为，任何纷争，都是因为心的波澜，用波澜平息波澜，会产生双倍的波澜。《零极限》讲，一个人要为他生命中发生的一切负百分之百的责任。听到是非，要立即清理自己。底片改了，投影就变了。"彼说长，此说短，不关己，莫闲管。"怎么办呢？好好地提高自己的能量。

前面讲过，整个人类是一个整体，一定意义上，当我提高了，整个人类也提高了；当我堕落了，整个人类也堕落了。霍金斯讲过，一个人的能量如果达到六百级，他的生命力是普通人的一千万倍。这个贡献多大？这才是做功夫的地方，而不在于品头论足。当然必要的监督、善意的提醒是有用的。但是古人认为都不需要。为什么呢？老子讲过："我无为而民自化，我好静而民自正，我无事而民自富，我无欲而民自朴。"老子早就看到了这一点。

古人给我们开出的药单是什么呢？遇到病先找根。根是什么呢？在底片上，而不要在"头痛医头，脚痛医脚"上面过度做文章。

接着，《弟子规》笔锋一转讲道："见人善，即思齐，纵去远，以渐跻。"就是看到别人身上的闪光点，看到别人行善，看到善行善事，就像把脚踮起来向往的样子。"见人恶，即内省"，看到别人身上的缺点，马上反省自己有没有。这才是正确的态度，而不要人云亦云，议论纷纷。正确的态度是，"见人善，即思齐"，"见人恶，即内省"，也就是当大家"彼说长，此说短"的时候，我要看有没有值得我们学习的地方，有没有值得借鉴的地方。就像唐代李世民讲的："夫以铜为鉴，可以正衣冠。以古为鉴，可以知兴替。以人为鉴，可以明得失。"

当每个人出现在面前的时候，一定要吸取他的优点，规避他的缺点，把他功能化、公用化。把他作为一堂课，学到能学到的东西。这就是"见人善，即思齐，纵去远，以渐跻。见人恶，即内省，有则改，无加警"。这句话很形象，踮着脚眺望远去的善人，依依不舍的样子，很思慕的样子。见人有错误，马上反省，我有没有这样的错误？如果有，赶快改。如果没有，以后不能犯类似的错误。

记得我上初中的时候，有两名同学打架，一个把另一个捅了一刀子。结果，行凶同学的父亲就被叫到学校，当着全体同学的面做检讨。我不知道这名同学做何感想。

这位父亲是我们那一带很有名的知识分子。他在发言的时候就讲了一个成语，给我的印象太深刻了。他说："我没有把儿子管教好，犯了这么大的错误，给学校丢了人，给老师丢了人，给同学造成了伤害，希望这样的事情以后在学校里再也不要发生。"接着他就讲了这句话："有则改之，无则加勉。"这是我第一次听到这个成语。那一天我对同学犯的错误有了一种非同寻常的感受，因为他父亲以那么可怜的表情给我们讲"有则改之，无则加勉"。

第四十讲　内足之人不外求

　　上一讲，给大家分享了"见人善，即思齐，纵去远，以渐跻。见人恶，即内省，有则改，无加警"。我们讲，要把生活中出现的每一个人、每一件事变成自己的一堂课，吸取我们所需要的，规避我们不需要的，还要警惕危险的事情。

　　接下来《弟子规》讲什么呢？"惟德学，惟才艺，不如人，当自励。若衣服，若饮食，不如人，勿生戚。"德行和学问不如人，要警觉，要奋起直追；衣服、饮食不如人，不能自卑，不能攀比。德为先，享受为后，"德者本也，财者末也"。

　　《弟子规》为什么要强调培德为先，享受为后？为什么要在"见人善，即思齐，纵去远，以渐跻"后面讲这一句话呢？意味深长。好像这一段跟"信"没关系。为什么一会儿是"见人善，即思齐"，一会儿是"唯德学，唯才艺，不如人，当自砺"，这跟"信"有什么关系呢？

有一天，在读诵的过程中，我突然就明白了。人为什么会不信呢？为什么会诈与妄呢？为什么会欺客呢？因为不自信。为什么不自信就会欺客呢？因为不相信我们生命中什么都不缺。按古人的说法，一个人如果回归到本质状态，那么它是一个无条件的喜悦，无条件的圆满，无条件的永恒，无条件的坚定，无条件的心想事成。回到面缸里面，你既是面包又是面条，还是点心。

哪些人会欺骗别人呢？不自信的人。"信不足焉，有不信焉。"为什么会有不诚信的人存在呢？因为这些人不自信，这就是老子讲的"信不足焉，有不信焉"。他不自信，所以不诚信，就欺骗别人，用欺骗的手段获取非法利润。如果一个人特别自信，没必要欺骗别人。不要说别人，就是说我自己，这些年，我就体会到了没必要欺骗别人。

为什么呢？因为你已经无所求。你吃不了多少，喝不了多少，用不了多少。当一个人不再为欲望活着的时候，而为公益活着的时候，为什么要撒谎呢？没必要了。何况每一个谎言都是对自性的污染。当一个人有自性的概念，有本性的概念，有本质的概念，这个人轻易不会撒谎。因为他知道，谎言一出，自性就被污染了。

成语讲"自欺欺人"，欺人说到底是自欺，在动欺人念头的时候，接收负能量的首先是自己。

《弟子规》非常有逻辑性，非常有智慧，它在"信"的后半部分笔锋一转："见人善，即思齐，纵去远，以渐跻。见人恶，即内省，有则改，无加警。"当一个人时时刻刻见善思齐的时候，不可能不"信"，因为他的人生目标本身就是实现诚信。"诚者，天之道也；思诚者，人之道也。"古人认为，一个人的人生意义就是到达诚信的境界。为什么呢？只有到达诚信的境界，我们才能回到第一故乡，因为第一故乡里面没有欺骗。

在"信"这部分，为什么要讲"惟德学，惟才艺，不如人，当自砺。若衣服，若饮食，不如人，勿生戚"？这是有深层逻辑的。人为什么要骗人呢？无非是想让自己穿得好一些，过得好一些，体面一些。如果一个人不为衣物，不为欲望，还有必要骗人吗？如果一个人把德学作为人生的第一目标，像颜回那样，还有必要骗人吗？颜回为什么"不迁怒，不贰过"？因为"一箪食，一瓢饮，在陋巷，人不堪其忧，回也不改其乐"。连一个像样的喝水的碗都没有，住着危房，如果换了别人，早就忧愁不堪了！但是颜回一点儿都没有不快乐的样子。颜回以德行为他的资粮、以德行为他的喜悦、以德行为他的人生目标。

到此这里我才明白为什么在"信"这一部分要讲"唯德学，唯才艺，不如人，当自砺。若衣服，若饮食，不如人，勿生戚"。一个人只有以德学为人生的目标，以提高生命能量为人生的目标，这个人才能做到大诚大信。

接下来，《弟子规》讲道："闻过怒，闻誉乐，损友来，益友却。闻誉恐，闻过欣，直谅士，渐相亲。"意思是，一个人，听到别人说他的过失就生气，说他的好话他就兴高采烈，结果是什么呢？"损友来，益友却。"而一个人，"闻誉恐，闻过欣"，听到别人表扬他就很紧张，战战兢兢；听到别人批评就很高兴，时间久了益友渐渐就到来了，"直谅士"就找上门来了，对于一个人来讲，这是莫大的福利。

"贞观之治"为什么会发生？与唐太宗能够任用魏徵这些谏官有关系，他能听得进去劝。《群书治要》就是在这个时代诞生的。这就是"见人善，即思齐"在国家层面的一种应用。历史上治理国家的所有贤良之策，被魏徵这些人组织编写成一套书即《群书治要》，唐太宗常常翻阅学习，由此开创了中华历史上著名的贞观盛世。这就是"见人善，即思齐"在治国理政方面的结果。

党的十九大报告指出，"推动中华优秀传统文化创造性转化、创新性发展，继承革命文化，发展社会主义先进文化"。这事实上也是一种"见人善，即思齐"的思维逻辑。五千年中华优秀传统文化里面一定有值得我们学习的地方。如果我们把五千年的中华文化割裂，那就是抛弃传统，忘掉根本，就相当于割断了我们自己的精神命脉。

"见人善，即思齐，纵去远，以渐跻"。对五千年的中华文明，我们要带着仰望的姿态来创造性转化、创新性发展，因为"本立而道生"。这与"闻过怒，闻誉乐，损友来，益友却。闻誉恐，闻过欣，直谅士，渐相亲"相呼应。闻过则喜，良性循环会形成。有人提意见，第一次被采纳了，会提第二次，第二次被采纳了，会提第三次。如果第一次提我们就不高兴，那就再没有人愿意提了。如果没有人给提意见，是很危险的。

这些年，我深有体会。出去讲课，每一堂课下来，都是一片赞美之声，被掌声和鲜花簇拥，时间长了，就飘飘然了。一到家里，没有了掌声和鲜花，会有失落感。太太不但不赞美有时还挑毛病，我就不高兴了，但静下心来思考却特别感动，这个世界上除了自己的妻子，还有谁能指出我的毛病呢？父母都不说了，一则父母不知道，不知从何说起；二则父母也惜情仰面，儿子大了，上了年纪了，不忍心多说了。能够讲几句自己毛病的唯有妻子。

日常生活中，如果我们按照《弟子规》去做，再加上朋友提醒，自己又乐于听取他人意见，我们就能交到良师益友。如果厌烦逆耳之言，时间长了，我们就被孤立起来了。而一个人被孤立起来，这是很可怕的。所以每一次的民主生活会我都是认真听的，而且我剖析我的毛病也是很认真的，你会发现大家确实会给你提出一些非常中肯的意见。这就是"闻过怒，闻誉乐，损友来，益友却。闻誉恐，闻过欣，直谅士，渐相亲"的益处。中国人的成功学其实就是这两句话。

为什么要学习历史呢？就是从中借鉴古人的得失。中华民族是一个非常重视历史的民族，你看，单位有单位志，城市有城市志，县有县志。为什么呢？记录得失，以免后人再犯类似的过失。孔子表扬颜回有两大品质，第一不迁怒，第二不贰过，同样的过错不再犯。中华民族五千年历史，有惊人的周期性，谁能从中吸取教训谁就能保持生命力。

《弟子规》看似简单，实则不简单，很深奥，值得我们好好地去玩味去践行。如果不践行，是很难读懂的，虽然看上去很简单。

事实上民主集中制原则，用《弟子规》里面的话来讲就是这两句话："闻过怒，闻誉乐，损友来，益友却。闻誉恐，闻过欣，直谅士，渐相亲。"这两句话在个人的建设、在家庭的建设、在国家和民族的建设方面至为重要，它是一个人能够保持生命力、创新力、创造力的秘诀。

这两句话跟"信"有什么关系呢？当一个人真的能够做到"闻誉恐，闻过欣"的时候，这个人自然就是一个有诚信感的人。一个人最大的虚伪就是不承认错误，就是文过饰非，这是一个人的大忌。

第四十一讲　人生无非扫心地

这一讲，我们学习"无心非，名为错；有心非，名为恶。过能改，归于无；倘掩饰，增一辜"。这两句话把"信"部推向了哲学高度。

作者为什么用"无心非，名为错；有心非，名为恶。过能改，归于无；倘掩饰，增一辜"作为"信"部的结束呢？这里面有很深的含义：一个人如果因为不懂得规则、不懂得标准犯了错误，那叫"错误"；如果明知故犯就变成"恶"了。古人对"错"和"恶"的区分，就看动机。小孩子肯定是在犯错误中长大的，他不懂得规则、不懂得标准，那么在犯错误的时候、做错事的时候，爸爸妈妈不断地给他矫正。但是成人都知道标准了，都懂得法律了，还冒天下之大不韪，这就变成了恶。古人讲"错"

和"恶"是从动机、从我们起心动念的出发点来讲的。

前面讲过，"错"是两个人相行没对上，跟标准没对上，"过"是走过头了，而"恶"是心已经坏了。因此，司法机关在对犯人量刑的时候，也要看他的动机，看他犯这个错误是有意还是无意，然后再做出裁决。

接着《弟子规》讲道："过能改，归于无；倘掩饰，增一辜。"一个错误，改掉就变成零，如果掩饰，就变成两个错误。犯错误是一个错误，掩饰错误是更大的错误。前面讲过，鲁哀公问孔子他的学生里面谁最优秀，孔子说："有颜回者好学，不迁怒，不贰过。"可以想象，颜回在他的生命中、在他的生活中、在他的生存中一定是能够随时矫正错误的。

我经常会懊悔，为什么同样的错误犯两次？不说别的，就拿晚饭为例，常常会吃多，吃多了晚上的睡眠质量就不高，在床上辗转的时候就立下宏大志愿，明天一定要少吃，但是第二天仍然吃多，就很懊丧，同样的一件事情就改不掉。后来我就写了一个纸条："享受一会会，痛苦一晚上。"压在餐桌的玻璃板下面，来提醒自己。但是饭菜来了，禁不住太太劝："吃吧吃吧，面黄肌瘦的样子，还不吃，怎么出去讲课呀？怎么给大家做个好榜样呀？坐在讲台上谁相信你呀？"我禁不住诱惑，又吃了。吃了呢，晚上躺下了，不舒服。就像曾国藩在日记里写他改晚起的毛病一样，二十天里面十几次起晚了，他想把睡懒觉的毛病改掉，但是往往就睡过头了。对于每一个人来讲，可能都有自己的弱项。

"过能改，归于无；倘掩饰，增一辜。"这一句话不得了。前面讲过："欺骗别人，伤害的是对方。欺骗自己，伤害的是自性。"一定要警惕，一个人常常修改程序，时间久了，我们生命的自动化运转系统就不灵敏了。本来昨天晚上已经编了程序，明天的晚饭要吃一半，但第二天你没做到，你的程序已经被修改了。这个程序反复地被修改，灵敏性就降低了；灵敏性一降低，能量的交换速度、质量就降低了。古人为什么常常用生命来维护信誉呢？因为他不允许在自性的运转系统里面频繁地修改程序。

"信"篇到"无心非，名为错；有心非，名为恶。过能改，归于无；倘掩饰，增一辜"就达到了一个哲学的高度。它是从卫生、卫性、卫心的层面去讲的，保卫生命，保卫我们的本性不受污染，保卫我们的生命质量。人为什么要讲诚信呢？因为我们的本性不容许被污染。

比如说，一盆水污染了，你要把它重新变清，那是很难的。一滴墨水已经滴进去了，你要把它清除出来，几乎是没有可能的。为什么要讲诚信呢？孟子讲，"诚者，天之道也；思诚者，人之道也"。人的轨道就是"诚信"。如果一个人不讲诚信，他已经离开了轨道。离开了轨道，当然没有安全感可言，没有幸福感可言，没有获得感可言。所以，"谨"和"信"是对"孝"和"悌"这两大人生轨道的维护。"孝"是大树的根，"悌"是干，"谨"和"信"是枝，它们是维护性的、保护性的。

我们再回顾一下"信"这一部分，它有一条非常严密的逻辑线，它从"凡出言，信为先，诈与妄，奚可焉"讲起。然后讲道"话说多，不如少，惟其是，勿佞巧。奸巧语，秽污词，市井气，切戒之"，劝我们说话一定要反奸诈、要诚信、要正大光明。接下来讲道"见未真，勿轻言；知未的，勿轻传。事非宜，勿轻诺，苟轻诺，进退错"，就是说没有彻底把握的时候，表达就要谨慎。这是讲传媒和文化的准确性。

接下来讲"凡道字，重且舒；勿急疾，勿模糊"是对传声器的把握，一定要持重。"急疾"说明我们的内心从容度不够。这是从生命力建设上来讲的。

继而讲"彼说长，此说短，不关己，莫闲管"，引导人们向内，由此推及品德："见人善，即思齐，纵去远，以渐跻。见人恶，即内省，有则改，无加警。惟德学，唯才艺，不如人，当自励；若衣服，若饮食，不如人，勿生戚。闻过怒，闻誉乐，损友来，益友却。闻誉恐，闻过欣，直谅士，渐相亲。"一个人之所以不诚信是因为不自信，他不知道自己本身就是一个百分之百的宝藏，而向外用欺骗的方式去获得。当一个人知道自己就是百分之百的幸福之源，就是百分之百的安全之源时，就没有必要去欺诈了，这是一条逻辑线。

"无心非，名为错；有心非，名为恶。"这是把《弟子规》的精神推到起心动念，推到微观世界。假如明知故犯，就不仅是诚信问题，而且是品质问题了，变成恶了。但同时《弟子规》又非常包容，它用一句很包容的话收尾，即"过能改，归于无；倘掩饰，增一辜"，给人们留下改过的空间和可能性，有错误不怕，马上改了，我们的生命力就保住了。

"信"这一部分，我们看这个逻辑链条，从说话讲起，再到品质构建，最后到心灵构建，它是一个递进的过程，是一个由形而下到形而上的过程。最后，它给我们开出的方法论是随时随地改正错误。这就是古人讲的"扫心地"，时时刻刻拿着改过这一把扫帚把我们的心打扫干净，错误的念头一动就马上扫掉。

我们的祖先早就发现，念头动时，已经对我们的心灵造成了伤害。所谓的境由心造，就是心想则事成。当念头一动的时候，一个对应的世界已经形成了。如果是错误的念头，一个悲剧已经形成了。

这一点，已经被量子力学所证明。这是《弟子规》的第四部分"信"，是"谨"的另一个方面，和"谨"互为补充，它们都是对生命的维护性系统。

现在，全社会都在竭尽全力恢复诚信系统。而要恢复诚信系统，就要让人们知道诚信的利润。诚信有什么利润呢？我们常常处于一种诚信的状态，我们的能量交换就是畅通的。跟宇宙能量畅通交换，我们的人生就是吉祥如意的。不诚信的人生，事实上受伤害的是自己。把这个道理搞清楚，那么老百姓自然会选择诚信。

接着给大家分享第五部分"泛爱众"。"泛爱众"是《弟子规》这棵生命树的花朵，也是为"入则孝，出则悌，谨而信"服务的。说穿了，他品质的核心无非就是一个"爱"字。"孝"是爱老人，"悌"是爱兄弟姐妹，"谨"和

"信"是爱自身。到了"泛爱众"，在"入则孝，出则悌，谨而信"里养成的品质就要应用化。这棵生命树长成参天大树之后，就要让人乘凉了，这就是"泛爱众"。就是说一个人在家里面爱父母习惯了，爱兄弟姐妹习惯了，爱自己习惯了，到社会上去，他一定会爱跟自己没有血缘关系的人，这就是"泛爱众"。

"泛爱众"一开始就讲"凡是人，皆须爱"，这个逻辑就跟古老的大同逻辑接上了，跟习近平总书记提出来的"人类命运共同体"接上了。所以，《弟子规》完全可以承上启下，它很好地体现了五千年中华文明的逻辑。"凡是人，皆须爱，天同覆，地同载"，它的宇宙秩序和依据就是天地精神，它是一种大同理想，是一种整体性思维。

第四十二讲　心地净时万归一

　　"泛爱众"一开始就讲："凡是人，皆须爱，天同覆，地同载。"为什么"凡是人，皆须爱"呢？天地万物皆使然。老天对每一个人都是公平的。下雨的时候，它没有说厅级干部多下一些，处级干部就少下一些。下雪的时候，也是如此。阳光也没有说，厅级干部我就多照一会儿，处级干部就少照一会儿，它对每一个人都是公平的。大地也是用一种平等心在承载、生长，谁勤奋，我就成全谁；谁用心耕耘，我就成全谁。它没有说黄皮肤的人，我就多给他生长，其他皮肤的人，我就不给他生长。我们看到，天地对它所服务的对象是公平的。老子讲的"天地不仁，以万物为刍狗"，就都是一样的，它没分别。正因为天地没有分别，所以天长地久。这一种宇宙逻辑对应在人间，就是"凡是人，皆须爱"。对所有的人，我们都要爱他，这样的话，我们就做到了天人合一，就能够跟宇宙能量同频共振，就能够跟天地一样天长地久。

前面讲过，中国文化是整体性的，是强调"一"的文化，这个"一"有整体的意思，也有平等的意思。孔子晚年给他的学生曾参讲"吾道一以贯之"，讲完之后，就从教室里出去了，别的同学就把曾参围住，问曾参说："师兄啊！刚才老师给你吃什么偏饭了？讲什么秘密了？"曾参说："夫子之道，忠恕而已矣。"

当年读到这里，我就在想，曾参为什么把夫子的话不复讲给大家，而要换一个说法呢？现在才明白，曾参只能这么讲。为什么呢？他直接讲夫子的话，他的师兄师弟听不懂。他把夫子话中的奥秘分解为两个字，哪两个字呢？"忠"和"恕"。什么是"忠"呢？忠，我们看它的会意，由那个本体的心、没污染的"心"，与《中庸》里面讲的"喜怒哀乐之未发"的那个"中"组成。就是面缸里的面粉，还没有变成面包，还没有变成面条。什么是"恕"呢？"如""心"，就像你的心，通俗地讲就是将心比心。《弟子规》的"入则孝"部分讲到"冬则温，夏则凊，晨则省，昏则定"，讲的就是"恕"道，就是将心比心，就是感受力。

可见，孔子思想的核心是一种心的状态。有人说，他一生在讲一个字："仁"。"仁"是什么意思呢？两个人，两个人是什么意思呢？心中要有别人，将心比心。"仁"字左边一个人，右边两横，一横代表天，一横代表地，表示人与天地合为一体，达到"天地与我同根，万物与我一体"的境界。如此看来，孔子一生所讲的不外乎一件事情，就是让我们的心具有同情心、怜悯心、慈悲心、爱心，然后将心比心。就是把天地精神投射在人间把天地的无私性、平等性、无分别性，在人间表现为一种生命状态，即"吾道一以贯之"。简单讲就是平等、平常。孔子开创了有教无类的教育，就是富人也教，穷人也教，年少的也教，年长的也教，他做到了平常、平等。所以，后人把他称为"大成至圣先师"，成为老师的偶像，成为老师的典型、典范。

我们目前的治国理政方向，事实上就是"凡是人，皆须爱"。"人类命运共同体"也好，"一带一路"也好，都是这种古老逻辑的现代化，就是让全球来共享中国发展的红利，共享中国文化的红利，为人类的和平、安全做出中华民族的贡献。"凡是人，皆须爱，天同覆，地同载。"前面讲的是人间伦理，后面讲的是逻辑依据，讲的是天地精神，把人间精神跟天地精神做了一个对接，让我们知道"凡是人，皆须爱"是老天爷的意思，它有一个"天同覆，地同载"的大前提。

接着讲什么呢？"行高者，名自高，人所重，非貌高。""泛爱众"为什么在总论之后要讲这么一句话呢？揭示本质和现象的关系，讲形和神的关系。一个人怎样才能真正地"泛爱众"呢？是靠外在呢，还是靠本质呢？当然靠本质。

老子为什么受人尊敬？孔子为什么受人尊敬？因为他们被褐怀玉，因为他们生而不有、长而不宰、为而不恃，心中没有自己，只有大众。孔子每天考虑的事是"德之不修，学之不讲，闻义不能徙，不善不能改，是吾忧也"。每天想的是自己的道德进步了没有，品格进步了没有，学生进步了没有，仁义在大地上推广了没有，人们的不善改掉了没有……他思考的是这些事情，所以他受人尊重。"学而不厌，诲人不倦，不知老之将至"，这就是孔子。所以他成为万世师表，受人尊敬。去世之后，他的学生为他守墓三年，子贡甚至为他守墓六年。有一年，他的后人孔德成到美国去访问，从机场出来的时候，安检的工作人员一看他是孔子的后人，就把他请进去，等孔德成再次从机场出来的时候，红地毯已经铺上了。我们今天一说到谁是孔子的多少世后人，大家都会对他肃然起敬。

在"泛爱众"的第一个要素里面，作者强调了品德的重要性、内容的重要性、本质的重要性，"行高者，名自高，人所重，非貌高"，按照《弟子规》价值观，真正的颜值是个人的内涵，是"泛爱众"的心，前面讲过"有德司契，无德司彻"，也是这个道理，真正的契约就是一个人的品德。

接下来《弟子规》又讲道："行高者，名自高，人所重，非貌高。才大者，望自大，人所服，非言大。"讲到了"言"和"才"的关系，就是一个人的实际功夫、实际本领和包装的关系、宣传的关系、推介的关系。历史上但凡留下来的作品，一定是有含金量的，一定是能体现天地精神的，一定是"泛爱众"的。否则，历史会将其淘汰。要想"泛爱众"，就要具备本质力、生命力。

我在散文集《永远的乡愁》里收入了一篇散文，是写我的中学老师的。这篇散文感动过无数的老师、听众、观众、读者。不是我写得有多好，是这位老师的故事很感人。2007年，我的短篇小说《吉祥如意》获得鲁迅文学奖。鲁迅文学奖大家都知道，它是中国文学的最高奖之一，它和茅盾文学奖是中国文学最有影响力的奖项。颁奖大会在鲁迅先生的故乡举办，给我颁奖的是鲁迅先生的儿子周海婴。当我从周先生的手中接过获奖证书的时候，我的眼前出现了一串身影，有父母、兄妹、一些老领导等等。但是后来，留下来的最清晰的一个身影就是我的初中老师刘富荣。当时我就动了一个念头：领奖回去，我要把这个喜讯亲口告诉刘老师，要去看一看刘老师。

当我出现在刘老师面前的时候，刘老师感觉有些意外，说了一会儿话后，就没什么可说了。这时候刘老师就把抽屉拉开，说："文斌啊，你看你写给我的信，我都存着呢。"我的眼睛就潮湿了，我从上固原师范开始写给刘老师的信，刘老师都整整齐齐地码在那里。刘老师写给我的信，因我搬了几次家，都不知道放在哪里了。但是刘老师把我的信居然放在他的抽屉里，码得那么整齐，当然还有别的同学的一些贺卡、信件。那一刻，透过泪水，当年的情景一幕幕浮现在眼前。

在我的印象中，刘老师一直穿着一件蓝卡其布做的衫子，打了不少补丁，都洗白了，从来没换过。星期六星期天他也不回家，就在学校里住。如果是冬天，衫子洗了，没啥换，他就只穿着棉袄，到星期一又把那件衫子套上去。有一天，班长对我们说："同学们，大家今天自习，老师回老家去了，干什么去了呢？做新郎官去了。"谁料话音刚落，刘老师就进教室了。课后大家就叽叽喳喳地讨论，刘老师的婚礼在平峰乡老家举办。从将台中学步行回家，得六七个小时。他前天下午回家今早到校，说明他今天凌晨就出发了。这样一算，大家就得出结论：刘老师压根儿就没进洞房！

毕业时，每名同学交了两毛钱，给每位老师买了一个搪瓷盆，上面写的是"将台中学初三（2）班全体同学留念"。别的老师都收了，但刘老师坚决不收，不开宿舍门。要搞毕业典礼了，刘老师才出来，我们在教室门前已经站好了队。刘老师说："同学们，你们等一等，我很快就回来。"他跑步出去，跑步回来，手上拿着两沓崭新的钱，他要给每一名同学发两毛钱。他说："你们的礼物我收下，但这两毛钱，你们也要收下。"当时我们感觉刘老师有一些过分，好像没有人情味。现在回想，刘老师是给我们上最后一课。

因为我们那一届考得很好，新学年，刘老师被调到县教师进修学校任教。让人吃惊的是，两年后，他强烈要求调回乡下，回到平峰乡中学任教，为什么呢？因为师母没有工作，在家种田。那一刻，我们就知道，刘老师是爱师母的。当年为什么那么着急回来给我们上课呢？因为那一年我们初三，他为了不耽误上课，在新婚之夜就起程往学校里赶。当时他没有解释，但是多少年之后，他用行动向我们做了解释，说明他是爱师母的。

　　我在教育局做过两年秘书，我知道有许多老师为了进县城把教育局局长的门槛都快踏断了，但是刘老师已经调到了县城，还要求调回乡下。他带的学生考了我们那个地区的第一名，学校要给他奖励，他不要。他说："教书育人是我的本分，我已经领了一份工资，为什么还要拿另外的一份呢？"现在，他已经退休了，又被返聘回学校任教。他给学校讲："我不要一分钱的工资，我做志愿者就行了。"已经好几年，他不拿一分钱课时费。

　　这就是我的老师，"行高者，名自高，人所重，非貌高。才大者，望自大，人所服，非言大"，在他身上有形象的、生动的、感人的体现。

第四十三讲　心底无私天地宽

　　上一讲给大家分享了"凡是人，皆须爱。天同覆，地同载"，分享了"行高者，名自高，人所重，非貌高。才大者，望自大，人所服，非言大"。接下来讲什么呢？"己有能，勿自私；人所能，勿轻訾。"就是说你有一身本领，千万不能藏着，一定要无所保留地奉献给社会；别人如果有才能，不要批评，不要诋毁，不要嫉妒。訾，这里读zǐ，是毁谤、非议的意思。

　　为什么在"泛爱众"的第二个环节讲这一句话呢？因为一个人如果有藏的心不可能"泛爱众"，有藏的心不可能有天地精神。老子讲："圣人不积，既以为人己愈有，既以与人己愈多。"圣人不会积累财富，一定是分享给社会。因为天道是"损有余而补不足"，人道是"损不足以奉有余"。

老子讲："天长地久，天地所以能长且久者，以其不自生，故能长生。"就是说，天地它不自有，"生而不有，为而不恃，长而不宰，是谓玄德。"整个天地都在无私地奉献。前面讲过，当一个人的心态是无私的，不求回报地爱别人的时候，他的生命能量在五百级，五百级是普通人幸福感的七十五万倍。所以，圣人以无私成就了他的私。真正的私就是大公无私，这就是辩证法。所以"己有能，勿自私"。

《记住乡愁》节目里，记录了许许多多的古人无偿地把发明奉献给后人的故事，那种精神值得现代人去学习。如果老子当年留下话，不交钱不能读他的书，《道德经》也传播不到这样的一个程度。"圣人不积，既以为人己愈有，既以与人己愈多。"圣人懂得天地间有一个秘密，就是无私奉献，就是真正的天地精神。现在国家正在搞精准扶贫，有些人很自愿地去扶贫，这就是《弟子规》"泛爱众"的精神。力所能及地捐一些款，做一些公益，对于我们自己是一个大的福利，对于我们的子孙后代也是福利。

习近平同志在福建任上，多次到宁夏扶贫点，留下了很多感人的瞬间。我们现在开辟了"一带一路"，又让全世界人民共享中华民族的博大爱心，也是"泛爱众"的精神。但是我也听到有一部分人说："我们还有人生活在小康线之下，拿这么多钱给别的国家？"事实上，这些人是不懂得《弟子规》的精神的。《弟子规》的精神是"泛爱众"，"泛爱众"的精神它恰恰是给中华民族积累能量。为啥呢？天地精神是"既以为人己愈有，既以与人己愈多"。天地精神是"甚爱必大费，多藏必厚亡"。一个人把天地间的财富藏在自己家里，事实上是把自己的能量压在那里了。当我们把这些财富捐出去，财富没有了，但它变成了我们的生命力，变成了我们的"长寿、富贵、康宁、好德、善终"。

接下来《弟子规》讲道"人所能，勿轻訾"，别人做好事的时候，千万不能讽刺。古人讲，别人做好事，你动一个赞叹的念头、欣赏的念头，你跟他积累的能量一样多。现在呢？不少人有一种心理，就是嫉妒，看到有人做好事，自己做不了，还讽刺。是他不学传统文化，不推广传统文化，别人在推广，在做志愿者，他还讽刺挖苦。这些人，其实是最耗费自己能量的。霍金斯能量级大家一看就清楚了。一个人嫉妒的时候、抱怨的时候，能量已经低于二百级，是一百二十五级左右，很低了。按照霍金斯的说法，一个人的能量低于二百级，这个人就要生病了。"人所能，勿轻訾。"千万不能讽刺，不能挖苦，不能害红眼病。要多多地鼓励、支持人们去做公益、做善事。

特别在今天，弘扬传统文化的过程中，更需要人们给以推动性的力量。这种心态对于一个人的获得感、幸福感、安全感很重要。用古人的话讲，这是一种积累福报的心态。用今天的话来讲，是一种提高生命能量的心态。在今天社会，尤其需要保持一颗点赞的心。看到有人地位比我们高，有人钱比我们多，有人名气比我们大，有人比我们有才华，要有一种见贤思齐的心。

《弟子规》讲："勿谄富，勿骄贫，勿厌故，勿喜新。"这句话来自《论语》。当年子贡问孔子："一个人假如能做到"贫而无谄，富而无骄，何如？"，孔子讲："可也，未若贫而乐，富而好礼者也。"子贡问孔子，一个人贫穷但没有谄媚，富贵却没有骄傲，这个人的修行怎么样呢？孔子认为很好，但还不如那些贫穷却很快乐的人、富贵却彬彬有礼的人。你看，孔子讲的境界跟子贡不一样。子贡认为他修炼到什么程度了呢？"贫而无谄，富而无骄"，就觉得不错了。但是孔子认为，这只是被动性，还没有达到主动性。主动性应该是一个什么样的状态呢？贫穷，但是快乐，就像我在前面讲的第欧根尼一样。富贵，还能做到对人有礼，这才是一种真修养。《弟子规》把这句话变成"勿谄富，勿骄贫，勿厌故，勿喜新"。

《朱柏庐治家格言》里面讲道，"遇贫穷而作骄态者，贱莫甚"，就是有一些人看到穷人就有一种骄横之相。《弟子规》在"泛爱众"的部分，在讲到自己有才华不能自私，别人有才华不能嫉妒之后，接着讲了这一句话，体现了一种内在的逻辑性。因为人非常容易犯的一个错误，就是嫌贫爱富，就是喜新厌旧。那么，一个嫌贫爱富的人，一个喜新厌旧的人，怎么能够做到"泛爱众"？"泛爱众"就是平等地爱一切人。大地可没有说只能富人走，穷人不能走，穷人走，要收钱，没有！一个人，当他有嫌贫爱富的心的时候，他已经离开了天地精神，离开了"泛爱众"的精神。所以说"勿谄富，勿骄贫"。见到富人，我们不能有谄媚相；见到穷人，我们不能有骄慢相，要一视同仁。

"勿谄富，勿骄贫，勿厌故，勿喜新"，是"泛爱众"精神的重要指标。但是我们在生活中发现，人们往往容易厌故喜新。最典型的就是，看不上自己的太太了。我在前面课程里讲过，要用换念头的方法，把自己的太太永远想成谈恋爱时候那样。所以，怎么样的一种状态，才能给我们带来幸福感呢？平常心！就是当你的心平了，当你的生命力提高了，当你心中觉得都一样的时候，你看任何事情都是美的。

在"勿谄富，勿骄贫，勿厌故，勿喜新"之后，《弟子规》讲："人不闲，勿事搅；人不安，勿话扰。"从一个人对待别人最简单的、最朴素的言行，我们就可以看出来这个人有没有孔子讲的"一以贯之"的精神，有没有曾参转述的"忠恕"精神，我们就看他对待别人的态度。看他能不能感受到别人这会儿正有事情，不愿意受人打扰，就知道他有没有爱心，这是非常生活化的体现。我们在生活中会看到有一些人，明明知道你忙着，可就是打扰你；明明知道你在备课，就是打扰你；明明知道你正在论坛上发言，但就是一个接一个地打电话。

在传统文化战线，义工们做得很好，打电话之前，要先发个微信问一下："老师，方便接电话吗？不打扰你吧？"或者约一个时间再给你打电话。这就是"人不闲，勿事搅；人不安，勿话扰"。要给人增力，不能添乱。

中华文化是一种修复性文化，中华文化是整体性文化，中华文化是点赞的文化，是求同尊异的文化，是将心比心的文化、知冷知热的文化。所谓"忠恕"。我在《农历》等书里均写及民间的优良传统：谁家有了红白喜事，举全村之力去服务，种庄稼的人把庄稼之事停下；如果人家有灾难，全村的人、全社的人都去分忧。它的逻辑就是"人不闲，勿事搅；人不安，勿话扰"的另一面，人有难，人人帮。

接下来《弟子规》讲到我们非常容易犯的错误："人有短，切莫揭；人有私，切莫说。"就是一个人有短处千万别讲。但是我们在现实生活中看到，有一些人专讲别人的是非。新闻心是人性，有一些人是关心国家大事，关心社会现象，但不少人是出于好奇，出于是非心。古人强调隐恶扬善，放到现在就是讲正面的事情，不讲反面的事情；讲阳光的事情，不讲黑暗的事情。就是不给人们提供负能量的传播源，因为信息具有暗示性，而暗示就是能量。

我们在生活中看到，因为传别人的隐私，讲别人的短处，造成的悲剧太多了。我有一个同事，有一段时间，我感觉怎么着都不对劲，到处在讲我的坏话，我说我也没得罪他呀，而且对他挺好的，处处维护他。后来一个很偶然的机会知道，另一个同事在他面前挑拨是非了。那件事情对我影响很大。从那以后，我更加体会到传别人的隐私、讲别人的短处的危害性。我也引以为戒，如果有人讲别人的短处，讲得特别有兴致，我要么保持沉默，要么转一个角度，讲那个人的优点。就是说，我们要尽可能地去讲一个人的优点，在别人讲他是非的时候，想到这个人还有长处。看别人长处的时候，想讲短处的那个心就下去了。

"人有短，切莫揭；人有私，切莫说"讲的是包容心、清净心，劝告我们断不可揭短说私。揭短说私招祸。理上讲，揭他人短，说他人私，本身就是揭自己短，说自己私，因为我们是一体。心动揭短念，心已在短；心动说私念，心已在私。正如给他人心池投墨，我心必先有盛墨之具。心有盛墨之具，心已着墨了。因此，对人之短之私，要像对己之短之私一样看待。换一个角度讲，喜欢揭短说私是心不清净的表现，当一个人彻底消灭了是非心，心地一片清净时，就不会揭短说私了。这一切，目的都是让我们一层一层醒来，一级一级提高生命层次，一步一步回到根本故乡。"人有短，切莫揭；人有私，切莫说。"古人用两个"切"强调。从心理学上来讲，一个人讲别人短处的时候，其实受伤害的是自己，因为讲短处的时候，你动了一个"揭短"的念头，按照"信息、能量、物质"三位一体的原理，我们的能量就降低了。换句话说，你站在阳光下面，你获得的是阳光的照耀，获益的也是自己；你站在黑暗里面，你被黑暗包裹，受伤的是自己。如果我们对《零极限》这本书有很好的理解，我们就更不会讲别人的缺点了。我们看到了别人的一个缺点，意味着我们心中还有对等的缺点，不然是看不到的。这就是儒家讲的"行有不得，反求诸己"，从自己身上找原因。更重要的是，如果我们讲别人的短处，讲别人的隐私，会有严重的后果。

第四十四讲　隐恶扬善世事宁

　　上一讲给大家分享了"勿谄富，勿骄贫，勿厌故，勿喜新。人不闲，勿事搅；人不安，勿话扰。人有短，切莫揭；人有私，切莫说"，我们讲，这是"泛爱众"精神的几个具体方面。为什么在这里讲到"人有短，切莫揭；人有私，切莫说"？前面讲了它的原理。如果要从中引申出《弟子规》的精神来，主要是对文化传播具有重要的指导意义。就是说文化传播、传媒，应该怎么做呢？要尽可能地隐恶扬善。作为一个作家，在写作的过程中要尽可能地传扬社会的光明面，少去揭露阴暗面。为什么呢？当我们的作品发行量很大的时候，被众多的读者阅读的时候，它会形成群体意识。群体意识如果是阳光的，这个民族就是阳光的；群体意识如果是阴暗的，这个民族就是阴暗的。所以，这句话不单单讲的是个人修为，它的里面包含着太多的奥义。这就像孔子当年表扬子贡能够举一反三一样。我们读《弟子规》，践行《弟子规》，一定要读懂它背后的精神。这几句话，对我们的文化传播、文化建设、新闻宣传都有重大的启示意义，就是说尽可能地隐恶扬善，尽可能地少揭露社会的阴暗面。

大家也许会说，我不揭露阴暗面那谁来监督社会？这个社会怎么进步？事实上，鼓励的力量、表扬的力量，要远远大于揭露和批判的力量。一个小孩子你多鼓励他，他就能够把一些错误改掉。所以，鼓励的力量，要比批判的力量大得多。我认为中华文化是表扬的文化、点赞的文化、鼓励的文化、隐恶扬善的文化。它知道"人之初，性本善"，知道"性相近，习相远"。坏习气是一个人的外在，而人的本质，所有的人都是好的。所以，我们的文化基于这样的一个基本判断，去唤醒人的良知。

王阳明龙场悟道，悟到了什么呢？致良知。自己找到自己的良知，同时唤醒别人的良知。良知一唤醒，就没有人愿意做坏事，没有人愿意走向黑暗，这就是良知在文化建设上的意义，在精神文明建设中的意义。

从后果的角度，《弟子规》讲道："道人善，即是善；人知之，愈思勉。扬人恶，即是恶，疾之甚，祸且作。"就是说一个人讲别人的善，本身就是善。《了凡四训》里面讲得很清楚，但凡看到有人有不可敬之处，都要想方设法地奖掖他、鼓励他，让他继续进步，即"道人善"本身就是善。人听到了，他就会更加努力。这些年我有意识地应用这一准则，比方说在张三面前讲李四的好话，讲李四的进步。李四从张三那里听到，比我亲口讲，能让他更有积极性。借助第三者的口去表扬他人，会收到事半功倍的效果，在古代社会，家长和老师就是这么干的。家长在孩子面前树立老师的威信，老师在孩子面前树立家长的威信，这样就有了一种"道人善，即是善；人知之，愈思勉"的作用，同时给受教育者以信心。

这几年讲传统文化，我自己也在调整，原来一上来就批判西方，好像批判得越过瘾，越显出自己爱国、忠国。但现在慢慢地搞清楚了，其实真正的爱国，就是为这个国家的建设、发展贡献自己的一份力所能及的力量，而不是在口头上。像我们这些天录五十二集《弟子规》，我可以把所有事情放下，感觉这个事做完了，就是为国家做了一份微薄的贡献。而越是这样你心态会越平和。

我现在也学会适应穿着西装讲中华优秀传统文化。心量要大。中华优秀传统文化一定要传播到全球去。如果说这个文化我们觉着好，我们只是留给自己用，那就是"己有能，而自私"了，而不是"己有能，勿自私"。

我认为中华文化谁学谁受益，谁践行谁受益，要有一种大的心量，这也是"道人善，即是善；人知之，愈思勉"。要尽可能对其他文化持有一种赞美的态度、肯定的态度，但心中要有一个主心骨，就是洋为中用、古为今用。"道人善，即是善；人知之，愈思勉。"比方说，我们讲外国人的好话，那外国人看到我们这个片子呢，他至少不会拒绝；他不拒绝，看进去了，就受益了，我们就为人类提供了一份和谐力；他接受了和平思想，我们不就多了一份和平力吗？

"扬人恶，即是恶，疾之甚，祸且作"，讲别人的缺点本身就是恶，有什么后果呢？"疾之甚"，灾祸马上就到来了。这对我们的生命伤害太重了，所以是"疾之甚，祸且作"。生活中有相当多的矛盾就是讲别人的短处造成的。有些人找上门去说："你说我什么了？你为什么这样说？你为什么讲我坏话？"搞不好就打起来了。

"道人善，即是善"，"扬人恶，即是恶"，这两句话要在生活中常常提起，我一旦想讲别人缺点的时候，马上用这句话提醒自己。特别是在家庭内部，父母要有意识地在孩子面前讲对方的优点，爸爸要讲妈妈的优点，妈妈要讲爸爸的优点，晚辈要讲祖辈的优点，让孩子对祖辈产生敬畏感，对爸爸妈妈升起敬畏感，教育的效率就提高了。团队里面、班子成员里面，尤其需要"道人善"，尤其需要讲对方的优点，多赞美对方。这是《弟子规》在"道人善"和"扬人恶"之间给我们讲的一个后果，就是说，如果做不好，会带来灾难。

接下来《弟子规》在"泛爱众"部分讲："善相劝，德皆建；过不规，道两亏。"这是一个逻辑上的递进。就是说如果我们劝别人行善做善事，那么他完成了自身的人格升级，我们也进了一份德。"善相劝，德皆建"，双赢。"过不规，道两亏"，如果对方有缺点，没有及时去规劝，没有妥善地、妥当地、富有智慧地帮他改过，他亏道了，我们也亏道了。《弟子规》讲得很智慧，它都是从双方讲的。别人进了一份德，我也进了一份德；别人增加了一份能量，我也增加了一份能量；别人损失了一份能量，我也损失了一份能量。它是相互的，这从力学原理上也能讲得通。力学的原理就是，作用力和反作用力是对等的。

"善相劝，德皆建；过不规，道两亏。"古人在编写这样的家规的时候，是怀着古道热肠以及规过之心的。好朋友之所以是好朋友，就是他跟你在一块能帮助你改过，这是好朋友的一个重要标准，就是他能劝你改过。我也有不少这样的好朋友，遇到一些重大事情，我就问问他："你看这样做行不行啊？"他会如实地、真实地给我提出来他的想法。但是也有一些人，他敷衍了事，言不由衷。在经过几次检验之后，我就有一个基本的判断。最后留在身边的好朋友，一定是能给我提供忠言的。"善相劝，德皆建；过不规，道两亏。"我们由此联想到文化建设，尤其需要秉持这两个原则，创作、发行，一定要怀着一种劝善的动机。

事实上，几千年的文明史，就是一部劝善的历史。前面讲过，中华文化有两个层面：一个层面是"道法"，另一个层面是"善法"。"道法"就是王阳明讲的"无善无恶心之体"的境界。而这个社会，更需要我们弘扬"善法"。因为更多的人，他是活在善恶之中，活在"道法"境界的人，是金字塔顶。

在今天，我们特别需要讲解《弟子规》，因为它讲的是"规"啊！像《道德经》《中庸》这些经典，更多的是在讲"道法"。对于一个渴望抵达本质地带的人，这些经典有用；但是对于更多的芸芸众生来讲，需要建立一套社会秩序为大家提供获得感、幸福感、安全感，这就需要像《弟子规》这样基础性的读本和讲解，需要一些基础性的约定俗成的规矩让大家遵守，这就是"善相劝，德皆建；过不规，道两亏"。从整个宇宙看，它存在的秩序，其实也是这两句话，它是一切正能量的存在，让一切负能量淘汰，也存在一个劝善去恶的过程。

在"善相劝，德皆建；过不规，道两亏"之后，接着讲什么呢？"凡取与，贵分晓，与宜多，取宜少。"讲到了取舍。因为在善之后，最需要解决的一个问题，就是建立合适的取舍观。一般人都存在贪，贪心支配，想占有财物。

我一直让"寻找安详小课堂"的同学们在三个"欲"方面做功课。哪三个"欲"呢？占有欲、控制欲、表现欲。你会发现一个人如果能把自己的占有欲压下去，把控制欲压下去，把表现欲压下去，慢慢地就接近安详、走近本质，也就快醒来了。生活中让我们痛苦、让我们烦恼的、让我们焦虑、让我们纠结的，无非就这三个"欲"。

占有欲，遇到好东西就想占有，看到一个事物就想占有。占有欲让我们寝食不安，甚至想占有这个身体，想长生不老。拿到世界范围内来讲、拿到人类史上来讲，殖民主义者就是占有欲太强烈了，给人类带来了灾难。

控制欲跟占有欲一样，也是一个病毒。我有一次到北京讲课，有一个女士就提了一个问题，她说："我看见我家先生就生气、就来气，常常有冲动，想骂他。我不知道啥原因，控制不住自己。"我说："你有没有想过，为什么会生气呢？你之所以生气，是因为你心中有抱怨；你有没有想过你为什么有抱怨呢？因为你家先生没有按照你的标准去做；你为什么就有这么多的标准呢？因为你有过多的控制欲；你为什么有这么多的控制欲呢？因为你当年接受过许多被控制的信号。"她一下子就在那儿哭了。她说："你怎么知道我的身世的？"我说："你是什么身世啊？"她就讲了她的经历。她三岁的时候妈妈去世了，姨妈就嫁过来抚养她，她是被姨妈抚养成人的。而姨妈在她小的时候给了她太多的控制，控制一次她恨一次，控制一次她受伤一次，控制一次她产生一个报复念头。现在呢，她一方面恨自己的姨妈，同时对所有的人都习惯性地想控制。

　　当我把这一点讲清楚之后，她一下子释然了。然后我到机场，她追到机场，她说："那怎么办呢？我对我家先生不怨了、不恨了，我对我的姨妈还恨，那怎么办呢？"我说："你如果真的爱你的妈妈，你就不能恨你的姨妈；如果你恨你的姨妈，你妈妈也会受伤。因为你把你的能量降低了。"那一天我看到她流下了泪水，我感觉到她的怨恨融化掉了。

第四十五讲　己所不欲勿施人

上一讲给大家分享了"凡取与，贵分晓"，讲到一个人的取舍观决定了他的幸福指数，决定了他的获得感、幸福感、安全感。怎么样来把握这个取舍呢？古人给了我们许多答案。我把给生命造成伤害的病毒，挑了三个主要的拿出来让大家攻克。一个是占有欲，一个是控制欲，一个是表现欲。前面讲过，占有欲是人的习气，是人的惯性，见到一个好东西就想占有，恨不得天下都归自己所有。亚历山大跟第欧根尼相比，亚历山大要比第欧根尼的占有欲强烈。亚历山大成功了，但是他的幸福感不高，他占有了那么多财富，也同时占有了痛苦。什么痛苦呢？担心失去。第欧根尼躺在大街上就能睡觉，躺在沙滩上就能睡觉；亚历山大要把警卫布置好，把警戒安排好，还不一定能睡着；他出门远去，任何时候都要担心一件事情：有人窃他的国、有人窃他的妻、有人窃他的财等等。

世界上任何事情都有两面性，过度的占有往往会给占有者带来伤害。占有得越多，能量积压得越多；能量积压得越多，"长寿、富贵、康宁、好德、善终"的水平也降低得越多。水平一降低，人的恐惧感就来了，焦虑就来了，抑郁就来了。一个人要想提高生命力，第一个下功夫的地方就是消灭占有欲。第二个下功夫的地方，就是消灭控制欲。控制欲是继占有欲之后人的又一大欲望：想控制别人，想控制别人的感情，想控制别人的财富，想控制别人的体力，想控制别人的理想等等。控制欲过于强烈，痛苦必然会增多。因为控制不成，痛苦就来了。

老子讲："无执故无失。"你不拿起来，你就不存在放下的问题。一个人不过度地控制，那么来自控制欲的焦虑就没有了，但是控制欲是人性。比如说，丈夫对妻子的控制，就很典型。妻子对丈夫的控制，也很典型。对孩子的控制，到了伤害孩子的程度。

有一次，一位母亲来找我，她说："郭老师，我想不通，孩子是我生的、我养的，怎么现在不听我的？"我说："你没有发现，你这句话里面有控制欲吗？你生的、你养的，就一定要完全听你的吗？这里面有控制欲，你越动这个念头孩子越叛逆。应该怎么做呢？我尽管爱你，尽管照顾你，尽管教育你，但不控制。将来你对我好不好，我不想。用一种放松的心态对待孩子，就是福利。"

老子讲得很清楚："法令滋彰，盗贼多有。"为什么盗贼这么多呢？因为法令过多了。许多亲民的社会，会简化法律，提高道德。当然法律是必要的，老子讲的境界是很高级的境界了。我们在制定法律的时候，动了一个控制欲，就像小孩子，你不让他拿那个东西，他特别想要拿，他是一种冒险心理、叛逆心理。老子又讲："民之难治，以其上之有为，是以民之难治。"老百姓为什么难管理呢？因为统治者太想管理他们了。我们看到一些盛世，统治者管理的念头少，教化的念头、教育的念头多。我到监狱去讲课，监狱长给我讲："郭老师，我发现了一个奇怪的现象。"我问："什么现象呢？"他说："现在的一些人，服刑期满出去，过一段时间又进来，最后老死在监狱。"我说："对啊，老子讲过，'民不畏死，奈何以死惧之'。"如果人人都畏死的话，一次就足够让他警戒了。为什么他一而再、再而三地触犯法律呢？因为他已经不怕死了，不怕死的人，你怎么办？

他说："郭老师，那你说咋办啊？"我说："要让他知道，死后面还有内容。就是说，不是一死百了的，要把这个问题给他们讲清楚。"

对此，我一直在努力，给人们建立一个概念，什么概念呢？"永恒账户"。当一个人知道，他有一个"永恒账户"的时候，他就会为后面长长的生命链条负责任，他就不会因为这一个生命周期的快乐、刺激，而进入长长的痛苦的过程；他就不会图一时之快，他就会看得远、看得久。在讨论控制欲时，如果展开讲，内容太多了。就是说一个控制欲过于强烈的人，我们去观察他的家庭，子女往往也会有控制欲。老子讲的"无为"，很多人理解不了，"无为而无不为"，不要控制就是最好的控制。太阳没有向任何人发布强行命令，但万物靠它生长。当自己变成太阳之后，也就是"泛爱众"前面讲的"行高者，名自高，人所重，非貌高。才大者，望自大，人所服，非言大"，当我们有了个人魅力，有了人格魅力，就是最好的教化，就是最好的管理，而恰恰一些强制性的管理会带来叛逆者。

我们说，讲《弟子规》要讲《弟子规》的精神。《弟子规》最终是让人们不用这个规，就是先用规则，通过规则进入一种自在的、自由的世界，这才是《弟子规》的目的就像法律不是为了管理人民，而是让人民通过法律到达一种道德的高层，它是手段，不是目的。

第三个欲望是表现欲。一个人之所以有表现欲，是因为不自信。老子讲："信不足焉，有不信焉。"一个人不自信，他会借助表现来赢得别人的认可。表现欲过强的人，往往痛苦比别人多。为什么呢？因为你想表现，你就要把面缸里的面粉做成各种各样好看的面包、点心，而做成了面包和点心，能量就用完了。用得越多，表现得越多，能量就消耗得越多。表现欲的反面是谦虚，前面我们讲得很清楚了，《了凡四训》里讲"惟谦受福"，表现欲是耗散能量最快的。

《了凡四训》里有一句很重要的话："世之享盛名而实不副者，多有奇祸。"就是说，一个人名气很大，但实际并没有那么好，这个人往往有大灾难。"人之无过咎而横被恶名者，子孙往往骤发。"就是说，一个人本来没有错误，但是被别人横加指责、诬陷，他的子孙往往会发达。为什么呢？诬陷就是反的表现欲，打击他的表现欲。他受到的是跟表现相反的一种能量，事实上是帮他把因表现而变现的能量又存回去了。因此，子孙后代会发达。

为什么说"惟谦受福"呢？就是害怕人们有表现欲。因为整个宇宙，我们看到，它是反表现欲的。老子讲真正的宝藏是藏的，"吾有三宝：一曰慈，二曰俭，三曰不敢为天下先"，不敢为天下先，是反表现欲。藏，韬光养晦，和光同尘，也代表不能有表现欲。"方而不割，廉而不刿，直而不肆，光而不耀"，也代表反表现欲。子贡讲的"贫而无谄，富而无骄"，已经把表现欲克制得差不多了，但是孔子觉得还不到家。孔子说："未若贫而乐，富而好礼者也。"所以，控制欲、占有欲和表现欲，是我们"泛爱众"精神的三个大敌，要用心去克服。

讲完取舍观之后，接着讲什么呢？"凡取与，贵分晓，与宜多，取宜少。"就是多多地给别人，少少地索取。这样的话，生命力就在一种充盈状态，就都是进项。如果索取得过多，能量就压在里面了。中华民族的治国理政理念、外交理念，是多给别人友谊，多给别人和平。

接下来《弟子规》讲道："将加人，先问己，己不欲，即速已。"做事的时候，先问自己，如果自己不愿意，就千万不要向别人推行。这些年讲传统文化，越讲越明白了，当年自己没做到，就要求别人按《弟子规》

一百一十三规去做，搞得鸡飞狗跳，让别人很不愉快，反传统文化。现在我就降下来了，降到什么程度呢？自己如果做不到的，就不要求别人做到。就是说："将加人，先问己，己不欲，即速已。"

原来我倡导低碳生活，见人就宣传低碳生活好处多。如今我心态调整了，我做我的就行。你如果有兴趣，你问我，我尽心地回答你，告诉你低碳生活既有益于环保，又为子孙后代多留了一份资源。就是说"将加人，先问己"，自己做不好的事情，不要向别人推广、推行。

当每一个民族都能够把这一句话作为治国理政的理念，这个世界就一定是和平的。"将加人，先问己。"当我们想到，我们的子孙后代不愿意处在战乱中、不愿意处在硝烟中，我们就不会轻易发动战争。同样，制定一项政策，出台一条法律条文，也要考虑到这一点。面对这一条，我会是什么感受？对我来讲，觉得这一条过于苛责，我就不写进条文。所以，老子讲"圣人无常心，以百姓心为心"，就是这个意思。

"将加人，先问己，己不欲，即速已。"这句话来自孔子的"己所不欲，勿施于人"。我们身体的某一处受伤了，觉得不好受，就要想到对别的生命刀枪相向，他是什么感受？就要停止杀伐。这样，人们就生活在一种理解的世界、同情的世界、怜悯的世界、慈善的世界、公益的世界。

接下来《弟子规》讲道："恩欲报，怨欲忘，报怨短，报恩长。"这一句话可不得了，讲出了作者的心量。事实上，这句话在一定意义上是对孔子思想的发展。孔子讲"以直报怨"，《弟子规》讲"恩欲报，怨欲忘，报怨短，报恩长"，事实上，已经讲到了以德报怨，就是老子讲的"大小多少，报怨以德"。以德报怨的境界，已经到了一种无为境界。对于别人的恩情，我们要永远记着；对于别人对我们的伤害，要把它早早地忘掉。

这些年，我常半开玩笑地讲，我现在的朋友圈基本上是些忘年交，是一些道友和一些退休的老干部。人家在台上的时候，在位的时候，我一般不去麻烦人家。退下来后，遇到节令会去看望他们，并婉转动员他们学传统文化。"寻找安详小课堂"的同学里，就有我当年的老领导，我们一块儿学得津津有味。其中一位说："你早几年把'小课堂'介绍给我，我可以在位置上推广到全省啊！"我说："早几年，第一，我不愿意打扰你；第二，我害怕你觉得我有非分之想。现在你退到二线，我们一起学习多好啊，里面没有交换，没有求取心，我又回报了你当年对我的栽培。"我现在的朋友圈大部分都是这样的朋友，其乐融融。就是说别人有恩于我们，我们要时时刻刻记着。

记得当年，我考到固原师范，我们村上一位姓康的，我叫康姨夫的老人，给了我一块钱的路费，我到现在还常常梦见。那时候，从我们老家将台堡到固原城，是一块五毛钱的车费，这位老人给我一块钱啊，让我终生难忘。别人有恩于你，要念念不忘；别人如果陷害了你，赶快把它忘掉。为啥呢？忘掉就快乐。记恩是充电，记怨是耗电。

第四十六讲　理为心时凡作圣

　　上一讲给大家分享了"恩欲报，怨欲忘，报怨短，报恩长"，我们讲，这是"泛爱众"部分的高潮。为什么要"恩欲报，怨欲忘，报怨短，报恩长"？因为一个人只有报恩的时候，心中有恩情的时候，他才能够跟根部的能量进行交换。一个人来到这个世界上，受着重重大恩。有一个青年，给父母留下一封信后，用极端的方式结束了生命，信中说，他一直没作过主，这次作一回。这个青年，他不知道一个人来到这个世界上，自己是作不了主的。生命是一个"股份公司"，没有天地，就没有我们；没有父母，就没有我们；没有空气，就没有我们；没有水，就没有我们；没有粮食，就没有我们。一个人，在这个"公司"里面，才占着十分之一。我们无权对生命采取极端的方式。

由此可知，一个人在成长中有多少恩情：祖恩、国恩、父母恩、老师恩、朋友恩，特别是天地滋养恩。为此，我编了一个顺口溜，每次饭前念诵完再吃饭："感恩天地，感恩祖先，感恩国家，感恩父母，感恩老师，感恩农民，感恩社会，感恩食物，感恩做饭的人。"念诵完，再吃饭感觉不一样了。就是怀着感恩心度过每一天，怀着感恩心吃每一口饭菜，怀着感恩心喝水，怀着感恩心上班。

人的力量是一个弱信号，如果没有平台提供的强信号，我们将一事无成。讲传统文化水平比我高的人多的是，之所以这些年我还能够受到大家的认可和欢迎，在全国弘扬传统文化，大概和我这个人还常常感恩有关。因为当一个人感恩的时候，我们跟我们的根部能量就进行了量子纠缠。根部能量提供支持的时候，我们做事情就顺利，所以，有没有平台，跟我们心中是否有感恩有关。

我有特别明显的感觉，当我真的认识到敬畏和感恩的重要性的时候，真的懂得敬畏和感恩的时候，我发现做事情就顺利了。以前认为个人奋斗决定成功的时候，怎么奋斗都不能成功。快要成功的时候，突然一场大病；快要完成自己认为的伟大项目的时候，突然一场灾难。

当自己调整心态，带着感恩心、敬畏心去工作的时候，确实可以用一帆风顺来形容。就像我们这两天录节目，出来的时候我没有把握，能否开录？能否录完？但是，我的内心有一个大的信心，如果这一期节目对观众有益，缘分就会具足。结果呢，昨天就得到通知，有一个不能请假的会议，必须要去参加，就是明天我一定要返回银川，而明天早晨呢，我们的节目刚好录完，看这安排。这些年，我常常用一个词来形容我的人生："被安排"。就是说，当你真的带着敬畏和感恩去工作的时候，你会发现，你所做的一切公益事业，真的有一种力量在安排。由此可见，"恩欲报，怨欲忘"太重要了。

一个人怀着感恩心、怀着敬畏心去工作、生活的时候，可以用一句话来形容自己的心态，那就是只问耕耘，不问收获，但行好事，莫问前程。结果不用考虑，不必纠结，你只需要尽管为人类的光明的事业、公益的事业、崇高的事业去服务，其他的事情不用去安排，不用去担心。按照古人的说法，我们有重重恩情，比如说父母的生恩、养恩，老师的教恩，天地万物的滋养恩，包括国家的护佑恩等等。

《了凡四训》讲："远思扬祖宗之德，近思盖父母之怨；上思报国之恩，下思造家之福；外思济人之急，内思闲己之邪。"这著名的"六思"，其中有一条就是报国之恩。大家说，为什么要有报国之恩呢？我们可以想象一下，在一个兵荒马乱的年代，我们还能这样录节目吗？还能这样推进传统文化吗？国家是一个人获得感、幸福感、安全感的保障，是我们的大后方。五千年中华文明史，特别强调精忠报国，特别强调忠孝传家。我们从小受到的教育是国泰民安的教育，这就是报恩。"恩欲报，怨欲忘，报怨短，报恩长。"把怨忘掉，把恩记住，我们的能量就提高了。

接下来《弟子规》讲道："待婢仆，身贵端，虽贵端，慈而宽。"在这里，作者是借婢仆讲了弱势群体，就是说，我们对于身边的弱势群体，要用一种慈而宽的态度。一个人对于弱势群体有这样的一种姿态，这个人的心会越来越柔软能量就越来越高。

一个人是这样，一个家庭是这样，一个国家仍然是这样。我们看到，创造了著名的"贞观之治"的李世民，上任以后，施行的经济、政治、文化、民族政策和《弟子规》里讲的"待婢仆，慈而宽"的精神是一脉相承、非常一致的。政治上，他吸取隋亡的教训，从谏如流，选贤任能。他认识到"水能载舟，亦能覆舟"，因此，非常开明。经济上，采用"休养生息，还富于民"的政策，"轻徭薄赋，让利于民"。军事上，采取"军民合一"的政策，春、夏、秋劳作，冬天集中起来训练。文化上，崇儒尊孔，兴科举，从民间选拔人才。民族政策上，采用华夷平等的政策、羁縻府州的政策，尊重少数民族的习惯，用平等的理念对待少数民族，赢得了王朝的和平、和谐。

从这五个方面，我们可以看到"待婢仆，身贵端，虽贵端，慈而宽"的影子。既保持了他的威严感，同时又施以恩惠，用怀柔政策。我们看到，贞观年间，整个中华大地上充满着一种祥和的、繁荣的、欣欣向荣的景象，也为以后开元盛世的文化发展奠定了重要基础。可见，《弟子规》不仅仅是一部训蒙养正读本，如果我们吃透它的精神，也会获得和《群书治要》同样的治国理政智慧。

接下来讲"势服人，心不然，理服人，方无言"，以此结束这一部分。我们看"泛爱众"的开头，"凡是人，皆须爱，天同覆，地同载"，从这一句讲起；用"势服人，心不然，理服人，方无言"结束，是一种非常巧妙的呼应。我们要爱人，爱可以是主动的，也可以是被动的。在一个家庭里面是这样，在一个国家中也是如此，对于一个民族来讲更是如此。我们做任何事情，如果能做到让人心服口服，那么就能够推之久远。

我们都知道，文化跟文明不一样，文明一旦形成就很难改变，文化事实上是人的生活方式。而一个政权要推行新的生活方式，就要得到老百姓的认可。比如现在国家倡导移风易俗，倡导公民道德、职业道德、家庭美德、个人品德，而一些措施要推进，既需要传统的根本性的力量做保障，又需要适应这个时代的需求。就是说，天时、地利、人和都要具备，一项政策才能推行下去。

同样地，现在一些热心人想要恢复传统文化中的一些古老形式，事实上，这不符合《弟子规》的精神。"势服人，心不然，理服人，方无言。"因为时代在不断向前发展，在新时代，我们如何弘扬传统文化？习近平总书记讲要创造性转化，创新性发展。把传统文化的大米或面，做出适合时代的饭团或蛋糕。大米的精神、面粉的精神不能变，但是形式一定要与时俱进。在新时代，要弘扬《弟子规》，弘扬传统文化，更要注意形式的时代性。

"势服人，心不然，理服人，方无言"，这是"泛爱众"要遵循的。到这里，"泛爱众"部分就讲完了。

我们现在简要回顾一下这部分的逻辑线索。它由"凡是人，皆须爱"讲起，依据是"天同覆，地同载"。接着讲道："行高者，名自高，人所重，非貌高。才大者，望自大，人所服，非言大。"接着讲道："己有能，勿自私，人所能，勿轻訾。勿谄富，勿骄贫，勿厌故，勿喜新。"由对待自己的本质力和形式感，由对待自己的才华和别人的才华，由对待别人的财富和自己的生存状况讲起，讲道："人不闲，勿事搅；人不安，勿话扰。人有短，切莫揭；人有私，切莫说。道人善，即是善，人知之，愈思勉。扬人恶，即是恶，疾之甚，祸且作。善相劝，德皆建；过不规，道两亏。"接着讲道："凡取与，贵分晓，与宜多，取宜少。将加人，先问己，己不欲，即速已。恩欲报，怨欲忘，报怨短，报恩长。"讲如何去除占有欲、控制欲、表现欲。

接下来讲"待婢仆，身贵端，虽贵端，慈而宽。势服人，心不然，理服人，方无言"。就是说，对弱势群体，要用一种慈而宽的态度，要用一种"势服人，心不然，理服人，方无言"的心态。不能用强权去推行自己认为合法的、文明的文化形式和文明形式，一定要站在忠恕之道的立场上，将心比心。就是"将加人，先问己"，用一种将心比心的方法，去推进我们认为有善意的文化、文明的文化。这样的话，就会给受众带来福祉，而不会带来暴力感。当然，这种暴力感里面，包括冷暴力、热暴力，还包括善意的暴力。比如说，夫妻之间，有一些从主观上出发的对妻子或丈夫的关心，往往给对方造成一种暴力感，一种温柔的暴力，他明明不需要这一项服务，她就是提供；明明丈夫不需要滋补，但妻子天天熬鸡汤。

"泛爱众"篇，教育我们要进行有分寸感、妥善感，要行之有度。阳光照在我们身上，我们感觉到刚刚好。空气为我们提供氧气，我们甚至感觉不到空气的存在。这一种爱才是恰当的爱、最合适的爱、最有中庸精神的爱。

第四十七讲　无限风光在亲仁

　　上几讲我们分享了《弟子规》的第五部分"泛爱众"，这是《弟子规》的高潮。如果把"入则孝"看作是《弟子规》这棵生命树的根，"出则悌"就是它的干，"谨"和"信"就是它的枝叶，到了"泛爱众"，它就要开花了，就要盛开了。接下来的第六部分，就是它的果实了，所以叫"亲仁"。

　　古人把种子，比如说杏仁、桃仁，认为是最有生命力的，带有传递性的、传承性的，能够传宗接代的。这个"仁"就相当于《弟子规》的果实了。而"仁"在古文字专家的眼中，有多种多样的解释。有人说，"仁"等于一竖加两横。什么意思呢？"道生一，一生二。"还有人说，"仁"是两个人。就是我的心中要有别人。

还有人解释说，"仁"右边的两横，在古代有上的意思，就是说，一个向上的人就是"仁"。而孔子对"仁"的解释很简单，就是"仁者爱人"，爱人的人就是"仁"。我们今天讲的"讲仁爱，重民本，守诚信，崇正义，尚和合，求大同"，这里面的"仁"就是爱人的意思。

《弟子规》在"亲仁"的这一部分怎么讲的呢？它第一句讲到"同是人，类不齐"，就是大家都是人，只不过我们是不同类型的人，有圣人有贤人、有君子、有凡人。古人是从人格上区分的，今天我们可以把它按霍金斯能量级从能量上区分：圣人的能量在六百级左右，贤人的能量在五百级左右，君子能量在三百级到四百级，普通人能量在二百级上下。我在《醒来》这一本书里，有过较多的分析，在这里我们就点一下。"仁"的境界，爱人的境界，应该在多少级？至少五百级！五百级意味着什么呢？它是普通人的获得感、幸福感、安全感的七十五万倍！这就是"仁"这一类人的能量级。

"同是人，类不齐"，这是个大前提，这一句话跟《三字经》里讲的"人之初，性本善。性相近，习相远"是一个意思。因为每一个人的能级不一样，所以分成不同的类。或者说，因为每一类人的频率不一样。古人讲"同声相应，同气相求"，同一个频率的人，他就是一类人。比如打麻将的喜欢跟麻友在一块儿，喝酒的喜欢跟酒友在一块儿，弘扬传统文化的喜欢跟道友在一块儿，这就是"同气相求"。物以类聚，人以群分，就是这个意思。

《弟子规》讲："同是人，类不齐，流俗众，仁者希。"因为流俗，"仁"这个能量级的人就越来越少了。什么是流俗呢？就是人的惯性和欲望，让人们从"仁"这个境界掉落下来。我在《〈弟子规〉到底说什么》这一本书里面写过一个比喻，人在刚"出厂"的时候都一模一样，我们和孔子、老子、庄子都是一模一样的。随着人身心的"流浪"，在"流浪"过程中，刚"出厂"的这个模子，就被污染了，污染得越深，就跟本来面目差得越远。所以，《弟子规》在这里讲"流俗众，仁者希"。

老子在《道德经》中提到"绝学无忧"，这句话有多种解释。我的理解是什么呢？人学习的过程，如果弄不好，有可能是对一个人本性的遮蔽过程。比如说小孩子，老子讲道："含德之厚，比于赤子。毒虫不螫，猛兽不据，攫鸟不搏。骨弱筋柔而握固。"孩子在婴儿状态，毒虫都不咬他，猛禽都不伤他。他的小拳头要是握住的话，大人都掰不开，很有力量。这是能量很充足的表现。

小孩子为什么生命力这么充沛呢？因为没有被污染。我们看大人是怎样污染孩子的：孩子长得大一点儿了，懂得吃饭了，一个馍渣掉在地上了，孩子本来要捡起来吃掉的时候，妈妈说"脏"！这一个字，看上去是我们对孩子的教育，从心灵学角度来讲，其实是我们把孩子污染了。怎么污染了呢？这孩子从此就有一个概念，这个世界原来是由两部分构成的，一部分是净的，另一部分是脏的。他对于脏的这一部分世界，就有一种拒绝感，而拒绝感一产生，能量的交换就中断了。就像我们认为一个人讨厌，就再也不跟他打交道了，关于这个人的资源，我们就再也使用不上了。

　　孩子长大了，能出门了，出门的时候，奶奶又开始教育了，说："宝贝，你可要小心啊！现在大街上全是坏人。"看上去是对孙子的关怀，其实是对孩子的莫大伤害。为什么呢？孩子走在大街上，就给别人贴标签，这个是好人，那个是坏人。对他认为是坏人的那个人他就有提防、有恐惧，一恐惧，他的能量就跌到一百级了。

　　如果说二百级是正能量和负能量分水岭的话，一百级就是负一百级，在孩子的心目中就投下了一片恐惧的阴影，他的心灵宝珠上面就裹上了一层严严实实的包裹物，像岩石一样。这一层东西对人的遮蔽太严重了。

老子讲："为学日益，为道日损，损之又损，以至于无为。"就是说做学问要每天增加，修道要每天减少，要把包裹物一层一层地剥掉。联系这一句话，我们就可以判断老子讲的"绝学无忧"也是这个意思。就是说，一个人心中如果没有概念、没有判断，这个人就没有烦恼。那么小孩子为什么这么有生命力？大家看一看小孩子睡着了的时候，那个睡容，我想做过爸爸妈妈的都有体会，那是世界上最美的风景、最美的图画、最美的诗、最美的散文、最美的小说、最美的音乐，怎么看都看不够。

我可能也是上了年纪的原因，因为老父亲在，不敢说老。对我家小子，就看不够。晚上哄他睡着，躺在他身边，会端详大半个小时，享受得不得了。为什么他的睡容那么好看？因为他的心中没有"概念"，没有被污染。当一个孩子心中有了太多的概念之后，那一种睡容就没有了，那一种让你心灵震颤的美丽的图景就看不到了。换句话说，当一个孩子有了心计，有了功利心之后这种美好就没有了。他有了"这是我的，这是他的"和"这是好的，这是坏的"的概念，从那一天开始，这个孩子的那种可爱就没有了。

《弟子规》在这里面讲了一个很重要的心理学原理，"流俗众，仁者希"，这个流俗啊，《弟子规》在这里用了一个词"众"，因为流俗的众，所以仁者就越来越稀少了。最后，我们被信息流、被概念流、被判断流包裹了。

前面讲过，人为什么会抱怨呢？因为他有一个概念，别人如果不按照他的概念去做，他就抱怨了。如果他认为吃亏是祸，那吃亏就会烦恼；如果他认为吃亏是福，那吃亏就是快乐。同样是吃亏，认知不同，心情就不一样。就是说，让人痛苦的是判断、概念、是非观。前面讲过两个境界：一个是道人境界，另一个是善人境界。道人境界是无是非的，但它适合少数人。善人境界是适合大多数人的。所以在开始的时候，要多讲善人境界。当人们的能量积累到一定的程度的时候，迈过善和道的门槛，他就打通了。王阳明说："无善无恶心之体，有善有恶意之动。知善知恶是良知，为善去恶是格物。""圣人之道，吾性自足。"就是说每一个人在他的本质层面，跟圣人都是一样的，只不过我们被污染了而已，这叫"流俗众，仁者希"。

由这句话，我们就要对人有一种宽容的、谅解的、理解的姿态。为什么呢？每个人都是圣人，只不过是被流俗污染了的圣人。我们就要建立一个信心，相信所有的人都能教育好，我们就不会失望，就不会放弃，一旦有机会，就妥善地、智慧地跟进，帮助被流俗污染了的人，让他回到一种仁者境界。

接下来《弟子规》讲道："果仁者，人多畏，言不讳，色不媚。"一个人，如果他是一个真正的仁者，他有一些什么表现呢？"言不讳，色不媚"，就是说他不会谄媚，不会文过饰非，他的脸上没有媚俗，没有谄媚，他显得很自然、很和善、很端庄。"果仁者，人多畏"，一个人真的是仁者，自然会得到人们的尊重。像孔子、老子一样，两三千年之后，人们还这么尊重他们。他们没有讨好人们，但是人们无比地热爱他们。

接下来《弟子规》讲道："能亲仁，无限好，德日进，过日少。不亲仁，无限害，小人进，百事坏。"就是说，一个人，他能亲仁的时候，有无限的好。有什么好呢？"德日进，过日少。"因为仁者就像太阳一样，自然地给我们补给能量，能驱走我们心灵中的黑暗。"不亲仁，无限害，小人进，百事坏。"我就想到了自己。从 2012 年，我踏上宣讲中华优秀传统文化的道路之后，特别受教育。

前面讲过，我被义工的那种奉献精神感染了，也比过去能放下了，放下自己的身段，放下自己的财富，甚至放下荣誉。有利于人们身心健康的事情，会不遗余力地去做。如果没有这五年的经历，我很可能还在自私自利里面，虽然很早就对传统文化感兴趣，但不会像这五年这么彻底改过。我太太也对我做了一种肯定，她说这五年我确实变了一个人。原来对传统文化的热爱，只是一种热爱，没有变成行动力。所以，"能亲仁，无限好，德日进，过日少。"

每次论坛，全国各地的义工都来服务。他们放下工作，一次又一次地服务。他们知道"能亲仁，无限好，德日进，过日少。不亲仁，无限害，小人进，百事坏"。我认为，在当今社会，一个人是不可以离开团队单独学习传统文化的。为啥呢？因为人的习气太重了。我现在常常建议人们弘扬传统文化，要落实习近平总书记讲的落细、落小、落实。怎么样落细、落小、落实呢？我把它概括为让传统文化可用、愿用、常用、广用。

第四十八讲 凡圣就在一念间

在当今社会，我们可能很难独立地去学习和实践传统文化，我们需要一种气氛，需要一个团队，需要一套教程，特别需要把中华优秀传统文化落细、落小、落实。按照习近平总书记讲的，要进行创造性转化、创新性发展。我把它概括为四个用：可用、愿用、常用、广用。

先说"可用"。一定要把传统文化，由复杂变为简单，让人们可操作。为什么这些年我从讲《论语》，讲孔子，讲来讲去，讲到《弟子规》呢？因为我发现《弟子规》更好操作，它是一个很完整的、可操作的系统。如果每一个人都能按照这个操作系统去做，他的生命力肯定会提高，他的获得感、幸福感和安全感肯定会提高。它是一个能够落地的读本，适合大多数人用。而且它三字一句、两句一韵，适合小孩子诵读、背诵，这是落小。我在《醒来》这本书里，把中华优秀传统文化简化成四个有代表性的念头，那就是"都一样""我爱你""我错了"和"这一刻"。从四个不同的方面，给大家介绍了不同的能量层级和适应的人群。有些人用完，感觉到它很好用、很方便。所以，《醒来》这本书出来不到两年的时间就三次重印。

再说"愿用"。愿用无非两个方面：第一，把道理讲清楚，做证明题。第二，把榜样做出来，让人们有信心。这些年，我讲传统文化，不管在哪一个场合，都会想办法把四个基本概念讲给大家。因为这四个概念，如果讲不透，人们很难彻底地、有效地学习传统文化，并且获益。

哪四个概念呢？第一，"永恒账户"，这在前面讲过。当人们知道自己有一个"永恒账户"之后，就会自觉地管理生命，就会认同一句话"命由我作，福自己求"。这是《了凡四训》的核心理念，意思是一个人的命运由自己掌握，他就会从被动性人生、宿命论的人生里面走出来，过一种积极向上的人生，就像王阳明、曾国藩一样。因为这些圣贤，他们都受到了《了凡四训》的影响，特别是曾国藩。

第二，"能量总库"。当把"能量总库"的概念给大家讲清楚之后，人们自然就会对祖先、对父母心生敬畏，对国家产生感恩心，对民族产生感恩心，而感恩和敬畏本身就是能量。能量总库的概念还可以消除一些人的误解，"这个人做善事，怎么命运没改变？那个人做恶事，怎么还活得好好的？"当他知道"能量总库"的概念之后，知道人家的原始能量很多，所以作恶还过好日子。为啥呢？能量还没用完。为什么做善事，命运还没有改变呢？因为我们的原始能量库欠账太多，但是当我们现在努力还账，还清了之后，终有一天命运就会改变。这样，就会很好地解释一些人的误解。

第三，"能量坐标轴"。横坐标是心量，这对于现代人教育孩子特别有用。横坐标是心量，心量越大能量越高。老天按照一个人的心量配给能量，教育孩子就变简单了，紧紧地抓住心量教育，就是扩展心量。早晨出门的时候，妈妈们会给孩子准备一份早点，一个妈妈说："路上就把它吃掉。"另一个妈妈说："拿到班里跟同学们分享。"这两个孩子的人生已经是两种结局。在路上就要吃掉的那个孩子，肯定不会有多大出息；拿到班里跟同学们分享的那个孩子，他更有可能成功。为什么呢？他的心量大。

第四，"成功学公式"。现在的家长对成功非常感兴趣，都希望孩子能够成功。怎么样才能让孩子成功呢？我们就要把成功学的公式，给孩子讲清楚、给家长讲清楚。卡耐基被称为"成功学之父"，卡耐基认为，"成功＝才华 × 热情"。他说一个人的才华如果是九十分，但是他的热情如果只有二十分，一共一千八百分。如果他的才华不高，只有五十分，但是他的热情有九十分，一共四千五百分！可见，决定一个人成功的不仅仅是才华，还有热情。但稻盛和夫认为卡耐基的公式是有问题的。他说，小偷有没有才华？很有才华，他能做到的事情我们一般人做不到。小偷有没有热情呢？很有热情，晚上我们睡觉他还加班。可是小偷成功了吗？小偷没有成功。小偷的问题出在哪里了呢？价值观错了。稻盛和夫发现，价值观才是最重要的，价值观比才华和热情更重要。我们的古典教育是由六大板块构成的，这六大板块是生存教育、心性教育、道德教育、劳动教育、审美教育、知识教育。现在人们侧重知识教育，而忽略了其他教育。

这些年，国家在想方设法强化价值观教育。《弟子规》讲得很清楚。"弟子规，圣人训。首孝悌，次谨信。泛爱众，而亲仁。有余力，则学文"。在心性教育和道德教育取得成果之后，再进行知识教育和技能教育，这就是成功学的公式。

《弟子规》《三字经》《百家姓》《千字文》这些养成教育读本，有一个共同的方向就是培养好习惯，习惯一旦养成，就很难改掉了，习惯最终会内化为功夫。有许多人，一身的本领，但是没有战斗力，因为没有功夫。由此，我们再回头看前面为什么讲"居有常，业无变"，因为频繁地更换工作，很难形成功夫。术业有专攻，"大家"就是在某一个领域打深井。

这是我在"愿用"这一部分讲到的四个基本概念，把这四个概念给大家讲清楚，大家对传统文化的热情就会大大增加、大大提高。

接着讲"常用"。中华优秀传统文化要让人们常用，该怎么办呢？首先要开发教程，一个没有教程的教育机构是没有生命力的。怎样开发教程呢？"寻找安详小课堂"应用的教材就是我的几本书《寻找安详》《醒来》《农历》和我讲的几套家风节目。因为有成书，以电教为主，全国各地分课堂就容易复制应用。所以，让大家要"常用"，我们就要开发出来课程，形成一套机制，一套让大家天天用、月月用、年年用、可以无限提升层次的系统。这就是"常用"。

怎样才能让人们"广用"呢？最关键的是树立典型做出模板，可以向全国复制。之所以名为"寻找安详小课堂"就是为了便于推广。大论坛好是好，但是很难推广，场地、资金、志愿者都很难落实，还有安全保障。"小课堂"在的社区、村镇都可以开展。"小课堂"的另一种轻骑兵方式就是读书会。我的几本书《寻找安详》《农历》《醒来》现在已经被一些平台作为教程用。有人把这三本书，在听书 APP 上朗读分享，效果很好。

比如唐山有一个企业家潇潇，坚持读《寻找安详》，转发、收听的人数超过十万，这就方便人们长期用。"寻找安详小课堂"的同学，每天早晨转发一章，常年滚动转发。七岁的郭盛阳读《农历》《醒来》《永远的乡愁》，被全国许多平台转发。这就是一个可以广用、常用的方式。我觉得，听书时代正在到来。你看现在大家都很忙碌，哪里有时间看书，但是他开车的时候、堵车的时候，打开手机就可以听《寻找安详》，听《醒来》，听《农历》。

在今天，我们弘扬传统文化，要让人们广用、常用，必须结合这个时代的特点，适应这个时代的要求，给人方便。这是我给大家汇报的"能亲仁，无限好，德日进，过日少。不亲仁，无限害，小人进，百事坏"。

你看"寻找安详小课堂"的同学们，有一种什么感觉呢？如果某一周不去，还想得不行。已经成了一个学习型团队，成了一个道友团队，谁家有红白喜事，全体出动帮忙。有些人家里缺劳力，五六十个同学，全部去给他帮忙。包放在那里，不用担心别人会偷你钱包。谁有病、谁有灾，大家伸出援手，集体凑钱让他渡过难关。这是一个大同社会的小模型。

社会上不少人会体会到人情冷漠，到"小课堂"大家会感受到一种温暖，时间长了大家就不愿意离开了。在工作单位，可能会跟同事有纠纷，在"小课堂"没有，大家感受到的是被别人无比的尊重，时间一长，离不开了。在别的地方买一本书要花钱，"小课堂"赠书；在别的地方学习要交学费，"小课堂"一分钱都不收；在别的地方花钱吃饭，"小课堂"有免费的饭吃。这种感觉让人对人间都会产生一种美好感。这就是我们在"亲仁"这一部分"能亲仁，无限好，德日进，过日少。不亲仁，无限害，小人进，百事坏"延伸讲出来的一个话题，就是在今天"亲仁"莫过于学习中华优秀传统文化，莫过于加入中华优秀传统文化的团队，这才是我们真正获得获得感、幸福感和安全感的途径。

　　"能亲仁，无限好"这一部分讲得很短，为什么呢？它开花了、结果了。在前面播种的阶段、耕耘的阶段、维护的阶段、修剪的阶段，讲得比较多。所以"入则孝""出则悌""谨而信""泛爱众"部分讲得比较多，到"亲仁"很简短地就结束了，因为它是一个结果的阶段。

第四十九讲　余力学文旨何在

　　前面给大家讲了,《弟子规》是一棵生命树,"入则孝"是根, "出则悌"是干, "谨"和"信"是枝, "泛爱众"和"亲仁"就是它的花和果了。你看杏仁、桃仁,就是果实,它们具有传递性、传承性,能够传宗接代。可见"仁"是一种持久生命力的象征,是一个人的能量到达圆满的象征,也是一个人的人格到达巅峰的象征。

　　这一棵大树长成了做什么呢? 就要让后人乘凉,能够庇荫后人。怎样让后人乘凉呢? 就是把这种德行化成一种文字,化成一种语言,化成一种动作,化成一种形式,来感化人,这就是"文"。

　　我们看《弟子规》的第七部分"余力学文"。这个"文", 在古文字里面,考古学家、训诂学家认为它就是人身上的花纹。古人为什么要文身呢？有人说是为了适应大自然，为了避免动物的侵害，就是保护的意思，和光同尘的意思，也是适应大自然的意思。还有人考证这个"文"是火烤甲骨后显示出来的纹路。综合来看，"文"具有大自然规律的意思。再进一步讲，是宇宙规律、宇宙秩序在人间的一种投影，它是最科学的、最合法的、最妥当的。这一种外在的形式，我们把它叫"文"。"文"这个意义，里面显然包含着教化的意思。《周易·贲卦·彖传》的"刚柔交错，天文也；文明以止，人文也。观乎天文，以察时变；观乎人文，以化成天下。"可以帮助我们理解什么是"文"，什么是"化"。

《弟子规》为什么把这一部分放在最后？因为如果没有"入则孝"的根，"出则悌"的干，"谨而信"的枝，"泛爱众""亲仁"的花和果实，我们是没有什么东西来"化"人的。

那么，《弟子规》的第七部分，是以什么样的逻辑线展开的呢？

我们来看，它首先讲："不力行，但学文，长浮华，成何人。"这一句话讲得很重，就是说，一个人，假如对前面讲的六部分"德行"没有践行，只是背一些经典，只是学一些华文，一定意义上，这个人反而受到了伤害。为什么呢？他比不学习、不背诵显得更骄傲了，而"骄慢致祸"。一个人不学习，他还不至于骄傲。如果学习了，但没有按照古圣先贤的教导做到"知行合一"，学习很可能是对他的一种伤害，因为他会变骄傲。就像一个人读了几天书就看不起爸爸妈妈了，回去对爸爸妈妈指手画脚，说他们这个不对，那个不对。夫妻俩日子过得好好的，丈夫或妻子出去学习了几天，进修了一段时间，回来就看不上妻子或者看不上丈夫了，说："你怎么这么土？"

王阳明为什么受到大家的推崇？他的学说里面，有很重要的一项就是"知行合一"。就是说，一个人的知行不能相应，知行不能合一，这个人很可能就被浮华害了。这一句事实上是讲《弟子规》的教学法，是讲学习《弟子规》的方法论。它是让《弟子规》变成我们生命力的一个环节，一个绕不开的环节，一定要"知行合一"。"不力行"，大家注意，这里面有个词"力行"。学一句，"落地"一句，这就是"力行"。这一句里面的语气，我们细细品味，很有意思。"不力行，但学文，长浮华，成何人。""成何人"，用这么重的语气来反问，就是说，如果一个人他不做，只是在那里说，在《弟子规》的作者来看，很难说是一个完美的人、及格的人，简单说，就是成不了"人"。把今天的青少年，和这句话一对照，一大半就被照出原形了。我这些年讲课，大家还比较认可、接受，可能是大家看到我正在向"知行合一"努力吧。

前面讲道，如果自己做不到，就不要要求别人去做。所以，我也逼自己一定要践行。当年我把《弟子规》作为一个研究对象，读不出来多少味道，的确没有《论语》好，没有《中庸》和《大学》读起来过瘾。但是你真的做的时候，你就会发现，哇，《弟子规》这么有温度！所以，《弟子规》是供人们做的。你做一条，就能体味到里面的温情、里面的关怀、里面的呵护和里面的慈悲。明清的时候，特别是清末的时候，大多知识分子没有做到"知行合一"，可谓"不力行，但学文，长浮华，成何人"。一个正常的人、一个自然人，如果不力行，很可能会变成一个罪人。一个资源我们没有开发，它还在原地放着。如果开发了，把它做夹生了，那就麻烦了。面粉不做面包，它还在面缸里放着，如果做夹生了，它既还原不了，又不能食用，这个过失就很重。

这些年，我在全国的传统文化战线有机会就讲："做一个志愿者，做一个传统文化的践行者，肩上的担子千斤重。"为什么呢？要给大家做榜样。我之所以走进这个让人感动的团队，就是因为我看到有许多志愿者做得好，他讲不了课，但在台下做得非常好。我亲眼看到，他们跪在卫生间，不戴手套，就那样洗马桶，没有嫌脏的感觉；我亲眼看到，他们吃学员吃剩的饭菜，喝学员喝剩的饮料、矿泉水；我亲眼看见，他们在马路上捡垃圾。这一些让人感动的行为，恰恰感染了我。所以，从第一次被一位老师动员出去讲了一次三千人的论坛，我就停不下了。为啥呢？我渴望进入那样一个高尚的、激情燃烧的团队，这就是"力行"的意义。

我有一个老师，他能把鞋穿到什么程度呢？有一天，我看到他读经典的时候，鞋上绑着两个塑料袋。心想老师穿着棉鞋又绑着塑料袋，咋回事呢？后来才知道，老师穿的那个鞋子鞋底掉了，他不忍心换。就这一个细节，让我对他产生了信任感，这就是"力行"。在前面的课程里，我也讲过我的老师刘富荣、王国壁他们，他们之所以在我的心中那么高大、那么感人，就是因为他们"力行"得好。他们在课堂上也没有打我们，也没有骂我们，但是他们给人一种庄严感，不怒自威。

"不力行，但学文，长浮华，成何人。"由这一句话，我们会引申出什么样的《弟子规》的精神呢？如果往治国理政这方面去应用，那就是"其身正，不令而行；其身不正，虽令不从"。就是说，当老百姓看到，官员亲自在那里干，不用号令，大家就会做。所以，官德是社会风气的核心部分。学校里，校长做得好，老师就会效仿；老师做得好，学生就会效仿。所以，真正的教育其实就是一个字，哪一个字呢？表演的"演"。古人讲，"为人演说"，"演"在前，"说"在后面。最好的"说"就是"演"，就是把爱演给大家，把高尚演给大家，把公正演给大家，把爱国、诚信、敬业演给大家。就是说，"演"是最好的"说"。这是《弟子规》教给我们最好的方法论。

　　如果我们不孝敬老人，我们是教不好孩子的。为啥呢？你没有表演出来，孩子从哪里学习呢？所以，养老本身是育儿。我们没有给父母洗过脚，没有给父母端过饭，没有给父母捶过背，没有"亲有疾，药先尝"，孩子就没有这个概念。所谓"熏习熏习"。如果孩子在德行方面没有榜样，他对德行很难产生信心。所以，《弟子规》是给家长学的。现在好多家长说，郭老师讲得好，赶快把孩子送到课堂来。我说，错了，你应该先来。父母不正，孩子也会把《弟子规》看斜。

教育者要先受教育。这些年，我在全国讲课，讲着讲着，就把范围缩小了，几乎致力于在学校进行宣讲。我想如果把老师的问题解决了，把校长的问题解决了，学生就受益了。一定要树立一个观念，教育者要先受教育，教育者先要把榜样做出来，教育者要先力行。苏州有个老板，每天早晨来到公司，第一个去打扫卫生间，做给大家看。时间久了，员工一个个都争着去打扫卫生间。

《弟子规》很辩证，它绝对不一边倒。接下来怎么讲呢？它说："但力行，不学文，任己见，昧理真。"你看，它又讲回来，讲圆。就是说，一个人，如果只有力行的功夫，不学习，很可能会"昧理真"。

孔子认为有三种获得智慧的方式：生而知之，学而知之，困而知之。生而知之的人少之又少，他没有被污染，一直保持着刚"出厂"时的样子，他从面缸里出来，变成面包，能还原回去，有这个本领。但对于更多的人需要"学而知之"，需要"困而知之"。悟上一辈子，不如听别人一句话，证悟是艰难的。在一定意义上，更多的人需要解悟，就是需要别人讲解。比如说我们从现在开始摸索着去耕作，那得多少时间？但是你向农民一请教，当下就豁然开朗。如果你靠摸索去发明火药、指南针、造纸术，需要多长时间？但是你向别人一学习就知道了。所以，有一些东西我们是需要学的，有一些东西我们是需要求证的。但对更多的人来讲是需要学习的。所以，"但力行，不学文，任己见，昧理真"。在传统文化领域，有一批人非常执着，他们只认定他们那个好，或只认定某一个人正确。从教学方法上这是有道理的，但是如果过于执着，就走不到社会中去。

我们内心要对老师尊敬，对我们学的这一套体系专一，但是策略上要圆融，不能看到对方没有跟我们穿着同样的衣服，没有佩戴着同样的符号，就一下子表情大变，这就是"昧理真"的一个方面。既然是学文的部分，《弟子规》肯定就要解决怎么学文的问题，所以，接下来《弟子规》讲学文的方法。

第五十讲　方此勿彼意味浓

上一讲给大家分享了"不力行，但学文，长浮华，成何人。但力行，不学文，任己见，昧理真"。接下来《弟子规》讲到"读书法，有三到；心眼口，信皆要"。讲如何读书。《弟子规》把读书放到最后一部分讲，把"父母呼，应勿缓；父母命，行勿懒。父母教，须敬听；父母责，须顺承。冬则温，夏则凊；晨则省，昏则定"放到最前面讲，可以看到古人对教育的理解。接着讲到如何读书，"读书法，有三到，心眼口，信皆要"。这个"三到"是"心到、眼到、口到"。

对比今天的学校教育跟古代的私塾教育、书院教育和贡院教育，多少有些不同。首先，"三到"不一样，古人读书要做到心、眼、口同时到，特别强调心和口要到，所以古人常常用诵读的方法。而诵读，有两种读法，一种读法就是不解字义，不解文意，只是读。我们知道，当一个人读一部经典不求其意只是诵读的时候，他基本上是不动用意识的，他用潜意识在读，用直觉在读。借助直觉读完成现场感训练，这对一个人来讲更重要。另一种读法就是解读，一边读一边想它的意思。

我们讲传统文化有两个层面，一个是道人层面，另一个是善人层面。道人层面的学习，一般用诵读，就是尽管读，哪一天明白了就明白了，不明白仍然读。为什么呢？古人认为我们的智慧在本质地带什么都知道，是不需要老师教的，读的过程只不过是跟古人进行共振，共振着共振着，古人就把我们那个智慧的开关打开了，打开一个，知道一句。比如说《弟子规》，你读着读着，一句话就读明白了。诵读用的是直觉，直觉用的是潜意识。前面讲过，潜意识处理信息的速度是意识的无数倍，意识每秒钟处理信息四十比特，而潜意识每秒钟处理信息的速度能达到十亿比特。可见，潜意识跟意识，如果我们用计算机比喻，意识就是老386（20世纪90年代初那种计算机），而潜意识就相当于今天的量子计算机。古人懂得这个秘密。所以，"四书"的内容不管你懂不懂，你先背，先把它装进脑袋。诵读的时候不会起杂念，不会走神。诵读更重要的是培养孩子的定力，培养孩子的直觉力，培养孩子的现场感。所以，古人读书时会摇头晃脑。

我有一次到河北行唐一个民办小学讲课，那些孩子晚上背课文，在操场上背，没有灯，但你听到背课文的声音，像波浪一样，哗哗哗，非常壮观。没有灯，如果背不下来，就没办法读。可见，诵读主要是为了开发我们的直觉，一个人的直觉开发出来，就能做到"不出户，知天下；不窥牖，见天道"。什么意思呢？不到外面去，连窗户都不打开，但我知道外面的世界。古人早就发现，我们的潜意识是全息的，是能够跟宇宙进行共享的，是能够进行超时空映照的，有一些量子的味道。

私塾老师讲意义的少，他就是领着学生读。他的这个教学跟我们今天有些不同，他几乎不讲段落大意和中心思想这些内容。他就是领着大家读，充其量训诂一下，就是把每个字的意思讲一讲。但是文句，他们基本上不解释，等到读得差不多了，有专门解经的老师去解经。私塾里的老师更多就是领着孩子读，把文字读准读顺。所以，我们看到诵读有一个特点：记下来的内容一辈子不会忘记，因为它有韵律。古人读书是有韵律的，相当于我们今天的唱读，但是比唱读更有文气。

我有一个体会，当年抱着我家小家伙睡觉，我就找一个旋律给他背《弟子规》，背着背着他就睡着了。后来不背内容，只是哼那个旋律，他也就睡着了，可见旋律也是诵读的一部分。《弟子规》讲："读书法，有三到，心眼口，信皆要。"就是心要到，眼要到，特别是口要到。当然心如果不到，就起杂念了，就没有现场感了；心如果不到，走神了，当然就不是直觉的读法了，不是诵读。

大家还可以试，把《弟子规》整个儿读一遍，和把"入则孝"读十遍，哪个效果好。我的体会是后者好。你反复读这一个章节，心定，用简单的旋律形成共振，时间长了，它就形成了意识激光。而且事后你会发现，读上一百遍，你已经把这四句话记住了。我问了一些专家，过去的私塾里边就是这么教的，他不会整部整部地读，他是今天反复读一段，背会了第二天读另一段。

当然有些人会说："这不枯燥吗？"如果在直觉状态中诵读，不会感觉枯燥。就像讲课，我有体会，如果在直觉状态中讲，沿着直觉讲，不觉得特别累，讲着讲着嘴里还有甜甜的唾液产生。如果在思虑的状态，带着思考去讲，时间不长就累了，而且就想喝水。

我已经讲了几轮《弟子规》了，整理出来的字幕都不一样。我在讲课之前，甚至不愿意看前一次的讲稿，为啥呢？看过之后，再讲，就没有享受的感觉了。就像一个面坛子里面已经装进去面了，再装别的面你就没兴趣了；就像一段路已经走过，路上的风景已经看过，再走就没兴趣了。所以，我现在讲课，就带着空白感，坐在这里，按照今天的状态、今天的缘分去讲，很享受。好像在开辟一个新航道，这样，每一轮讲出来都不一样。

"寻找安详小课堂"有十几名经常听课的同学，他们渴望整理我每一次讲课的录音，因为每一次都不一样。如果每次都一样，肯定就不渴望整理了。一个人用直觉读书也一样，每读一遍有不一样的享受。因为用直觉读书的时候，用的是本质力。而本质力，老子讲"人能常清静，天地悉皆归"。整个天地有多少风景，整个天地有多少智慧，要我们下载。用直觉讲课自己就享受，听课的人也享受。如果我们提前准备好，好不好呢？也好，但是就没有这种感觉，我原来讲课用 PPT，用幻灯片，后来不愿意用了。为什么呢？我发现用了幻灯片，既是对我的一种限制，也是对观众的一种打扰。观众看了幻灯片，就离开你的音流了，离开你的共振了。共振如果没有了，享受的感觉也就没有了。所以，我在讲一些大课的时候，常常有个开场白，我劝大家安静下来，尽可能把手机关掉。手机只要开着，现代人的思维已经习惯了，过一会儿就想看一下有没有微信。当你动一个想看手机的念头的时候，共振就断了。

在今天，学知识已经很容易，百度里面一搜什么都有了。可是我们在百度里面搜不出来安静力。就是你坐在课堂里跟讲课的人进行一次能量的交换和共振，这个在百度里搜不出来，这种特定的场域搜不出来。前面讲过，一个人的智慧要打开，靠的是安静力而不是知识。《大学》讲"定、静、安、虑、得"，就是这个次序。我一直在讲，听的时代到来了，在今天人们可能更容易通过听的方式走进智慧系统，包括听书。

为什么说听的时代到来了呢？因为人的几个感官里面听觉是最发达的。过去没条件，现在有传媒、有电视、有手机，听起来特别方便，而听觉在所有的感官里是最圆融的。眼睛只能看到前方，看不到后方，而声音没有前后的区别。舌头只能尝到嘴里的东西，尝不到外面的东西，但是耳朵可以听到四面八方，听到天籁。古人是特别重视借助声音学习的。

接下来，有一个更重要的字我们要注意，那就是"信皆要"中的"信"。就是说，读书的时候，假如一个人对读书没有信心，没有信任感，没有一种信仰的感觉，收获会很小，因为没有渴望感。从 2012 年开始，我在一些大论坛上做志愿者，发现有成就的人往往对这一门课程特别渴望。有一位同学把我的视频能找到的都找齐了，都看了，到了这个程度。不久，他也能上台讲课了。读书也一样，一个人对于一本书，带着崇敬感学习，感觉就不一样了。

对经典，古人一定要用一块红布或者黄布包起来放在干净的地方。我们小的时候领到课本，首先要包书皮。现在的青少年有这样做的，但是不多。像古人一样把一部经典用黄布包起来，读的时候把手洗净，焚香正坐，沐手而读，就不多了。一分诚敬得一分利益，十分诚敬得十分利益。诚敬心产生动力，诚敬心能打开智慧的开关，诚敬心能共振到高维世界。

可见，《弟子规》为什么特别强调"信"。老子讲"信不足焉，有不信焉"，就是说，一个人如果对于一套智慧系统没有信心，没有一种敬仰感，这一套系统在他那里是很难落地的。那个信就像瀑布的落差一样,落差越大,势能就越大,势能越大,动能就越大。

我有一次到河北的一家企业讲课,教室很好,但是讲了两天怎么都找不到感觉。有一天,突然意识到可能是因为没有讲台的原因,我就给主办方说,他们连夜做了个讲台,第二天,一坐上去感觉就来了。我才知道所有的教室里面为什么要有一个讲台,就这么一点点空间差,它就产生势能,势能也是"信",所以,"信皆要"。我们为什么这样强调《弟子规》的精神呢?如果大家不听明白这些精神,对《弟子规》没有一种高度上的认识、价值上的认识,学起来、用起来就没动力。

我们为什么要全民学习十九大、二十大的精神呢?这就是一次动员,思想动员,没有动员的思想是没有战斗力的、没有生产力的。所以动员是第一步。中华民族是一个善于动员的民族。用什么来动员呢?首先讲这一本书的价值和意义,讲这一件事情的价值和意义,让你产生重视,这样学起来才有动力。为什么有些人到国外去狂买东西呢?因为他知道就这一次机会,很可能一个国家我一辈子就去一次。就是当你重视了,把它当作生命中的唯一一次,你就一下子重视了。

我常常给朋友讲，把每一天当生命的最后一天过，一些无谓的事情就放下了，赚钱的事情、谋利的事情、无谓的事情，包括荣誉，就都放下了。什么最重要呢？讲《弟子规》最重要，推行传统文化最重要，自己醒来最重要。

如果我现在存折上有一个亿，但要是我在迷惑颠倒中离开了人世，那么这一个亿对我来讲有什么意义呢？

所以林则徐讲："子孙若如我，留钱做什么？贤而多财，则损其志；子孙不如我，留钱做什么？愚而多财，益增其过。"就是说，儿孙比我强，你留钱有什么用呢？他自己会挣钱，如果钱多了可能把他的志向就损掉了；如果儿孙们不如我，你留钱又做什么呢？他一夜之间就给挥霍完了，而且还增加他的过失；没钱他还犯不了大错，有钱了他犯的错误更大，有可能会吃喝嫖赌。

第五十一讲　室清墙净心亦净

　　上一讲我们分享了"读书法，有三到，心眼口，信皆要"，讲了在读书的过程中"口到""心到""眼到"的重要性；讲到尽可能要用诵读的方法，因为诵读容易打开我们的智慧，容易让我们抵达一种现场感的状态；特别强调了信心的重要，就是说读一本书，要对一本书要有一种崇敬感。

　　接下来《弟子规》讲什么呢？"方读此，勿慕彼，此未终，彼勿起。"这句话很重要，决定了一些人能够成功，一些人不能成功。它讲的是专注，讲的是"打深井"。我们都知道，要在地上打出一眼井，一定要铆着劲儿向着一个方向打下去，如果打一会儿换一个地方，永远打不出来水。为什么有些人很博学，但是往往没有成就呢？

因为他的兴趣点太多。兴趣点太多，他的能量就散射了，不能变成激光，不能集束。也就是说，不能致心一处的话，能量就散掉了。所以，这句话在《弟子规》的教学法里面至为重要。

"方读此，勿慕彼。"古人学习，一本书不读完是不会读第二本的。他不像今天的课程设置，第一节课上语文，第二节课上数学，第三节课上物理，用的是苏联的教育心理学，让脑细胞间隔兴奋。古人不这么认为，古人认为应盯住一门课把它学透。让能量集中在一个点上，就像激光一样把钢板就击穿了，就像打井一样把水就打出来了。所以读书特别要注意"方读此，勿慕彼"。古人甚至认为，有一些经典要读一辈子。

人的意识的形成需要一个过程，前面讲过，文化和文明是有区别的，文明一旦形成就改变不了了。

一台电脑如果装几套系统，就容易卡机、死机。在这里，它特别强调了专注性。"方读此，勿慕彼，此未终，彼勿起。"农村有些老爷爷老太太，他们没读过书，但把一句话念叨一辈子，这句话最后就变成能量了。关键时候，他一念叨就能调动他的本质生命力，这就是意识激光。一个人读的书如果变成了意识激光，他就成功了。赵普为什么"半部《论语》治天下"呢？半部《论语》如果读透了，其他经典也就通了。为啥呢？智慧是相通的。就像一眼井，你打出来水，跟整个地下水是连着的。

"方读此，勿慕彼。"现在许多家长、老师，一再增加孩子的读书量，好不好呢？好。但有一点需要注意：必须有一本书是常读的。霍金斯讲，任何低于二百级的信息都是负能量载体。孩子一周读了七本书，我们有没有考虑过其能量是在二百级之上还是二百之下？如果它的价值观低于二百级，孩子读得越多，能量就耗散得越多，反而害了孩子。

我讲过一个观点：与其读一千本杂书，不如把一部经典读一千遍。阅读有时会遭遇危险，阅读是需要警惕的。每一本书的能量不一样。文字是全息的，一个心灵阴险的人，他写出来的文字不可能光明。所以，从"方读此，勿慕彼"可以解读出无限的意义，其中蕴含着教学法、方法论，那就是专一。一个"忠"字，一个"孝"字，把我们的文化传下来了。"孝亲尊师"就像两条轨道让我们的文化没有脱轨，让中华文化有持续力，有永恒性。可见专一的重要性。

接下来，《弟子规》讲："宽为限，紧用功，工夫到，滞塞通。""宽为限，紧用功"，是说要把长远目标和近期规划结合起来。一有时间就读，一有时间就读。老子讲："天下难事必作于易，天下大事必作于细。""合抱之木，生于毫末；九层之台，起于累土；千里之行，始于足下。"目标要定高，视线要放宽，但是要从当下争分夺秒做起，就是"宽为限，紧用功，工夫到，滞塞通"。当工夫到了，一切疑惑就迎刃而解。在这里，它强调了"宽"和"紧"，就是说，学习不能一曝十寒，不能一蹴而就，要一步一个脚印，扎扎实实地做工夫。

接下来《弟子规》讲道："心有疑，随札记，就人问，求确义。"心里有疑问赶快记下来，遇到长者、贤者赶快去问，这是一种好学的态度。

"房室清，墙壁净，几案洁，笔砚正"。读书的环境一定要整洁。环境对一个人的心灵有反投射作用，比如在庄严的演播厅讲课，你不得不庄严；在一个很随意的场合，比如沙龙，你讲话就很随意，你的坐姿也会很随意。环境对人有诱导性，到跳迪斯科的地方你不由自主地就跳起来了。古人把这个叫作引导，所以环境很重要。"近朱者赤，近墨者黑。"古人特别强调学习环境的整洁，房室要清、墙壁要净、几案要洁、笔砚要正。

《清静经》讲："人能常清静，天地悉皆归。"而一个人的心灵要清静，环境很重要。我去过一位老领导的办公室，心灵有秩序感的人，他的办公室就很有秩序。他把报纸叠得像尺子量过的一样，让人心里油然而生敬意。环境的洁净是心灵洁净的投射。对于读书人，洁净的环境有益于反方向促使他保持恭敬心。

对应到大的文化环境，洁净就更重要。国家大力进行网络治理、文化治理，对于读者，就是很大的福利，因为污染少了。洁净的环境让人安详，躁动的环境让人躁动。骚乱的地方，它的文化环境肯定有问题。由此我们就联想到出版物，联想到创作，一定要警惕，一定要给人一种清净之感。一本书读完，人没有获得清净，这本书是要警惕的。曾国藩在"八本"功夫里边特别强调，做文章以音调为主。当年我读不懂，后来慢慢地体会到了。为什么文章以音调为主？就是那个旋律感、节奏感要清净。

古典音乐由宫、商、角、徵、羽五个全音组成。每一个音都能疗愈一个脏器，对应着脾、肺、肝、心、肾。脾若有问题要常听宫音，肺若有问题要常听商音……依此类推。环境对于一个学生来讲太重要了，房室要清，墙壁要净，几案要洁，笔砚要正。《弟子规》是这样，《朱子家训》也是这样，一开篇就讲"黎明即起，洒扫庭除"。古代私塾早晨第一件功课就是打扫教室、打扫书院。笔砚为什么要正呢？它投射着我们的心灵。老师不断让学生通过把笔砚放正来反方向地让学生把心灵调整到"正"上。

"寻找安详小课堂"常常训练把笔一次性放到位，刚刚好，不前、不后、不左、不右；把书一次性放正。训练准确性。按照古人的说法，有经典的地方就有圣人在，因为文字是全息的。有经典摆放的地方，尤其需要洁净，来保持我们对它的一份恭敬，这是另一层意思。对应到文化上，如果人们对文化有一种敬畏感，整个社会风气就变了，文化自信、文化自觉要从文化敬畏开始。

我这些年一直在讲文化敬畏，如果我们对祖先留下来的智慧没有敬畏感，怎么谈自信？怎么谈自觉？古人对文化的敬畏达到什么程度呢？达到敬畏字纸的程度。一片字纸掉在地上要捡起来，要在特定的焚纸炉里焚掉；古人读书是捧着来读的。不像现在的孩子躺在沙发上读、躺在床上读，这在古代儒生那里是不允许的。

接下来《弟子规》讲道："墨磨偏，心不端，字不敬，心先病。"古人写字要研墨，研墨的时候姿势不对，说明心偏了；对字不恭敬，心就先病了。研墨不仅仅是为了研出墨来写字，研墨的过程也是静心、调心、练定力的过程。古人写字的时候不像今天用做好的墨汁，他研墨的过程就是在调心，调得差不多了，下笔如有神，研出来的墨写的字浓淡有度，具有质感。古人研墨跟写字一样重要，它是对一个人定力的训练，是养神的过程、养气的过程。所以"墨磨偏，心不端，字不敬，心先病"。如果对文字不恭敬，心就病了。古人认为文字是神造的，仓颉造字的时候鬼神为之哭泣。有多种解释，鬼神为什么哭泣呢？因为把它们的密码拿到了，也有人说是因为感动，等等。在这里，我们看到古人对待文化的一种态度，对待文化环境的一种态度。"墨磨偏"，我们的心就偏了；"字不敬"，我们的心就病了。

接下来《弟子规》讲："列典籍，有定处，读看毕，还原处。"放书的时候一定要有一个最合适的、最妥当的位置，这是准确性训练。前面讲过，一本书读完放到书柜的哪一个地方，下一次闭着眼睛都能抽出来，这就算对了，这就是"列典籍，有定处，读看毕，还原处"。我家小孩要看电视，我就让他先把玩具放回原处，把书放回原处，不然不让看，时间一长，他就形成习惯了。他现在把"还原处"加以创造性应用，玩完铲、刀，他都会说"谢谢你，还原处"。如果看到公园里工人干完活儿，没有把铁锹放好，他就说："我替你还原处。"这是对于一个孩子的秩序感的训练。

《弟子规》接着讲："虽有急，卷束齐，有缺坏，就补之。"虽然有着急的事，也要把书本放好，不能仓皇之间把书本乱扔，这是对人的处乱不惊素养的训练。一本书损坏了，要对它马上进行修复，因为古代书很稀缺，不像今天。虽然，今天获得一本书比古代容易得多，但仍然要有珍重心，要有恭敬心，珍重心、恭敬心一起来，我们的能量就保持住了。

第五十二讲　净到极处心灯明

上一讲讲道，"墨磨偏，心不端，字不敬，心先病。列典籍，有定处，读看毕，还原处。虽有急，卷束齐，有缺坏，就补之"，强调了学习态度和环境的重要性。

接下来《弟子规》讲道："非圣书，屏勿视，蔽聪明，坏心志。"这是"余力学文"篇的高潮了。"非圣书，屏勿视。"源于古人对文化的认识，如果不是圣人写的书绝对不能看，按照这个标准来讲，今天的孩子不该看的书太多了。

为什么"非圣书，屏勿视"呢？我常常用以下几个理由给大家讲解。

第一，只有圣人写的书，才是明白书，只有醒悟的人写的书，才能把我们叫醒，才能把我们从十一层梦境中带出来，这是生命的第一意义。

第二，只有圣人的书，它的能量在正能量的层面，而且在五六百级的层面。当一个人在不断地读圣人书的时候，事实上是在跟圣人进行能量交换，所以，与其花时间读一千本杂书，不如把圣人的书读一千遍。把圣人的书读一千遍，就跟圣人进行了一千次的量子纠缠，能量就在圣人级，生命力就是普通人的一千万倍。

第三，如果不是圣人写的书，很有可能会误导读者。本来该向东去，他却指向西方，那就错了。只有圣人是醒着的人，是站在山顶的人，给我们画的路线图是最准确的。

第四，圣人之所以是圣人，是经过历史检验的。我们为什么信任《弟子规》呢？因为它来自《论语》，来自"圣人训"，这就跟《弟子规》的开篇"弟子规，圣人训"呼应上了。

我们一定要警觉，"非圣书，屏勿视"。

太多的事实证明，小的时候读过经典的孩子在后来的学习过程中，一般的孩子比不了，因为他们在很小的时候就装载了一套圣人的智慧系统。读杂书，不读圣贤书，会有什么样的后果呢？《弟子规》讲得很清楚："蔽聪明，坏心志。"会把我们的智慧给遮蔽了，把我们的心灵污染了，所以要警惕阅读。由此我们会引申出来什么样的《弟子规》精神呢？中华民族五千年的文化策略，其实就是圣贤文化之路。王朝在更替，时代在变化，但是圣贤文化这个主系统没变，让中华民族的生命力得以保持。

接下来《弟子规》讲道："勿自暴，勿自弃，圣与贤，可驯致。"这句话应该是《弟子规》的第八部分，应该从"余力学文"里面分列出来，应该是《弟子规》的结语，和开篇呼应。传递出什么样的信息呢？人人皆可为尧舜，就是不要自卑。因为所有的人都是圣贤的种子。在"亲仁"这一部分里讲得很详细："同是人，类不齐，流俗众，仁者希。"我们都是圣贤，只因为被流俗污染了。是对读者的再动员，鼓励人们建立更大的信心，就是说，只要你愿意，按照《弟子规》的七个部分去做，人人皆可为尧舜。所以，我说这句话应该是《弟子规》的第八部分，是总结语。

古人对每一个生命体都是充满着信心的，老子讲："善人者，不善人之师；不善人者，善人之资。不贵其师，不爱其资，虽智大迷。"《弟子规》在这里倡议，让人人都走在圣贤的路上。"勿自暴，勿自弃，圣与贤，可驯致。"我们可以看到作者在写这一句内心时的从容、自信、关怀、慈悲，让人人成为圣贤。

到此，我们把"余力学文"就讲完了。我们回顾一下"余力学文"的逻辑线，它从"力行"讲起，强调了"力行"的重要性；讲到了学习方法，讲到了环境的重要性。在学习方法里面特别强调了专一，在环境里面特别强调了恭敬，强调了对恭敬心的培养。到最后把我们导入"非圣书，屏勿视"，告诉我们《弟子规》的这一套智慧系统来自圣人。最后用"勿自暴，勿自弃，圣与贤，可驯致"来结语，跟开篇的"弟子规，圣人训"呼应，这个圆就画圆了。

就像我们讲这一轮课，开始我穿的是中华装，然后穿西装在外面走了一圈儿，最后又穿中华装，以中为体，把这个圆画圆。由圆到开放，最后又变成圆，成为圆领、中国领。

整个过程中，我侧重于讲《弟子规》的精神，讲《弟子规》在一个人的获得感、幸福感和安全感中的重要性，把《弟子规》放到一种精神层面加以解读，而不是单单地望文生义，从字面上对它解读，也不是单单地对一百一十三件事解读，而是借助这一百一十三件事、这一百一十三个意象，对个人的生命力建设、对家庭的生命力建设、对国家和民族的生命力建设，以及对人类和平发展，能得到什么样的智力支撑和智慧支援，这是我这一轮讲《弟子规》的方法论。

我在开篇就讲，这一轮讲《弟子规》重在让中华优秀传统文化落细、落小、落实。我在讲的过程中特别注意，如何让现代人拿来就能用，让现在的年轻人听了之后对传统文化产生信心，让教育工作者听了之后能够用四两拨千斤的方式把受教育者引向正途，让社会管理者能够用简单的、轻松的方式行政，走的是"四个用"的道路，就是让中华优秀传统文化可用、愿用、常用、广用。

《弟子规》来自圣人的智慧，而圣人是透彻地了解宇宙和人生真相的人，所以特别强调对它的合法性的认识，就是开篇讲的"弟子规，圣人训"。结语又讲道"勿自暴，勿自弃，圣与贤，可驯致"，可见它是圣贤文化。既然是圣贤文化，那么它就是科学的、民族的、大众的，它就是能够与时俱进的，它就是在任何时候都不会过时的。就像唐朝的阳光跟现在的阳光一样，唐朝的空气跟现在的空气一样，唐朝的四季跟现在的四季一样，它们是亘古不变的。更简单地讲，它是一种常识文化，所以，我们对《弟子规》要建立起坚定的信心。

怎样学习和践行《弟子规》呢？我在前面部分地讲过，在《〈弟子规〉到底说什么》这一本书里面讲了践行《弟子规》的五个原则，那就是超越原则、榜样原则、快乐原则、改过原则、一半原则。

第一，超越原则。就是说，我们学《弟子规》，要从《弟子规》的文字层面跳出来，去应用并发挥它的精神。

第二，榜样原则。就是说，我们通常一讲《弟子规》就认为这是让小孩子读的、让学生读的，不对！其实《弟子规》应该家长先学、老师先学、管理者先学。教育者要先于受教育者学，管理者要先于被管理者学。因为只有这样，我们才能让受众产生信心。

第三，快乐原则。就是说大家学了《弟子规》如果没变快乐，肯定学错了。一种文化如果人们越学越死气沉沉，越学越愁容满面，越学越一蹶不振，肯定错了。为什么呢？《论语》讲"学而时习之，不亦说乎"，这个"学"，它有两个意思，第一个意思是"觉悟"，第二个意思是"效仿"。孔子讲的这个"说"，是一种不需要条件做保障的快乐，就是前面讲现场感时提到的那个快乐。如果一个人学习了《弟子规》，没有变快乐，这个学习系统肯定是有问题的，学习方法肯定是有问题的，要矫正。一些学习《弟子规》的平台不少学员流失了，主持人就很着急。我说那你要好好想想，学员为什么流失？肯定是他们没有尝到快乐，当他们从中体验到更大的快乐，就放不下《弟子规》了。

第四，改过原则。如果我们学了《弟子规》，只是学了，不力行，等于白学。而力行方面，我的体会是首先从改过开始，一句一句地对照。这些年在传统文化战线，有些用功的同学把《弟子规》的一百一十三件事做一个表格，每天对照，看看自己某件事做到了吗。虽然是笨办法，但很有用。还有些人弄两个小罐，做到一件事往这个罐里放一粒黄豆，没做到一件事，就往那个罐里放一粒黑豆。然后结算，今天是赚了还是赔了。

前面讲过，如果一个人能常说"我错了"能真改过的时候，能量在三百五十级。这些年，我也常常给一些家长做心理疏导，我说一个孩子如果他的能量达不到三百五十级，他改不了过的。不要逼孩子，首先要让他提高能量。怎样提高能量呢？这五十二讲都是在讲这件事。这五十二讲，可以说每一讲都在讲如何提高能量。而改过要下狠心，因为有些习气不知道多长时间形成的，就像从山上滚下来的一个石头，你现在要把它挡住，需要下决心的。学习传统文化，就是"逆水行舟，不进则退"，就是"从善如登，从恶如崩"。做善事就像爬山一样，做恶事就像从山上跑下来一样，所以要下决心。

第五，一半原则。就是说，实在把握不住工作生活的度，我们就用一半原则，走"中道"。饭吃到一半应该是刚好，钱挣到一半应该是刚好，官做到一半应该是刚好。大家说："你胡说，你能做官做到一半刚好吗？"给大家说实话，我现在真有这种心态。比如说每一次，有些机会到来的时候，我的心态就是交给老天爷，老天爷觉得该提拔了就提拔我一下，让我更好地弘扬传统文化。老天爷觉得还没到时间，我继续讲《弟子规》，这样活得快乐，决不去找人，决不去求人。

一半原则，我把它用我的老师讲过的一句话转换一下，就是不求人，不要求人，更好操作。如果一个人任何时候都不求人，他就快乐了，占有欲、控制欲、表现欲就没有了。一半原则最后落到中华文化的核心智慧上，就是走"中道"，不左不右，不上不下，不前不后，不冷不热，不疾不徐，不急不躁，刚刚好，这就是妥善。

《弟子规》的学习和弘扬，最后也要走"中道"。

像当年我疯狂地印《弟子规》，疯狂地送人，效果未必好；现在就要看准时机，最好是听我讲了之后，对我产生信任以后再赠。

如果用一个字来概括《弟子规》的精神，就是"中"。学什么呢？怎么用呢？用"中"。它的价值观也是一个"中"，它的方法也是一个"中"。作为一个中国人应该感觉到骄傲，应该感觉到幸福。我们有以"中"为核心的文化，我们有以"中"为核心的方法论，我们当然有以"中"为核心的实践论。让我们共同努力，立身弘道，让中华优秀传统文化成为中国梦实现的力量，成为构建人类命运共同体的力量。

好！《弟子规》我就讲到这里，有不妥的地方请各位仁者批评指正。我们有缘再相会！

附录　弟子规（原文＋拼音）

总　叙
zǒng　xù

dì　zǐ　guī　　shèng rén xùn　　shǒu xiào tì　　cì　jǐn　xìn
弟 子 规 ， 圣 人 训 。 首 孝 悌 ， 次 谨 信 。

fàn　ài zhòng　　ér　qīn　rén　　yǒu yú　lì　　zé　xué wén
泛 爱 众 ， 而 亲 仁 。 有 余 力 ， 则 学 文 。

入 则 孝
rù　zé xiào

fù　mǔ　hū　　yìng wù huǎn　　fù　mǔ mìng　　xíng wù lǎn
父 母 呼 ， 应 勿 缓 ； 父 母 命 ， 行 勿 懒 。

fù　mǔ jiào　　xū jìng tīng　　fù　mǔ　zé　　xū shùn chéng
父 母 教 ， 须 敬 听 ； 父 母 责 ， 须 顺 承 。

dōng zé　wēn　　xià　zé qìng　　chén zé xǐng　　hūn zé dìng
冬 则 温 ， 夏 则 清 ， 晨 则 省 ， 昏 则 定 。

chū bì gào　　fǎn bì miàn　　jū yǒu cháng　　yè wú biàn
出 必 告 ， 反 必 面 ， 居 有 常 ， 业 无 变 。

shì suī xiǎo　　wù shàn wéi　　gǒu shàn wéi　　zǐ dào kuī
事 虽 小 ， 勿 擅 为 ， 苟 擅 为 ， 子 道 亏 。

wù suī xiǎo　　wù sī cáng　　gǒu sī cáng　　qīn xīn shāng
物虽小，　　勿私藏，　　苟私藏，　　亲心伤。

qīn suǒ hào　　lì wèi jù　　qīn suǒ wù　　jǐn wèi qù
亲所好，　　力为具；　　亲所恶，　　谨为去。

shēn yǒu shāng　　yí qīn yōu　　dé yǒu shāng　　yí qīn xiū
身有伤，　　贻亲忧；　　德有伤，　　贻亲羞。

qīn ài wǒ　　xiào hé nán　　qīn zēng wǒ　　xiào fāng xián
亲爱我，　　孝何难？　　亲憎我，　　孝方贤。

qīn yǒu guò　　jiàn shǐ gēng　　yí wú sè　　róu wú shēng
亲有过，　　谏使更，　　怡吾色，　　柔吾声。

jiàn bú rù　　yuè fù jiàn　　hào qì suí　　tà wú yuàn
谏不入，　　悦复谏，　　号泣随，　　挞无怨。

qīn yǒu jí　　yào xiān cháng　　zhòu yè shì　　bù lí chuáng
亲有疾，　　药先尝，　　昼夜侍，　　不离床。

sāng sān nián　　cháng bēi yè　　jū chù biàn　　jiǔ ròu jué
丧三年，　　常悲咽，　　居处变，　　酒肉绝。

sāng jìn lǐ　　jì jìn chéng　　shì sǐ zhě　　rú shì shēng
丧尽礼，　　祭尽诚，　　事死者，　　如事生。

出 则 悌
chū zé tì

xiōng dào yǒu　　dì dào gōng　　xiōng dì mù　　xiào zài zhōng
兄道友，　　弟道恭，　　兄弟睦，　　孝在中。

cái wù qīng　　yuàn hé shēng　　yán yǔ rěn　　fèn zì mǐn
财物轻，　　怨何生？　　言语忍，　　忿自泯。

huò yǐn shí　　huò zuò zǒu　　zhǎng zhě xiān　　yòu zhě hòu
或 饮 食 ， 或 坐 走 ， 长 者 先 ， 幼 者 后 。

zhǎng hū rén　　jí dài jiào　　rén bù zài　　jǐ jí dào
长 呼 人 ， 即 代 叫 ， 人 不 在 ， 己 即 到 。

chēng zūn zhǎng　　wù hū míng　　duì zūn zhǎng　　wù xiàn néng
称 尊 长 ， 勿 呼 名 ， 对 尊 长 ， 勿 见 能 。

lù yù zhǎng　　jí qū yī　　zhǎng wú yán　　tuì gōng lì
路 遇 长 ， 疾 趋 揖 ， 长 无 言 ， 退 恭 立 。

qí xià mǎ　　chéng xià chē　　guò yóu dài　　bǎi bù yú
骑 下 马 乘 下 车 ， 过 犹 待 ， 百 步 余 。

zhǎng zhě lì　　yòu wù zuò　　zhǎng zhě zuò　　mìng nǎi zuò
长 者 立 幼 勿 坐 ， 长 者 坐 ， 命 乃 坐 。

zūn zhǎng qián　　shēng yào dī　　dī bù wén　　què fēi yí
尊 长 前 声 要 低 ， 低 不 闻 ， 却 非 宜 。

jìn bì qū　　tuì bì chí　　wèn qǐ duì　　shì wù yí
进 必 趋 退 必 迟 ， 问 起 对 ， 视 勿 移 。

shì zhū fù　　rú shì fù　　shì zhū xiōng　　rú shì xiōng
事 诸 父 如 事 父 ； 事 诸 兄 ， 如 事 兄 。

jǐn
谨

zhāo qǐ zǎo　　yè mián chí　　lǎo yì zhì　　xī cǐ shí
朝 起 早 ， 夜 眠 迟 ， 老 易 至 ， 惜 此 时 。

chén bì guàn　　jiān shù kǒu　　biàn niào huí　　zhé jìng shǒu
晨 必 盥 ， 兼 漱 口 ， 便 溺 回 ， 辄 净 手 。

guān bì zhèng　niǔ bì jié　wà yǔ lǚ　jù jǐn qiè
冠必正，纽必结，袜与履，俱紧切。

zhì guān fú　yǒu dìng wèi　wù luàn dùn　zhì wū huì
置冠服，有定位，勿乱顿，致污秽。

yī guì jié　bú guì huá　shàng xún fèn　xià chèn jiā
衣贵洁，不贵华，上循分，下称家。

duì yǐn shí　wù jiǎn zé　shí shì kě　wù guò zé
对饮食，勿拣择，食适可，勿过则。

nián fāng shào　wù yǐn jiǔ　yǐn jiǔ zuì　zuì wéi chǒu
年方少，勿饮酒，饮酒醉，最为丑。

bù cōng róng　lì duān zhèng　yī shēn yuán　bài gōng jìng
步从容，立端正，揖深圆，拜恭敬。

wù jiàn yù　wù bì yǐ　wù jī jù　wù yáo bì
勿践阈，勿跛倚，勿箕踞，勿摇髀。

huǎn jiē lián　wù yǒu shēng　kuān zhuǎn wān　wù chù léng
缓揭帘，勿有声；宽转弯，勿触棱。

zhí xū qì　rú zhí yíng　rù xū shì　rú yǒu rén
执虚器，如执盈；入虚室，如有人。

shì wù máng　máng duō cuò　wù wèi nán　wù qīng lüè
事勿忙，忙多错，勿畏难，勿轻略。

dòu nào chǎng　jué wù jìn　xié pì shì　jué wù wèn
斗闹场，绝勿近；邪僻事，绝勿问。

jiāng rù mén　wèn shú cún　jiāng shàng táng　shēng bì yáng
将入门，问孰存；将上堂，声必扬。

rén wèn shuí　duì yǐ míng　wú yǔ wǒ　bù fēn míng
人问谁，对以名；吾与我，不分明。

yòng rén wù　xū míng qiú　tǎng bù wèn　jí wéi tōu

用 人 物 ， 须 明 求 ， 倘 不 问 ， 即 为 偷 。

jiè rén wù　jí shí huán　rén jiè wù　yǒu wù qiān

借 人 物 ， 及 时 还 ； 人 借 物 ， 有 勿 悭 。

xìn
信

fán chū yán　xìn wéi xiān　zhà yǔ wàng　xī kě yān

凡 出 言 ， 信 为 先 ， 诈 与 妄 ， 奚 可 焉 ！

huà shuō duō　bù rú shǎo　wéi qí shì　wù nìng qiǎo

话 说 多 ， 不 如 少 ， 惟 其 是 ， 勿 佞 巧 。

jiān qiǎo yǔ　huì wū cí　shì jǐng qì　qiè jiè zhī

奸 巧 语 ， 秽 污 词 ， 市 井 气 ， 切 戒 之 。

jiàn wèi zhēn　wù qīng yán　zhī wèi dí　wù qīng chuán

见 未 真 ， 勿 轻 言 ； 知 未 的 ， 勿 轻 传 。

shì fēi yí　wù qīng nuò　gǒu qīng nuò　jìn tuì cuò

事 非 宜 ， 勿 轻 诺 ， 苟 轻 诺 ， 进 退 错 。

fán dào zì　zhòng qiě shū　wù jí jí　wù mó hū

凡 道 字 ， 重 且 舒 ， 勿 急 疾 ， 勿 模 糊 。

bǐ shuō cháng　cǐ shuō duǎn　bù guān jǐ　mò xián guǎn

彼 说 长 ， 此 说 短 ， 不 关 己 ， 莫 闲 管 。

jiàn rén shàn　jí sī qí　zòng qù yuǎn　yǐ jiàn jī

见 人 善 ， 即 思 齐 ， 纵 去 远 ， 以 渐 跻 。

jiàn rén è　jí nèi xǐng　yǒu zé gǎi　wú jiā jǐng

见 人 恶 ， 即 内 省 ， 有 则 改 ， 无 加 警 。

wéi dé xué　　wéi cái yì　　bù rú rén　　dāng zì lì
惟德学，惟才艺，不如人，当自励。

ruò yī fu　　ruò yǐn shí　　bù rú rén　　wù shēng qī
若衣服，若饮食，不如人，勿生戚。

wén guò nù　　wén yù lè　　sǔn yǒu lái　　yì yǒu què
闻过怒，闻誉乐，损友来，益友却。

wén yù kǒng　　wén guò xīn　　zhí liàng shì　　jiàn xiāng qīn
闻誉恐，闻过欣，直谅士，渐相亲。

wú xīn fēi　　míng wéi cuò　　yǒu xīn fēi　　míng wéi è
无心非，名为错；有心非，名为恶。

guò néng gǎi　　guī yú wú　　tǎng yǎn shì　　zēng yì gū
过能改，归于无；倘掩饰，增一辜。

fàn ài zhòng
泛爱众

fán shì rén　　jiē xū ài　　tiān tóng fù　　dì tóng zài
凡是人，皆须爱，天同覆，地同载。

xìng gāo zhě　　míng zì gāo　　rén suǒ zhòng　　fēi mào gāo
行高者，名自高，人所重，非貌高。

cái dà zhě　　wàng zì dà　　rén suǒ fú　　fēi yán dà
才大者，望自大，人所服，非言大。

yǐ yǒu néng　　wù zì sī　　rén yǒu néng　　wù qīng zǐ
己有能，勿自私；人有能，勿轻訾。

wù chǎn fù　　wù jiāo pín　　wù yàn gù　　wù xǐ xīn
勿谄富，勿骄贫，勿厌故，勿喜新。

rén bù xián　wù shì jiǎo　rén bù ān　wù huà rǎo
人不闲，勿事搅；人不安，勿话扰。

rén yǒu duǎn　qiè mò jiē　rén yǒu sī　qiè mò shuō
人有短，切莫揭；人有私，切莫说。

dào rén shàn　jí shì shàn　rén zhī zhī　yù sī miǎn
道人善，即是善，人知之，愈思勉。

yáng rén è　jí shì è　jí zhī shèn　huò qiě zuò
扬人恶，即是恶，疾之甚，祸且作。

shàn xiāng quàn　dé jiē jiàn　guò bù guī　dào liǎng kuī
善相劝，德皆建；过不规，道两亏。

fán qǔ yǔ　guì fēn xiǎo　yǔ yí duō　qǔ yí shǎo
凡取与，贵分晓，与宜多，取宜少。

jiāng jiā rén　xiān wèn jǐ　jǐ bú yù　jí sù yǐ
将加人，先问己，己不欲，即速已。

ēn yù bào　yuàn yù wàng　bào yuàn duǎn　bào ēn cháng
恩欲报，怨欲忘，报怨短，报恩长。

dài bì pú　shēn guì duān　suī guì duān　cí ér kuān
待婢仆，身贵端，虽贵端，慈而宽。

shì fú rén　xīn bù rán　lǐ fú rén　fāng wú yán
势服人，心不然，理服人，方无言。

qīn rén
亲仁

tóng shì rén　lèi bù qí　liú sú zhòng　rén zhě xī
同是人，类不齐，流俗众，仁者希。

guǒ rén zhě　　rén duō wèi　　yán bú huì　　sè bú mèi
果仁者，　人多畏，　言不讳，　色不媚。

néng qīn rén　　wú xiàn hǎo　　dé rì jìn　　guò rì shǎo
能亲仁，　无限好，　德日进，　过日少。

bù qīn rén　　wú xiàn hài　　xiǎo rén jìn　　bǎi shì huài
不亲仁，　无限害，　小人进，　百事坏。

yú lì xué wén
余力学文

bú lì xíng　　dàn xué wén　　zhǎng fú huá　　chéng hé rén
不力行，　但学文，　长浮华，　成何人！

dàn lì xíng　　bù xué wén　　rèn jǐ jiàn　　mèi lǐ zhēn
但力行，　不学文，　任己见，　昧理真。

dú shū fǎ　　yǒu sān dào　　xīn yǎn kǒu　　xìn jiē yào
读书法，　有三到，　心眼口，　信皆要。

fāng dú cǐ　　wù mù bǐ　　cǐ wèi zhōng　　bǐ wù qǐ
方读此，　勿慕彼；　此未终，　彼勿起。

kuān wéi xiàn　　jǐn yòng gōng　　gōng fu dào　　zhì sè tōng
宽为限，　紧用功，　工夫到，　滞塞通。

xīn yǒu yí　　suí zhá jì　　jiù rén wèn　　qiú què yì
心有疑，　随札记，　就人问，　求确义。

fáng shì qīng　　qiáng bì jìng　　jī àn jié　　bǐ yàn zhèng
房室清，　墙壁净，　几案洁，　笔砚正。

mò mó piān　　xīn bù duān　　zì bú jìng　　xīn xiān bìng
墨磨偏，　心不端；　字不敬，　心先病。

列典籍，有定处，读看毕，还原处。

虽有急，卷束齐，有缺坏，就补之。

非圣书，屏勿视，蔽聪明，坏心志。

勿自暴，勿自弃，圣与贤，可驯致。

后记　我为什么讲《弟子规》

从 1998 年写长篇小说《农历》开始，到 2018 年在海口电视台录制《郭文斌解读〈弟子规〉》，我对中华文化的功能性，体会越来越深刻。看过《农历》创作谈的读者都知道，我渴望写这么一本书：

> 它既是天下父母推荐给孩子读的书，又是天下孩子推荐给父母读的书；它既能给大地增益安详，又能给读者带来吉祥；进入眼帘它是花朵，进入心灵它是根。我不敢说《农历》就是这么一本书，但我按照这个目标努力了。

为此，我用了整整十二年时间。2011 年《农历》参加第八届茅盾文学奖评选，在最后一轮投票中名列第七。

这个成绩，已经出乎我的意料了。对于当时一个非著名作家来讲，紧跟张炜、莫言、毕飞宇、刘震云、刘醒龙等大家之后，也算是一桩奇迹了。一百八十部参评作品，六十位评委，六轮投票，最后获得提名，对我来说，真是非常满足了。为此，有许多出版社约稿，希望我能写第二部长篇，冲击下一届茅盾文学奖。当时，还真动心了。开始写《农历》的姊妹篇。但是写到一半，我就停下了。

因为就在那一年，我的生命中出现了一种全新的连我自己都无法明确的价值冲动，大于写出一部长篇，大于冲击茅奖，那是什么呢？

读过拙著《寻找安详》的朋友知道，就在那一年，《寻找安详》的发行出现了井喷状态，提前预订书的火爆局面，让出版社应接不暇。说明"安详"已经成为时代刚需。

这让我开始思考文化的功能。一天，一位《寻找安详》的受益者给我打电话，是现场感那节帮她走出恐惧时，我突然明白，文化一定要让百姓能用、愿用、常用、广用。必须像大米面粉一样成为百姓必需，像阳光空气一样让人离不开。为什么有那么多传统文化淹没于历史之中，而中医却活了下来？就是因为中医能够回应生命第一关切，是百姓的必需。

之后，我接二连三地得到反馈，有几位重度抑郁症患者，在读完《寻找安详》后，大为好转。找我的家长成几何倍数增加，把我带进了之前我不知道的"生活"。我才知道，有那么多的人需要一种全新的、可操作的、功能性的"文化"。怎么办？

推荐大家看《寻找安详》是种办法，但不是所有人都能通过阅读解决问题。此前几年，我曾经在一些学校和单位讲"孔子到底离我们有多远"，就是想把当时在人们看来高高在上的圣贤智慧对接到日常生活中。但是实践了一段时间，发现《论语》好是好，可操作性不够。于是，我就在各种典籍中寻找方便大众操作的，能够像幸福说明书一样的读本。最后，我的目光落在《弟子规》上。

当我决定讲《弟子规》时，有一种声音问我，一名作家，要讲《弟子规》了，是不是太降低身价了？正在犹豫之间，老天给我赐了一个小宝贝，在陪伴他成长的过程中，我发现，真是没有哪部经典，像《弟子规》这样方便我"教育"孩子了。妈妈叫他，他没有反应，我就来一句"父母呼，应勿缓"；他挑食，我就来一句"对饮食，勿拣择"；妈妈还没有吃，他已经动手了，我就来一句"长者先，幼者后"；便后他不洗手，我就来一句"便溺回，辄净手"；看完书，他乱放一起，我就来一句"读看毕，还原处"。越来越感觉到《弟子规》是大智慧，是把真理可操作化的难得之作。

我就到全国各地去讲，果然受到大家的欢迎。消息传到海口电视台，就有了我们的合作。节目一出来，更是得到人们的好评。被中国教育电视台等多家电视台播出，被"学习强国"学习平台推送，被好多学校作为引进课程，甚至被一些致力于乡村振兴的志愿者编印成册，供内部使用。近年来，"寻找安详小课堂"以它为教程，做降低抑郁率、离婚率、犯罪率的实践，收到了很好的效果，被新华社、《人民日报》、《人民日报海外版》、《光明日报》、《宁夏日报》、宁夏电视台等全国多家媒体报道。

平装本由百花文艺出版社出版后，截至目前，已经十次重印。

现在，它的精装典藏本，将由宁夏人民出版社出版发行。在此，向为此书策划、编辑付出了大量心血的何志明社长、陈浪老师和各位编辑表示衷心感谢，也为这本书的出版发行付出心血的各位仁者表示衷心感谢！

更要向作者李毓秀先生表示衷心感谢！

2025 年 5 月 15 日